高职高专"十二五"规划教材·数控系列

FANUC 系统数控铣床编程与加工

主　编　许云飞

副主编　张正辉　杨丰明

参　编　安　进　章芳芳　刘月云　王　伟

主　审　李　宏

電子工業出版社·

Publishing House of Electronics Industry

北京·**BEIJING**

<h1 style="text-align:center">内 容 简 介</h1>

本书以教育部数控技术应用型紧缺人才的培训方案为指导思想，根据高职高专教育专业人才培养目标的要求，在编者多年从事数控机床应用领域的教学和工程实践经验的基础上编写而成。教学内容的选取是围绕课程主线进行的，体现了"宽、浅、用、新"的原则。全书介绍了主流数控系统 FANUC 的最新功能，先进的工艺路线和加工方法，各种编程指令的综合应用及数控机床的操作；重点讲述了数控铣床/加工中心的编程与加工，由浅入深、循序渐进、讲解详细，具有针对性、可操作性和实用性，力争对数控加工制造领域人才的培养起到促进作用。

本书内容涵盖了数控铣床/加工中心操作工的国家职业标准中绝大部分知识点和技能点，可作为高等职业技术学院数控技术应用、机电一体化、模具设计与制造等专业的教材，也可作为职工大学、函授大学、中专学校、技工学校的教材，还可供有关技术人员、数控机床操作人员学习、参考和培训之用，同时出版的《FANUC 系统数控车床编程与加工》为其姊妹篇，可供读者选用。

图书在版编目（CIP）数据

FANUC 系统数控铣床编程与加工/许云飞主编．—北京：电子工业出版社，2014.1
（高职高专"十二五"规划教材·数控系列）
ISBN 978-7-121-21775-3

I．①F…　II．①许…　III．①数控机床－铣床－程序设计－高等职业教育－教材②数控机床－铣床－加工工艺－高等职业教育－教材　IV．①TG547

中国版本图书馆 CIP 数据核字（2013）第 258988 号

策划编辑：郭穗娟
责任编辑：毕军志
印　　　刷：北京七彩京通数码快印有限公司
装　　　订：北京七彩京通数码快印有限公司
出版发行：电子工业出版社
　　　　　北京市海淀区万寿路 173 信箱　邮编　100036
开　　本：787×1 092　1/16　印张：17.25　字数：441.6 千字
印　　次：2021 年 8 月第 6 次印刷
定　　价：39.80 元

前 言

为了解决当前我国高素质技术技能型人才严重短缺的现实问题，我们根据教育部等国家部委组织实施的"职业院校制造业和现代服务业技能型紧缺人才培养培训工程"中有关数控技术应用专业领域技术技能型紧缺人才培养指导方案的精神，以及人力资源和社会保障部制定的数控铣床/加工中心国家职业标准编写了本书。

全书坚持以就业为导向，将数控铣床加工工艺（工艺路线确定、工具量具选择、切削用量设置等）和程序编制等专业技术能力融合到实训操作中，充分体现了"教、学、做合一"的职教办学特色，教学内容的选取是围绕课程主线进行的，体现了"宽、浅、用、新"的原则，并结合数控铣床操作工职业资格考核鉴定标准进行实训操作的强化训练，注重提高学生的实践能力和岗位就业竞争力。

本书与《FANUC 数控车床编程与加工》为姊妹篇，突出技术的先进性、实例的代表性、理论的系统性和实践的可操作性，力求做到理论与实践的最佳结合。

本书主要的特点如下：

1. 本书内容是按照培养适应经济社会发展需要的技能型特别是高素质技术技能型人才安排的，针对不同层次的学生安排不同的教学内容。

2. 本书采用理论与实践相结合，突出理论指导实践，实践检验理论的原则，教材更注重通用性及可操作性。

3. 实践操作内容根据《数控铣床操作工》国家职业标准编写，程序内容均经过上机调试检验，程序均是通过数据线从机床中传输出来的，真实可靠。

4. 以数控大赛命题作为本书参考方向，课题具有前瞻性，书中重要知识点安排了举一反三环节，加强对知识点的掌握。

5. 书中每章的开始都列有学习目标、教学导读和教学建议，可方便教师教学及学生自学。每章结束都配有部分习题，加强对本章内容的理解。

本书由许云飞担任主编，负责全书的统稿和定稿、教学环节设计及习题的编制；李宏为主审，负责全书的审稿工作；张正辉、杨丰明、安进、刘月云、章芳芳、王伟参与了本书的编写。其中第 1 章的 1.1 节～1.3 节、第 4 章、第 5 章、第 6 章的 6.1 节～6.3 节、第 7 章由许云飞编写；第 1 章的 1.4 节、第 6 章的 6.4 节由张正辉编写并负责全书程序上机检验；第 2 章的 2.1 节～2.3 节由安进编写；第 3 章由杨丰明、刘月云、王伟共同编写；章芳芳负责第 2 章的 2.4 节的编写及全书文字核对工作。

本书是在总结编者多年教学经验和国家骨干高职院校建设中课程教学改革成果基础上编写而成的。编写过程中，参照了部分同行的书籍，得到了单位领导的关心和大力支持，编者在此一并表示感谢。

由于编者水平有限，本书编写时虽力争严谨完善，但疏漏欠妥之处在所难免，恳请读者给予批评指正，以便进一步修改。编者邮箱地址：jssky@139.com。

编 者

2013 年 8 月

目　　录

第1章 数控铣床认知及其维护与保养

📖 学习目录

❖ 了解数控机床的分类，重点是数控铣床与加工中心。
❖ 了解数控机床的组成及各种数控系统的介绍。
❖ 掌握 FANUC 系统面板功能，并能熟练掌握其基本操作。
❖ 掌握数控铣床/加工中心的维护与保养方法。

📖 教学导读

数控铣床是在一般铣床的基础上发展起来的，两者的加工工艺基本相同，但数控铣床是靠程序控制的自动加工机床，所以其结构也与普通铣床有很大区别。数控铣床一般由数控系统、主传动系统、进给伺服系统、冷却润滑系统等几大部分组成。

数控铣床主要以铣削方式来加工零件，它能够进行内外形轮廓铣削，平面或三维复杂曲面铣削，如凸轮、模具、叶片加工等。数控铣床还具有孔加工功能，可以进行钻孔、扩孔、铰孔、镗孔和螺纹加工。加工中心具有与数控铣床类似的结构特点，是具有刀库和自动换刀机构，能对工件进行一次装夹后多工序加工的数控机床。数控机床由机床主体、数控装置、驱动系统三大部分构成。

本章首先介绍数控机床的分类，尤其是数控铣床和加工中心，然后讲解数控铣床和加工中心的面板功能并进行相应的操作；最后着重介绍数控铣床/加工中心的维护与保养方法。下面 4 个图为本章涉及的重点内容。

   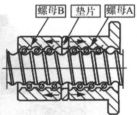

（a）数控机床概述　　（b）数控机床面板　　（c）数控机床操作　　（d）数控机床维护

📖 教学建议

（1）在教学开始时，可介绍数控技术在当前生产中的重要作用，激发学生对数控理论与操作学习的兴趣。

（2）介绍数控机床的时候，为体现理实一体化教学的优势，可到数控车间进行现场教学。

（3）由于现在的数控系统较多，即使同一系统，操作面板也有所不同，所以在教学中可根据本校所使用的系统来介绍机床面板功能。

（4）学生在初次练习数控机床操作时，一定要注意安全，否则一旦出现安全事故，就容易产生恐惧心理，对以后的教学极为不利。

（5）必须强调数控铣床/加工中心维护与保养的重要性，否则数控设备的生命周期就会大打折扣。

1.1 数控机床概述

1.1.1 数控机床的分类

数控机床是指采用数控技术进行控制的机床。根据其加工用途分类，数控机床主要有以下几种类型。

1. 数控铣床

用于完成铣削加工或镗削加工的数控机床称为数控铣床。

1）立式数控铣床

立式数控铣床在数量上一直占据数控铣床的大多数，应用范围也最广。从机床数控系统控制的坐标数量来看，目前三坐标数控立式铣床仍占大多数，一般可进行三坐标联动加工，但也有部分机床只能进行三个坐标中的任意两个坐标联动加工（常称为二轴半坐标加工）。此外，还有机床主轴可以绕 X、Y、Z 坐标轴中的其中一个或两个轴做数控摆角运动的四坐标和五坐标数控立式铣床。如图 1-1 所示为 VMC40M 型立式数控铣床。

2）卧式数控铣床

卧式数控铣床的主轴轴线平行于水平面。为了扩大加工范围和扩充功能，卧式数控铣床通常采用增加数控转盘或万能数控转盘来实现四、五坐标加工。这样，不但工件侧面上的连续回转轮廓可以加工出来，而且可以实现在一次安装中，通过转盘改变工位，进行"四面加工"。如图 1-2 所示为 TK6363B 型卧式数控铣床。

图 1-1　VMC40M 型立式数控铣床

图 1-2　TK6363B 型卧式数控铣床

3）龙门数控铣床

龙门数控铣床主轴可以在龙门架的横向与垂向溜板上运动，而龙门架则沿床身做纵向运动。大型数控铣床，因为要考虑扩大行程、缩小占地面积及刚性等技术问题，往往采用龙门架移动式。如图 1-3 所示为 ZK7432×80 型龙门数控铣床，如图 1-4 所示为德国 Edel 公司生产的 CyPort 六轴龙门数控铣床。

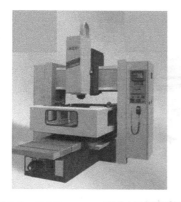

图 1-3　ZK7432×80 型龙门数控铣床　　　　图 1-4　CyPort 六轴龙门数控铣床

2. 数控加工中心

数控加工中心是指带有刀库（带有回转刀架的数控车床除外）和刀具自动交换装置（Automatic Tool Changer，ATC）的数控机床。通常所说的数控加工中心是指带有刀库和刀具自动交换装置的数控铣床。

数控加工中心是高度机电一体化的产品，工件装夹后，数控系统能控制机床按不同工序自动选择、更换刀具，自动对刀，自动改变主轴转速、进给量等，可连续完成钻、镗、铣、铰、攻丝等多种工序，因而大大减少了工件的装夹时间、测量和机床调整等辅助工序时间，对加工形状比较复杂、精度要求较高、品种更换频繁的零件具有良好的经济效果。

（1）卧式数控加工中心：主轴轴线与工作台平行设置的加工中心，主要适用于加工箱体类零件。如图 1-5 所示为 TH6780 型卧式数控加工中心。

（2）立式数控加工中心：主轴轴线与工作台垂直设置的加工中心，主要适用于加工板类、盘类、模具及小型壳体类复杂零件。如图 1-6 所示为 VC600 型立式数控加工中心。

图 1-5　TH6780 型卧式数控加工中心　　　　图 1-6　VC600 型立式数控加工中心

3）龙门加工中心。龙门加工中心的主轴可以在龙门架的横向与垂向溜板上运动，而龙门架则沿床身做纵向运动，主要用于加工大型零件。如图 1-7 所示为 VMC3023 型龙门加工中心。

图 1-7　VMC3023 型龙门加工中心

3. 数控车床

数控车床与普通车床一样，也是用来加工零件旋转表面的。它一般能够自动完成外圆柱面、圆锥面、球面及螺纹的加工，还能加工一些复杂的回转面，如双曲面、抛物面等。数控车床和普通车床的工件安装方式基本相同，为了提高加工效率，数控车床多采用液压、气动和电动卡盘。

数控车床可分为卧式和立式两大类，卧式车床又有水平导轨和倾斜导轨两种。档次较高的卧式数控车床一般都采用倾斜导轨。通常情况下，也将以车削加工为主并辅以铣削加工的数控车削中心归类为数控车床。如图 1-8 所示为 CK6140 型水平导轨的卧式数控车床，如图 1-9 所示为 CK50 型倾斜导轨的卧式数控车床。

图 1-8　CK6140 型水平导轨的卧式数控车床　　　图 1-9　CK50 型倾斜导轨的卧式数控车床

4. 数控钻床

数控钻床主要用于完成钻孔、攻丝等功能，有时也可完成简单的铣削功能。数控钻床是一种采用点位控制系统的数控机床，即控制刀具从一点到另一点的位置，而不控制刀具移动轨迹。如图 1-10 所示为 ZK5140C 型数控钻床。

5. 数控磨床

数控磨床是利用 CNC 控制来完成磨削加工的机床，按功能分，有外圆磨床、内圆磨床、平面磨床、导轨磨床、仿形磨床、无心磨床等。如图 1-11 所示的 MK1312 型数控外圆磨床是加工多轴颈轴类零件的精密外圆磨床，该机床采用两轴联动数控系统，砂轮架进给和工作台移动均采用交流伺服电动机，滚珠丝杠驱动，通过两轴联动修整砂轮及自动补偿，工件尺寸精度在线自动测量予以精确保证，可实现半自动循环磨削。

图 1-10 ZK5140C 型数控钻床

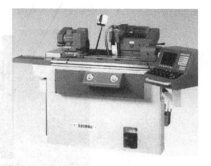

图 1-11 MK1312 型数控外圆磨床

6. 数控电火花成型机床

数控电火花成型机床（即通常所说的电脉冲机床）是一种特种加工机床。它利用两个不同极性的电极在绝缘液体中产生的电蚀现象去除材料而完成加工，对于形状复杂的模具及较难加工材料的加工有其特殊优势。数控电火花成型机床如图 1-12 所示。

7. 数控线切割机床

数控线切割机床如图 1-13 所示，其工作原理与电火花成型机床相同，但其电极是电极丝（钼丝、铜丝等）和工件。

图 1-12 数控电火花成型机床

图 1-13 DK—500 型数控线切割机床

8. 其他数控机床

数控机床除以上的几种常见类型外，还有数控刨床、数控冲床、数控激光加工机床、数控超声波加工机床等多种形式。

1.1.2　数控机床的组成

一般来说，数控机床由机床本体、数控系统、驱动系统三大部分构成。其具体结构以如图 1-14 所示的 VDL600E 立式加工中心为例来加以具体说明。

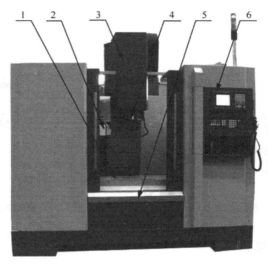

1—工作台；2—刀库；3—伺服电动机；4—主轴；5—床身；6—数控系统

图 1-14　数控机床的组成

1. 机床本体

数控机床本体部分主要由床身、主轴、工作台、导轨、刀库、自动换刀装置、冷却装置等组成。

数控机床机械结构的设计与制造要适应数控技术的发展，具有刚度大、精度高、抗震性强、热变形小等特点。由于普遍采用伺服电动机无级调速技术，机床进给运动和多数数控机床的主运动的变速机构被极大地简化甚至取消，广泛采用滚珠丝杠、滚动导轨等高效率、高精度的传动部件。数控机床采用机电一体化设计与布局，机床布局主要考虑有利于提高生产率，而不像传统机床那样，主要考虑方便操作。

2. 数控系统

数控系统由程序的输入/输出装置、数控装置等组成，其作用是接收加工程序等各种外来信息，经处理和分配后，向驱动机构发出执行的命令。数控系统分为两大部分：一是 CNC 装置部分；二是数控机床操作面板部分。

1）CNC 装置

CNC 装置是 CNC 系统的核心，由中央处理单元（CPU）、存储器、各种接口及外围逻辑电路等组成，其主要作用是对输入的数控程序及有关数据进行存储与处理，通过运算等，形成运动轨迹指令，控制伺服单元和驱动装置实现刀具与工件的相对运动。

CNC 装置有单 CPU 和多 CPU 两种基本结构形式。随着 CPU 性能的不断提高，CNC 装置的功能越来越丰富，性能越来越高，除了上述基本控制功能外，还有图形功能、通信功能、诊断功能、生产统计和管理功能等。

2）数控机床操作面板

数控机床的操作是通过人机操作面板实现的，人机操作面板由数控面板和机床面板组成。

数控面板是数控系统的操作面板，由显示器和手动数据输入（Manual Data Input，MDI）键盘组成，又称为 MDI 面板。显示器的下部常设有菜单选择键，用于选择菜单。键盘除各种符号键、数字键和功能键外，还可以设置用户定义键等。操作人员可以通过键盘和显示器来实现系统管理，对数控程序及有关数据进行输入、存储和编辑修改。在加工过程中，屏幕可以动态显示系统状态和故障诊断报告等。

此外，数控程序及数据还可以通过磁盘或通信接口输入。机床操作面板主要用于在手动方式下对机床进行操作，以及自动方式下对机床进行操作或干预。其上有各种按钮与选择开关，用于机床及辅助装置的启/停、加工方式选择、速度倍率选择等；还有数码管及信号显示等。中、小型数控机床的操作面板常和数控面板做成一个整体，但二者之间有明显界限。数控系统的通信接口，如串行接口，常设置在机床操作面板上。

3．驱动系统

1）进给伺服系统

伺服系统位于数控装置与机床本体之间，主要由伺服电动机、伺服电路等装置组成。它的作用是：根据数控装置输出信号，经放大转换后驱动执行电动机，带动机床运动部件按一定的速度和位置运动。

进给伺服系统主要由进给伺服单元和伺服进给电动机组成。对于闭环控制或半闭环控制的进给伺服系统，还应包括位置检测反馈装置。进给伺服单元接收来自 CNC 装置的运动指令，经变换和放大后，驱动伺服电动机运转，实现刀架或工作台的运动。CNC 装置每发出一个控制脉冲，机床刀架或工作台的移动距离称为数控机床的脉冲当量或最小设定单位，脉冲当量或最小设定单位的大小将直接影响数控机床的加工精度。

在闭环控制（如图 1-15 所示）或半闭环控制（如图 1-16 所示）的伺服进给系统中，位置检测装置被安装在机床（闭环控制）或伺服电动机（半闭环控制）上，其作用是将机床或伺服电动机的实际位置信号反馈给 CNC 系统，以便与指令位移信号进行比较，再用其差值控制机床运动，达到消除运动误差、提高定位精度的目的。

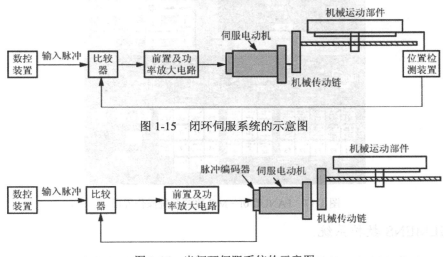

图 1-15 闭环伺服系统的示意图

图 1-16 半闭环伺服系统的示意图

一般来说，数控机床功能的强弱主要取决于 CNC 装置，而数控机床性能的优劣，如运动速度与精度等，则主要取决于伺服驱动系统。

随着数控技术的不断发展，对伺服进给驱动系统的要求也越来越高。一般要求定位精度为 1～10μm，高精设备要求达到 0.1μm。为了保证系统的跟踪精度，一般要求动态过程在 200μs 甚至几十微秒内，同时要求超调要小。为了保证加工效率，一般要求其进给速度为 0～24m/min。此外，要求在低速时能输出较大的转矩。

2）主轴驱动系统

数控机床的主轴驱动与进给驱动的区别很大，电动机输出功率较大，一般应为 2.2～250kW。进给电动机一般是恒转矩调速，而主电动机除了有较大范围的恒转矩调速外，还要有较大范围的恒功率调速。对于数控车床，为了能够加工螺纹和实现恒线速控制，要求主轴驱动和进给驱动能同步控制；对于数控铣床与数控加工中心，还要求主轴进行高精度准停和分度功能。因此，中、高档数控机床的主轴驱动都采用电动机无级调速或伺服驱动；经济型数控机床的主传动系统与普通机床类似，仍需要手工机械变速，CNC 系统仅对主轴进行简单的启动或停止控制。

1.1.3 数控铣床／加工中心的数控系统介绍

1. FANUC 数控系统

FANUC 数控系统由日本富士通公司研制开发。该数控系统在我国得到了广泛的应用。目前，在我国市场上，应用于铣床（加工中心）的数控系统主要有 FANUC 21i—MA/MB/MC、FANUC 18i—MA/MB/MC、FANUC 0i—MA/MB/MC/MD、FANUC 0—MD 等。FANUC 0i—MC 数控系统操作界面如图 1-17 所示。

图 1-17　FANUC 0i—MC 数控系统操作界面

2. SIEMENS 数控系统

SIEMENS 数控系统由德国西门子公司开发研制，该系统在我国的数控机床中的应用也相当普遍。目前，在我国市场上，常用的 SIEMENS 系统有 SIMEMENS 840D/C、SIMEMENS 810T/M、802D/C/S 等型号。以上型号除 802S 系统采用步进电动机驱动外，其他型号系统均采用伺服电动机驱动。SIEMENS 802C 系统加工中心操作界面如图 1-18 所示。

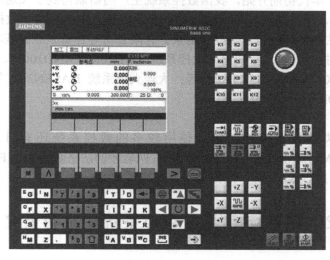

图 1-18 SIEMENS 802C 系统加工中心操作界面

3. 武汉华中数控系统

武汉华中数控系统是我国为数不多的具有自主知识产权的高性能数控系统之一，是全国数控技能大赛指定使用的数控系统。它以通用的工业 PC（IPC）和 DOS、Windows 操作系统为基础，采用开放式的体系结构，使华中数控系统的可靠性和质量得到了保证。它适用于多坐标（2～5）数控镗铣床和加工中心，在增加相应的软件模块后，也能用于其他类型的数控机床（如数控磨床、数控车床等）及特种加工机床（如激光加工机、线切割机等）。华中世纪星 HNC—21M 系统加工中心操作界面如图 1-19 所示。

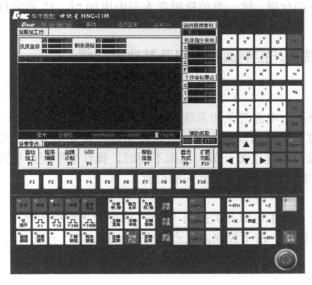

图 1-19 华中世纪星 HNC—21M 系统加工中心操作界面

4. 其他数控系统

1）国产系统

自 20 世纪 80 年代初期开始，我国数控系统生产与研制得到了飞速的发展，并逐步形成了航天数控集团、机电集团、华中数控、蓝天数控等以生产普及型数控系统为主的国有企业，以及北京-法那科、西门子数控（南京）有限公司等合资企业的基本力量。目前，常用于铣床的国产数控系统有北京凯恩帝数控系统 KND10M、KND100M、KND1000M 等；广州数控系统 GSK928MA、GSK990M 等；大连大森系统 DASEN3iM 等；南京华兴系统 WA31DM、WA310M、WA320iMt 等。

2）国外系统

除了上述几类数控系统外，国内使用较多的数控系统还有日本三菱数控系统 EZMotion—NC 60M、EZMotion—NC E680M 等；西班牙的法格数控系统 FAGOR 8050M 等；美国哈斯数控系统 HAAS VF 等；法国施耐德数控系统等。

1.2 数控铣床/加工中心系统面板功能介绍

数控机床的生产厂家众多，即使同一系统数控机床的操作面板也各不相同，但由于同一系统的系统功能相同，所以操作方法也基本相似。

现以大连机床厂生产的 VDL—600 为例，来说明面板上各按钮的功能。该机床以 FANUC 0i—MATE 作为数控系统，机床总面板可参考图 1-17。

为了便于读者阅读，本书中将面板上的按钮分成以下三组。

（1）机床控制面板按钮。这类按钮（旋钮、按键）为机床厂家自定义功能键，位于面板总图下方。本书用加 " " 的字母或文字表示，如 "电源开"、"JOG" 等。

（2）MDI 按键功能。这类按钮位于显示屏幕右侧，只要系统型号相同，其功能键的含义及位置也相同。本书中用加 "□" 的字母或文字表示，如 PROG 、 EDIT 等。

（3）CRT 屏幕下的软键。这一类的软键在本书中用加 "[ ]" 的字母或文字表示，如[参数]、[总合]等。

1.2.1 数控铣机床控制面板按钮及其功能介绍

1. 电源开关

电源开关一般分为主电源开关和系统电源开关。机床主电源开关一般位于机床的背面，系统电源开关一般位于控制面板的下方。机床使用时，首先必须将主电源开关扳到开的位置，然后才能开启数控系统电源开关。机床不用时，操作顺序正好相反，即先关闭数控系统电源开关，然后才将主电源开关扳到关的位置。

1）开机

（1）机床电源开。将主电源开关扳到 "ON" 的位置，给机床通电。

（2）数控系统电源开。按下控制面板上的 "POWER ON" 按钮（□），向机床 CNC 部分供电。

2）关机

（1）数控系统电源关。按下控制面板上的 "POWER OFF" 按钮（■），切断向机床

CNC 部分的供电。

（2）机床电源关。将主电源开关扳到"OFF"的位置，关闭机床电源。

2. 紧急停止按钮及机床指示灯

（1）紧急停止按钮。当出现紧急情况时，按下急停按钮（如图 1-20 所示），机床及 CNC 装置立即处于急停状态，此时在屏幕上出现"EMG"字样，机床报警指示灯亮。

要消除急停状态，一般情况下可顺时针转动急停按钮，使按钮向上弹起，并按下复位键 RESET 即可。

（2）机床指示灯。在机床的操作过程中，出现运行情况的信号指示时，该指示灯变亮；也有的会出现报警指示，报警消除后该灯即熄灭，如图 1-21 所示。

3. 模式选择按钮

模式选择按钮（如图 1-22 所示）共有 8 个，用以选择机床操作的模式。这类按钮均为单选按钮，即只能选择其中的一个。

图 1-20　急停按钮　　　　图 1-21　机床指示灯　　　　　　图 1-22　模式选择按钮

现在从右下角开始，按逆时针方向逐一说明。

（1）手动返回参考点（REF）。在此状态下，可以执行返回参考点的功能。当相应轴返回参考点指令执行完成后，对应轴的返回参考点指示灯（如图 1-21 所示）变亮。

（2）增量进给（INC）。增量进给的操作如下：先选择进给轴（如图 1-23（a）所示），再选择增量步长（如图 1-23（b）所示），按下方向移动按钮，刀具向相应方向移动一定距离。当选择"F0"增量步长时，表示每次移动距离为 0.001mm。同理，"100%"表示每按一次方向移动按钮刀具增量移动 1mm。

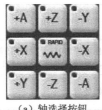

（a）轴选择按钮　　　　　　　　（b）增量步长与快速倍率选择按钮

图 1-23　增量进给按钮

（3）手动连续进给（JOG）。手动连续进给有两种形式：手动切削连续进给和手动快速连续进给。

要实现手动切削连续进给，进给速度可通过进给速度倍率旋钮（如图 1-24 所示）进行调节，调节范围为 0~150%。另外，对于自动执行的程序中指定的速度 F，也可以用进给速度倍率旋钮进行调节。

要实现手动快速连续进给，首先按下轴选择按钮，再同时按下方向选择按钮和方向选择按钮中间的快速移动按钮，即可实现该轴的自动快速进给。

快速进给速率由系统参数确定，也有一些机床具有×1、×10、×100、×1000 四种快速速度选择。

（4）手轮进给操作（HANDLE）。在手轮进给方式中，可以通过旋转挂在机床上的手摇脉冲发生器（如图 1-25 所示）使刀具进行增量移动。手摇脉冲发生器每旋转一个刻度，刀具的移动量与增量进给的移动量相仿，因此在摇动手摇脉冲发生器前同样要选择好增量步长。旋转手摇脉冲发生器时，顺时针方向为刀具正方向进给，逆时针方向为刀具负方向进给。

图 1-24　进给速度倍率旋钮

图 1-25　手摇脉冲发生器

（5）在线加工（DNC）。在此状态下，可以实现自动化加工程序的在线加工。通过计算机与 CNC 的连接，可以使机床直接执行计算机等外部输入/输出设备中存储的程序。

（6）手动数据输入（MDI）。在此状态下，可以输入单一的命令或几段命令并立即按下循环启动按钮使机床动作，以满足工作需要。例如，开机后的指定转速"M03S1000；"。

（7）编辑（EDIT）。按下此按钮，可以对存储在内存中的程序数据进行编辑操作。

（8）自动执行（AUTO）。按下此按钮后，可自动执行程序。在这种模式下，数控机床又有 9 种不同的运行形式，具体见表 1-1。

表 1-1　自动模式下的运行形式

按钮图	英文标记	中文含义	按钮按下时的功能
SINGLE BLOCK	SINGLE BLOCK	单段运行	每按下一次循环启动按钮，机床将执行一段操作后暂停。再次按下循环启动，则机床再执行一段程序后暂停。采用此种方法可进行程序及操作检查
BLOCK SKIP	BLOCK SKIP	程序段跳段	程序段前加"/"符号的将被跳过执行
OPTION STOP	OPTION STOP	选择停止	在自动执行的程序中出现"M01；"程序段时，此时程序将停止执行。再次按下循环启动后，系统将继续执行 M01 以后的程序
PROGRM RESTART	PROGRAM RESTART	程序重启	程序将重新从程序开始处启动
MACHINE LOCK	MACHINE LOCK	机床锁住	在自动运行过程中，刀具的移动功能将被限制执行，但系统显示程序运行时刀具的位置坐标，因此该功能主要用于检查程序是否编制正确
AUX LOCK	AUX LOCK	辅助功能锁住	当自动运行进入辅助功能锁住方式时，全部辅助功能（主轴旋转，换刀，冷却液开/关等）均无效
Z AXIS CANCEL Z	Z AXIS CANCEL	Z 轴功能取消	在自动运行过程中 Z 轴的移动功能将被限制执行

按钮图	英文标记	中文含义	按钮按下时的功能
	DRY RUN	空运行	在自动运行过程中刀具按参数指定的速度快速运行，该功能主要用于检查刀具的运行轨迹是否正确
	TEACH	示教编程	这种方法是在零件加工的同时，记录各程序段刀具的移动轨迹，并根据实际要求在程序中加入程序段号及适当的 M、S、T 指令

4. 循环启动

（1）循环启动开始（CYCLE START）。在自动运行状态下，按下该按钮（图 1-26 中左侧按钮），机床自动运行程序。

（2）循环启动停止（FEED HOLD）。在机床循环启动状态下，按下该按钮（图 1-26 中右侧按钮），程序运行及刀具运动将处于暂停状态，其他功能如主轴转速、冷却等保持不变。再次按下循环启动按钮，机床重新进入自动运行状态。

5. 主轴功能

（1）主轴正转（CW）。在"HANDLE"模式或"JOG"模式下，按下该按钮（图 1-27 中左边按钮），主轴将顺时针转动。

（2）主轴反转（CCW）。在"HANDLE"模式或"JOG"模式下，按下该按钮（图 1-27 中右边按钮），主轴将逆时针转动。

（3）主轴停转（STOP）。在"HANDLE"模式或"JOG"模式下，按下该按钮（图 1-27 中的中间按钮），主轴将停止转动。

（4）主轴倍率调整旋钮。在主轴旋转过程中，可以通过主轴倍率调整旋钮（如图 1-28 所示）对主轴转速进行 50%～120% 的无级调速。同样，在程序执行过程中，也可对程序中指定的转速进行调节。

图 1-26　循环启动执行按钮　　　图 1-27　主轴功能　　　图 1-28　主轴倍率调整旋钮

6. 程序保护旋钮（PROG PROTECT）

当程序保护旋钮（如图 1-29 所示）处于"1"位置时，即使在"EDIT"状态下也不能对 NC 程序进行编辑操作。只有当程序保护旋钮处于"0"位置，并在"EDIT"状态下，才能对 NC 程序进行编辑操作。

7. 用户自定义键

机床厂家根据客户需求，自定义一系列按键，如图 1-30 所示，其具体含义见表 1-2。

图 1-29　程序保护旋钮

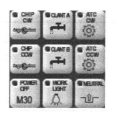

图 1-30　用户自定义键

表 1-2　用户自定义键

按钮图	英文标记	中文含义	按钮按下时的功能
CHIP CW	CHIP CW	电动机正转排屑	通过电动机正转驱动，进行螺杆式的排屑
CHIP CCW	CHIP CCW	电动机反转排屑	当正转排屑扭矩过大时，按下此按钮，反转几圈后再转换成正转排屑
CLANT A	CLANT A	冷却 A	通过冷却液对主轴及刀具进行冷却。重复按下该按钮，冷却关闭
CLANT B	CLANT B	冷却 B	通过冷却液对主轴及刀具进行冷却。重复按下该按钮，冷却关闭
POWER OFF M30	POWER OFF	切断电源	该按钮按下后，在 MDI 方式下，输入 M30，按下循环启动开始按钮，则机床电源全部切断
WORK LIGHT	WORK LIGHT	工作灯	工作照明灯
ATC CW	ATC CW	刀盘顺时针旋转	手动模式下，刀盘顺时针旋转
ATC CCW	ATC CCW	刀盘逆时针旋转	手动模式下，刀盘逆时针旋转

8. 用户扩展键

机床厂家预留了部分键，用于将来扩展，如图 1-31 所示。

图 1-31　用户扩展键

1.2.2　MDI 按键及其功能介绍

各 MDI 按键及其功能说明见表 1-3。

表 1-3　MDI 按键功能

按　钮　图	按　　键	功　　能
7 8 9 4 5 6 1 2 3 . 0	数字键	数字的输入，如 0、1、2、3、4、5、6、7、8、9 等
	运算键	与上挡键 SHIFT 配合，用于数字运算符的输入，如输入 "＋" "－" "×" "／" "＝"

按 钮 图	按 键	功 能
O_P N_Q G_R X_U Y_V Z_W M_I S_J T_K F_L H_D EOB_E	字母键	字母的输入
EOB_E	EOB	段结束符的插入即回车换行键。结束一行程序的输入并且换行
POS	POS	位置显示页面。位置显示有三种方式，用 PAGE 按钮选择
PROG	PROG	在"EDIT"方式下编辑、显示存储器里的程序，在 MDI 方式下输入及显示 MDI 数据，在"AUTO"方式下显示程序指令值
OFFSET SETTING	OFFSET SETTING	设定、显示刀具补偿值、工件坐标系和宏程序变量
SYSTEM	SYSTEM	用于参数的设定、显示，以及自诊断功能数据的显示
MESSAGE	MESSAGE	NC 报警信号显示，报警记录显示
CUSTOM GRAPH	GRAPH	用于图形显示
SHIFT	SHIFT	上挡功能键
CAN	CAN	删除键，用于删除最后一个输入的字符或符号
INPUT	INPUT	输入键，用于参数或补偿值的输入
ALERT	ALTER	替代键，程序字的替代
INSERT	INSERT	插入键，把输入域中的数据插入到当前光标之后的位置
DELETE	DELETE	删除键，删除光标所在的数据；删除一个或全部数控程序
HELP	HELP	帮助键
↑ PAGE	PAGE UP	翻页键，向前翻页
PAGE ↓	PAGE DOWN	翻页键，向后翻页
↑	光标移动键	光标向上移动
↓	光标移动键	光标向下移动
←	光标移动键	光标向左移动
→	光标移动键	光标向右移动
RESET	RESET	复位键，按下此键，复位 CNC 系统。包括取消报警、主轴故障复位、中途退出自动操作循环和中途退出输入、输出过程等

1.2.3 CRT 显示器下的软键功能

在 CRT 显示器下，有一排软按键，其功能根据 CRT 中对应的提示来指定。这里不做介绍。

1.3 数控铣床/加工中心操作

1.3.1 机床开、关电源与返回参考点操作

1. 机床开电源

（1）检查 CNC 和机床外观是否正常。

（2）接通机床电器柜电源，按下"NC ON"按钮▢。

（3）检查 CRT 画面显示资料。

图 1-32 开电源后屏幕显示画面

（4）如果 CRT 画面显示"EMG"报警画面，松开"急停"按钮⬤，再按下 MDI 面板上的复位键▨数秒后机床将复位。开电源后屏幕显示画面如图 1-32 所示。

（5）检查风扇电动机是否旋转。

2. 机床关电源

（1）检查操作面板上的循环启动灯是否关闭。

（2）检查 CNC 机床的移动部件是否都已经停止。

（3）若有外部输入/输出设备接到机床上，先关闭外部设备的电源。

（4）按下"急停"按钮⬤，再按下"NC OFF"按钮▰，然后再关机床电源，与打开电源流程相反。

3. 手动返回参考点操作

（1）模式按钮选择"REF"✛。

（2）分别选择回参考点的轴（"Z"、"X"、"Y"、"A"），选择快速移动倍率（"F0"、"25%"、"50%"、"100%"）。

（3）按下"返回参考点"按钮▨，相应轴返回参考点后，对应轴的返回参考点指示灯点亮。虽然数控铣床可三个轴同时回参考点，但为了确保在回参考点过程中刀具与机床的安全，数控铣床的回参考点一般先进行 Z 轴的回参考点，再进行 X 及 Y 轴的回参考点。FANUC 系统的回参考点一般为按"+"方向键回参考点，若按"−"方向键，则机床不会动作。但是大连机床厂家生产的 VDL—600E 数控加工中心却是按"−X"方向键回参考点，Y、Z 两轴是相应地按"+"方向键回参考点轴。返回参考点后屏幕显示画面如图 1-33 所示。

机床回参考点时，刀具离参考点不能太近，否则回参考点过程中会出现超程报警。

图 1-33 返回参考点后屏幕显示画面

1.3.2 手摇进给操作和手动进给操作

1. 在 MDI 方式下开动转速

（1）模式按钮选择"MDI"，按下 MDI，按下功能按钮 $\boxed{PROG}$ 键。

（2）在 MDI 面板上输入 M03 S1000，按下 $\boxed{EOB}$ 键，再按下 $\boxed{INSERT}$ 键。

（3）按下循环启动按钮"CYCLE START"。要使主轴停转，可按下 $\boxed{RESET}$ 键。

进行上述操作后，在手摇"HANDLE"和手动"JOG"模式下，即可按下按钮"CW"使主轴正转。

2. 手摇进给操作

手摇操作的流程和手摇操作的坐标显示画面如图 1-34 所示，该显示画面中有 3 个坐标系，分别是机械坐标系（即前面所述的机床坐标系）、绝对坐标系（显示刀具在工件坐标系中的绝对值）和相对坐标系。

（1）模式按钮选择"HANDLE"。

（2）选择增量步长。

（3）选择刀具要移动的轴。

（4）旋转手摇脉冲发生器向相应的方向移动刀具。

3. 手动慢速进给

模式按钮选择"JOG"，其余动作类似于手摇进给操作，操作步骤略。如图 1-35 所示为手动操作的坐标显示画面。

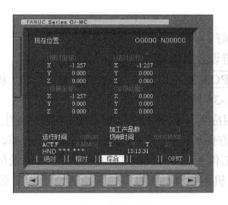

图 1-34 手摇操作的坐标显示画面

图 1-35 手动操作的坐标显示画面

4. 增量进给

模式按钮选择"JOG"，其余动作类似于手摇进给操作，操作步骤略。如图 1-36 所示为增量移动操作的坐标显示画面。

5. 手动快速进给

在手动快速进给过程中，若在按下方向键（"+"或"－"）后同时按下方向键中间的快速移动键，如图 1-37 所示中间的快速移动键被点亮，即可使刀具沿指定方向快速移动。

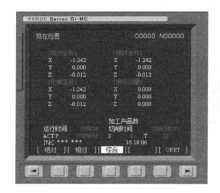

图 1-36　增量移动操作的坐标显示画面

图 1-37　手动快速移动键被点亮

6. 超程解除

在手摇或手动进给过程中，由于进给方向错误，常会发生超行程报警现象，解除过程如下。

（1）模式按钮选择"HANDLE"。

（2）向超程的反方向进给刀具，退出超行程位置，再按下 MDI 面板上的复位键 数秒后机床即可恢复正常。

手动进给操作时，进给方向一定不能搞错，这是数控机床操作的基本功。

1.3.3　手动或手摇对刀操作及设定工件坐标系操作

1. XY 平面的对刀操作

（1）模式按钮选择"HANDLE"，主轴上安装好刀具。

（2）按下主轴正转按钮"CW"，主轴将按之前设定的转速正转。

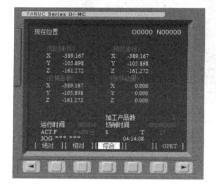

图 1-38　XY 平面内的对刀操作屏幕

（3）按下 POS 键，再按下软键[综合]，此时，机床屏幕出现如图 1-38 所示的显示画面。

（4）选择相应的轴选择旋钮，摇动手摇脉冲发生器，使其接近 X 轴方向的一条侧边，降低手动进给倍率，使刀具慢慢接近工件侧边，正确找正左侧边处。记录屏幕显示画面中的机械坐标系的 X 值，设为 X_1（假设 $X_1 = -234.567$）。

（5）用同样的方法找正右侧边 B 点处，记录下尺寸 X_2 值（假设 $X_2 = -154.789$）。

（6）计算出工件坐标系的 X 值，$X = (X_1 + X_2)/2$。

（7）重复步骤（4）～（6），用同样方法测量并计算出工件坐标系的 Y 值。

2. Z 轴方向的对刀

（1）将主轴停转，手动换上切削用刀具。

（2）在"HANDLE"模式下选择相应的轴选择旋钮，摇动手摇脉冲发生器，使其在 Z 轴方向接近工件，降低手动进给倍率，使刀具与工件微微接触。记录下屏幕显示画面中机床坐标系的 Z 值（假设 $Z=-161.123$）。

（3）如果是加工中心，同时使用多把刀具进行加工，则可重复上述步骤，分别测出各自不同的 Z 值。

3．工件坐标系的设定

将工件坐标系设定在 G54 参数中，其设定过程如下。

（1）按下 MDI 功能键 OFFSET SETTING 。

（2）按下屏幕下的软键[坐标系]，出现如图 1-39 所示的显示画面。

（3）向下移动光标，到 G54 坐标系 X 处，输入前面计算出的 X 值，注意不要输入地址 X，按下 INPUT 键。

（4）将光标移到 G54 坐标系 Y 处，输入前面计算出的 Y 值，按下 INPUT 键。

（5）用同样的方法，将记录下的 Z 值输入 G54 坐标系。

记录坐标值时，请务必记录屏幕显示中的机械坐标值。工件坐标系设定完成后，再次手动返回参考点，进入坐标系，按软键[综合]显示画面，看一看各坐标系的坐标值与设定前有何区别。

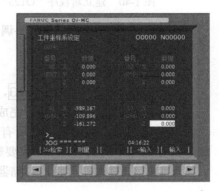

图 1-39　工件坐标系的设定显示画面

在手摇切削进给过程中，要注意尽可能保持切削进给速度，即手摇速度的一致性。

以上切削操作也可采用手动切削进给（"JOG"）方式进行，为精确定位到某一点，在靠近该点处时，可选择增量进给方式执行切削操作。

1.3.4　程序、程序段和程序字的输入与编辑

1．程序编辑操作

1）建立一个新程序

建立新程序流程及建立新程序后的显示画面如图 1-40 所示。

（1）模式按钮选择"EDIT"。

（2）按下 MDI 功能键 PROG 。

（3）输入地址 O，输入程序号（如"O123"），按下 EOB 键。

（4）按下 INSERT 键即可完成新程序"O123"的插入。

注意：建立新程序时，要注意建立的程序号应为内存储器没有的新程序号。

2）调用内存中储存的程序

（1）模式按钮选择"EDIT"。

（2）按下 MDI 功能键 PROG ，输入地址 O，输入要调用的程序号，如"O123"。

（3）按下光标向下移动键即可完成程序"O123"的调用（如图 1-41 所示）。

图 1-40　建立新程序"O123"

图 1-41　调用内存中程序"O123"

注意：程序调用时，一定要调用内存储器中已存在的程序。

3）删除程序

（1）模式按钮选择"EDIT"。

（2）按下 MDI 功能键 PROG，输入地址 O，输入要删除的程序号，如"O123"。

（3）按下 DELETE 键即可完成单个程序"O123"的删除。

如果要删除内存储器中的所有程序，只要在输入"O－9999"后按下 DELETE 键即可删除内存储器中所有程序。如果要删除指定范围内的程序，只要在输入"OAAAA，OBBBB"后按下 DELETE 键即可将内存储器中"OAAAA～OBBBB"范围内的所有程序删除。

2. 程序段操作

1）删除程序段

（1）模式按钮选择"EDIT"。

（2）用光标移动键检索或扫描到将要删除的程序段地址 N，按下 EOB 键。

（3）按下 DELETE 键，将当前光标所在的程序段删除。

如果要删除多个程序段，则用光标移动键检索或扫描到将要删除的程序段开始地址 N（如 N0010），输入地址 N 和最后一个程序段号（如 N1000），按下 DELETE 键，即可将 N0010～N1000 的所有程序段删除。

2）程序段的检索

程序段的检索功能主要使用在自动运行过程中。检索过程如下：

（1）模式按钮选择"AUTO"。

（2）按下 MDI 功能键 PROG，显示程序屏幕，输入地址 N 及要检索的程序段号，按下屏幕软键[N 检索]即可检索到需要的程序段。

3. 程序字操作

1）扫描程序字

模式按钮选择"EDIT"，按下光标向左或向右移键，光标将在屏幕上向左或向右移动一个地址字。按下光标向上或向下移动键，光标将移动到上一个或下一个程序段的开头。按下 PAGE UP 键或 PAGE DOWN 键，光标将向前或向后翻页显示。

2）跳到程序开头

在"EDIT"模式下，按下 RESET 键即可使光标跳到程序开头。

3）插入一个程序字

在"EDIT"模式下，扫描要插入位置前的字，输入要插入的地址字和数据，按下 INSERT 键。

4）字的替换

在"EDIT"模式下，扫描到将要替换的字，输入要替换的地址字和数据，按下 ALTER 键。

5）字的删除

在"EDIT"模式下，扫描到将要删除的字，按下 DELETE 键。

6）输入过程中字的取消

在程序字符的输入过程中，若发现当前字符输入错误，则按下 CAN 键，即可删除当前输入的字符。程序、程序段和程序字的输入与编辑过程中出现的报警，可通过按 MDI 功能键 RESET 来消除。

1.3.5 数控程序的校验

1. 机床锁住校验

机床锁住校验操作步骤如下。

（1）按下 PROG 键，调用刚才输入的程序 O0010。

（2）模式按钮选择"AUTO"，按下机床锁住按钮"MACHINE LOCK" 。

（3）按下软键[检视]，使屏幕显示正在执行的程序及坐标。

（4）按下单步运行按钮"SINGLE BLOCK"，进行机床锁住检查。

注意：在机床校验过程中，采用单步运行模式而非自动运行较为合适。

2. 机床空运行校验

机床空运行校验的操作流程与机床锁住校验流程相似，不同之处在于将流程中按下"MACHINE LOCK"按钮换成"DRY RUN"按钮。

注意：机床空运行校验轨迹与自动运行轨迹完全相同，而且刀具均以快速运行速度运行。因此，空运行前应将 G54 中设定的 Z 坐标抬高一定距离再进行空运行校验。

3. 采用图形显示功能校验

图形功能可以显示自动运行期间的刀具移动轨迹，操作者可通过观察屏幕显示出的轨迹来检查加工过程，显示的图形可以进行放大及复原。图形显示功能可以在自动运行、机床锁住和空运行等模式下使用，其操作过程如下。

（1）模式按钮选择"AUTO"。

（2）在 MDI 面板上按下 CUSTOM GRAPH 键，按下屏幕显示软键[参数]，显示如图 1-42 所示的显示画面。

（3）通过光标移动键将光标移动至所需设定参数处，输入数据后按下 INPUT 键，依次完成各项参数的设定。

（4）再次按下屏幕显示软键[图形]。

（5）按下循环启动"CYCLE START"按钮，机床开始移动，并在屏幕上绘出刀具的运动轨迹。

（6）在图形显示过程中，可进行放大/恢复图形的操作。

机床锁住校验过程中，如果出现程序格式错误，则机床将显示程序报警画面，并停止运行。因此，机床锁住校验主要校验程序格式的正确性。

机床空运行校验和图形显示校验主要用于校验程序轨迹的正确性。如果机床具有图形显示功能，则采用图形显示校验更加方便直观。

1.3.6　输入刀具补偿参数

（1）模式按钮选择"EDIT"或"AUTO"。

（2）按下 MDI 功能键 OFFSET SETTING 。

（3）按下屏幕下的软键[补正]，出现如图 1-43 所示的显示画面。

图 1-42　图形显示画面

图 1-43　刀具补偿画面

（4）按 PAGE UP 键和 PAGE DOWN 键选择补偿号。

（5）按光标移动键选择补偿参数编号。

（6）输入相应刀具补偿值及磨损补偿值。

1.3.7　由计算机输入一个数控程序

（1）模式按钮选择"DNC"。

（2）用 RS-232 电缆线连接 PC 和数控机床，选择数控程序文件传输。

（3）按"PROG"键切换到 PROGRAM 页面。

（4）输入程序编号"Oxxxx"。

（5）按 INPUT 键，读入数控程序。

1.4　数控铣床/加工中心的维护与保养

数控铣床/加工中心主要用于非回转体类零件的加工，特别在模具制造业中应用广泛。其安全操作规程如下。

1.4.1　安全操作规程

1. 开机前应当遵守的操作规程

（1）穿戴好劳保用品，不要戴手套操作机床。

（2）仔细阅读机床的使用说明书，在未熟悉机床操作前，切勿随意操作机床，以免发生安全事故。

（3）操作前必须熟知每个按钮的作用及操作注意事项。

（4）注意机床各个部位警示牌上警示的内容。

（5）按照机床说明书要求加装润滑油、液压油、切削液，接通外接气源。

（6）机床周围的工具要摆放整齐，要便于拿放。

（7）加工前必须关上机床的防护门。

2．在加工操作中应当遵守的操作规程

（1）文明生产，精力集中，杜绝酗酒和疲劳操作；禁止打闹、闲谈、睡觉和任意离开岗位。

（2）机床在通电状态时，操作者千万不要打开和接触机床上标有闪电符号的、装有强电装置的部位，以防被电击伤。

（3）注意检查工件和刀具是否装夹正确、可靠；在刀具装夹完毕后，应当采用手动方式进行试切。

（4）机床运转过程中，不要清除切屑，要避免用手接触机床运动部件。

（5）清除切屑时，要使用一定的工具，应当注意不要被切屑划破手脚。

（6）要测量工件时，必须在机床停止状态下进行。

（7）在打雷时，不要开机床。因为雷击时的瞬时高电压和大电流易冲击机床，烧坏模块或丢失（改变）数据，造成不必要的损失。

3．工作结束后应当遵守的操作规程

（1）如实填写好交接班记录，发现问题要及时反映。

（2）要打扫干净工作场地，擦拭干净机床，应注意保持机床及控制设备的清洁。

（3）切断系统电源，关好门窗后才能离开。

1.4.2　数控机床的维护和日常保养

1．数控机床机械部分的维护与保养

1）主轴部件的维护与保养

主轴部件是数控机床机械部分中的重要组成部件，主要由主轴、轴承、主轴准停装置、自动夹紧和切屑清除装置组成。数控机床主轴部件的润滑、冷却与密封是机床使用和维护过程中值得重视的几个问题。

第一，良好的润滑效果可以降低轴承的工作温度和延长使用寿命。为此，在操作使用中要注意：低速时，采用油脂、油液循环润滑；高速时，采用油雾、油气润滑方式。但是，在采用油脂润滑时，主轴轴承的封入量通常为轴承空间容积的 10%，切忌随意填满，因为油脂过多，会加剧主轴发热。对于油液循环润滑，在操作使用中要做到每天检查主轴润滑恒温油箱，看油量是否充足，如果油量不够，则应及时添加润滑油；要注意检查润滑油温度范围是否合适。

为了保证主轴有良好的润滑，减少摩擦发热，同时又能把主轴组件的热量带走，通常

采用循环式润滑系统，用液压泵强力供油润滑，使用油温控制器控制油箱油液温度。高档数控机床主轴轴承采用了高级油脂封存方式润滑，每加一次油脂可以使用 7～10 年。新型的润滑冷却方式不单可以降低轴承温升，还可以减小轴承内外圈的温差，以保证主轴热变形小。

常见的主轴润滑方式有两种：油气润滑方式近似于油雾润滑方式，但油雾润滑方式是连续供给油雾，而油气润滑则是定时、定量地把油雾送进轴承空隙中，这样既实现了油雾润滑，又避免了油雾太多而污染周围空气。喷注润滑方式是用较大流量的恒温油（每个轴承 3～4L/min）喷注到主轴轴承，以达到润滑、冷却的目的。较大流量喷注的油必须靠排油泵强制排油，而不是自然回流。同时，还要采用专用的大容量高精度恒温油箱，油温变动控制在±0.5℃。

第二，主轴部件的冷却主要是以减少轴承发热、有效控制热源为主。

第三，主轴部件的密封则不仅要防止灰尘、屑末和切削液进入主轴部件，还要防止润滑油的泄漏。主轴部件的密封有接触式和非接触式密封。对于采用油毡圈和耐油橡胶密封圈的接触式密封，要注意检查其老化和破损；对于非接触式密封，为了防止泄漏，重要的是保证回油能够尽快排掉，要保证回油孔的通畅。

综上所述，在数控机床的使用和维护过程中必须高度重视主轴部件的润滑、冷却与密封问题，并且仔细做好这方面的工作。

2）进给传动机构的维护与保养

进给传动机构的机电部件主要有：伺服电动机及检测元件、减速机构、滚珠丝杠螺母副、丝杠轴承、运动部件（工作台、主轴箱、立柱等）。这里主要对滚珠丝杠螺母副的维护与保养问题加以说明。

（1）滚珠丝杠螺母副轴向间隙的调整。滚珠丝杠螺母副除了对本身单一方向的进给运动精度有要求外，对轴向间隙也有严格的要求，以保证反向传动精度。因此，在操作使用中要注意由于丝杠螺母副的磨损而导致的轴向间隙，可采用调整方法加以消除。

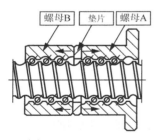

双螺母垫片式消隙如图 1-44 所示。这种结构简单可靠、刚度好，应用最为广泛，在双螺母间加垫片的形式可由专业生产厂根据用户要求事先调整好预紧力，使用时装卸非常方便。

双螺母螺纹式消隙如图 1-45 所示。利用一个螺母上的外螺纹，通过圆螺母调整两个螺母的相对轴向位置实现预紧，调整好后用另一个圆螺母锁紧。这种结构调整方便，且可在使用过程中，随时调整，但预紧力大小不能准确控制。齿差式消隙如图 1-46 所示。

图 1-44 双螺母垫片式消隙

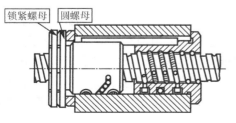

图 1-45 双螺母螺纹式消隙图

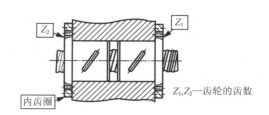

图 1-46 齿差式消隙

（2）滚珠丝杠螺母副的密封与润滑的日常检查。滚珠丝杠螺母副的密封与润滑的日常检查是操作中要注意的问题。对于丝杠螺母的密封，就是要注意检查密封圈和防护套，以防止灰尘和杂质进入滚珠丝杠螺母副。对于丝杠螺母的润滑，如果采用油脂，则定期润滑；如果使用润滑油，则要注意经常通过注油孔注油。

3）机床导轨的维护与保养

机床导轨的维护与保养主要是导轨的润滑和导轨的防护。

（1）导轨的润滑。导轨润滑的目的是减小摩擦阻力和摩擦磨损，以避免低速爬行和降低高温时的温升，因此导轨的润滑很重要。对于滑动导轨，采用润滑油润滑；对于滚动导轨，采用润滑油或者润滑脂均可。数控机床常用的润滑油的牌号有：L-AN10/15/32/42/68。导轨的油润滑一般采用自动润滑，在操作使用中要注意检查自动润滑系统中的分流阀，如果它发生故障则会导致导轨不能自动润滑。此外，必须做到每天检查导轨润滑油箱油量，如果油量不够，则应及时添加润滑油；同时要注意检查润滑油泵是否能够定时启动和停止，并且要注意检查定时启动时是否能够提供润滑油。

（2）导轨的防护。在操作使用中要注意防止切屑、磨粒或切削液散落在导轨面上，否则会引起导轨的磨损加剧、擦伤和锈蚀。为此，要注意导轨防护装置的日常检查，以保证导轨的防护。

4）回转工作台的维护与保养

数控机床的圆周进给运动一般由回转工作台来实现，对于加工中心，回转工作台已成为一个不可缺少的部件。因此，在操作使用中要注意严格按照回转工作台的使用说明书要求和操作规程正确操作使用。特别要注意回转工作台传动机构和导轨的润滑。

2．日常保养

如表1-4所示，具体说明了数控机床日常保养的周期、检查部位和要求。

表1-4 数控机床的日常保养

序 号	检查周期	检 查 部 位	检 查 要 求
1	每天	导轨润滑	
2	每天	X、Y、Z轴及回旋轴导轨	检查润滑油的油面、油量，及时添加油，润滑油泵能否定时启动、打油及停止，导轨各润滑点在打油时是否有润滑油流出
3	每天	压缩空气气源	检查气源供气压力是否正常，含水量是否过大
4	每天	机床进气口的油水自动分离器和自动空气干燥器	及时清理分水器中滤出的水分，加入足够润滑油，空气干燥器是否能自动切换工作，干燥剂是否饱和
5	每天	气液转换器和增压器	检查存油面高度并及时补油
6	每天	主轴箱润滑恒温油箱	恒温油箱正常工作，通过主轴箱上油标确定是否有润滑油，调节油箱制冷温度能正常启动，制冷温度不要低于室温太多（相差2～5℃，否则主轴容易产生空气水分凝聚）
7	每天	机床液压系统	油箱、油泵无异常噪声，压力表指示正常压力，油箱工作油面在允许的范围内，回油路上背压不得过高，各管接头无泄漏和明显振动
8	每天	主轴箱液压平衡系统	平衡油路无泄漏，平衡压力指示正常，主轴箱上下快速移动时压力波动不大，油路补油机构动作正常

序 号	检查周期	检查部位	检查要求
9	每天	数控系统及输入/输出	如光电阅读机的清洁，机械结构润滑良好，外接快速穿孔机或程序服务器连接正常
10	每天	各种电气装置及散热通风装置	数控柜、机床电气柜进气排气扇工作正常，风道过滤网无堵塞，主轴电动机、伺服电动机、冷却风道正常，恒温油箱、液压油箱的冷却散热片通风正常
11	每天	各种防护装置	导轨、机床防护罩应动作灵敏而无漏水，刀库防护栏杆、机床工作区防护栏检查门开关应动作正常，恒温油箱、液压油箱的冷却散热片通风正常
12	每周	各电柜进气过滤网	清洗各电柜进气过滤网
13	半年	滚珠丝杠螺母副	清洗丝杠上旧的润滑油脂，涂上新的油脂，清洗螺母两端的防尘网
14	半年	液压油路	清洗溢流阀、减压阀、滤油器、油箱池底，更换或过滤液压油，注意加入油箱的新油必须经过过滤和去水分
15	半年	主轴润滑恒温油箱	清洗过滤器，更换润滑油，检查主轴箱各润滑点是否正常供油
16	每年	检查并更换直流伺服电动机碳刷	从碳刷窝内取出碳刷，用酒精清除碳刷窝内和整流子上的碳粉，当发现整流子表面有被电弧烧伤时，抛光表面、去毛刺，检查碳刷表面和弹簧有无失去弹性，更换长度过短的碳刷，并抱合后才能正常使用
17	每年	润滑油泵、过滤器等	清理润滑油箱池底，清洗更换滤油器
18	不定期	各轴导轨上镶条，压紧滚轮，丝杠	按机床说明书的规定调整
19	不定期	冷却水箱	检查水箱液面高度，冷却液装置是否工作正常，冷却液是否变质。经常清洗过滤器，疏通防护罩和床身上各回水通道，必要时更换并清理水箱底部
20	不定期	排屑器	检查有无卡位现象
21	不定期	清理废油池	及时取走废油池以免外溢，当发现油池中突然油量增多时，应检查液压管路中漏油点

思考与练习

1. 什么是数控机床？根据其加工用途分类，数控机床主要有几种类型？

2. 数控机床组成有哪些？数控机床本体由哪些部分组成？数控系统由哪些部分组成？驱动系统由哪些部分组成？

3. 数控机床安全操作规程有哪些内容？

4. 试简要说明对刀操作的过程。

5. 如何执行删除数控系统内存中所有程序的操作？

6. 如何进行机床锁住校验和机床空运行校验？

7. 将下面程序输入数控系统。

```
O0001;
N10 G17 G90 G94 G40 G80 G21 G54;
N20 G91 G28 Z0;
```

```
N30  M03 S600 M08;
N40  G90 G00 Z50.0;
N50  G99 G82 X-30.0 Y0 Z-27.887 R5.0 P2000 F60;
N60  X0.0;
N70  G98 X30.0;
N80  G80 M09;
N90  G91 G28 Z0;
N100 M30
```

8. 如何进行机床回参考点操作？开机后的回参考点操作有何作用？

第 2 章　数控铣床常用工具

学习目录

- ❖ 了解数控铣床对刀具的基本要求及数控刀具的特点。
- ❖ 掌握数控铣床的刀具种类及使用方法，能针对不同工作场合熟练选用刀具进行生产。
- ❖ 掌握数控铣床的夹具种类及各类夹具的选用。
- ❖ 了解数控铣床/加工中心的常用量具，能熟练运用常用量具进行工件的检测。

教学导读

数控铣床/加工中心切削加工具有高速、高效的特点。与传统铣床切削加工相比，数控铣床对切削加工刀具的要求更高，铣削刀具的刚性、强度、安装调整方法都会直接影响切削加工的工作效率；刀具本身的精度、尺寸稳定性也会直接影响工件的加工精度及表面的加工质量，合理选用切削刀具也是数控加工工艺中的重要内容之一。

在数控铣床/加工中心上，其主轴转速较普通机床的主轴转速高 1～2 倍，某些特殊用途的数控铣床/加工中心主轴转速高达数万转，因此数控机床所用刀具的强度与耐用度至关重要。

工欲善其事，必先利其器。本章通过介绍数控铣床/加工中心刀具系统，使读者对数控刀具有初步的认识，通过进一步学习数控铣床/加工中心的刀具种类、夹具种类、量具种类及它们的选用原则，加强对数控机床工具的了解。下面的 4 个图是本章节的学习重点。

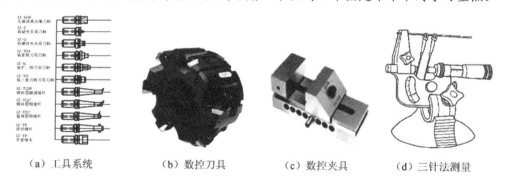

（a）工具系统　　　（b）数控刀具　　　（c）数控夹具　　　（d）三针法测量

教学建议

（1）一定要让学生了解数控加工对刀具的要求，理解刀具几何参数，掌握数控铣床/加工中心刀具的选用原则。

（2）了解刀具材料对刀具性能的影响，熟悉可转位刀具的常见类型及数控刀具系统的组成，学会刀具装配、调整。

（3）数控铣削类工件的测量是本章的学习重点，建议在教学过程中要着重训练学生这方面的能力，有条件的学校可以将工件放在三坐标测量机中进行测量，进一步提高测量精度，减小人为测量的误差。

2.1　数控铣床／加工中心刀具系统

2.1.1　数控铣床／加工中心对刀具的基本要求

为了适应数控机床加工精度高、加工效率高、加工工序集中及零件的装夹次数较少等要求，数控机床对所用的刀具有许多性能上的要求。

1. 高刚度、高强度

为提高生产效率，往往采用高速、大切削用量的加工，因此数控铣床/加工中心采用的刀具应具有能承受高速切削和强力切削所必需的高刚度、高强度。

2. 高耐用度

数控铣床/加工中心可以长时间连续自动加工，但若刀具不耐用而使磨损加快，轻则影响工件的表面质量与加工精度，增加换刀引起的对刀次数，降低效率，使工作表面留下因对刀误差而形成的接刀台阶；重则因刀具破损而发生严重的机床乃至人身事故。

除上述两点之外，与普通切削一样，加工中心刀具切削刃的几何角度参数的选择及排屑性能等也非常重要，积屑瘤等弊端在数控铣削中也是十分忌讳的。

3. 刀具精度

随着对零件的精度要求越来越高，对加工中心刀具的形状精度和尺寸精度的要求也在不断提高，如刀柄、刀体和刀片必须具有很高的精度才能满足高精度加工的要求。

总之，根据被加工工件材料的热处理状态、切削性能及加工余量，选择刚性好、耐用度高、精度高的数控铣床/加工中心刀具，是充分发挥数控铣床/加工中心的生产效率和获得满意加工质量的前提。

2.1.2　数控加工刀具的特点

为了达到高效、多能、快换、经济的目的，数控加工刀具与普通金属切削刀具相比应具有以下特点。

（1）刀片及刀柄高度的通用化、规格化、系列化。

（2）刀片或刀具的耐用度及经济寿命指标的合理性。

（3）刀具或刀片几何参数和切削参数的规范化、典型化。

（4）刀片或刀具材料及切削参数与被加工材料之间应相匹配。

（5）刀具应具有较高的精度，包括刀具的形状精度、刀片及刀柄对机床主轴的相对位置。

（6）刀片、刀柄的转位及拆装的重复精度高。

（7）刀柄的强度要高，刚性及耐磨性要好。

（8）刀柄或工具系统的装机重量有限制。

（9）刀片及刀柄切入的位置和方向有要求。

（10）刀片、刀柄的定位基准及自动换刀系统要优化。

总之，数控机床上用的刀具应满足安装调整方便、刚性好、精度高、耐用度好等要求。

2.1.3　数控铣床／加工中心刀具的材料

常用的数控刀具材料有高速钢、硬质合金、涂层硬质合金、陶瓷、立方氮化硼、金刚石等。其中，高速钢、硬质合金和涂层硬质合金在数控铣削刀具中应用最广。

1. 高速钢

自 1906 年 Taylor 和 White 发明高速钢（High Speed Steel）以来，经过许多改进，高速钢至今仍被大量使用，高速钢大体上可分为 W 系和 Mo 系两大类。其主要特征有：合金元素含量多且结晶颗粒比其他工具钢细，淬火温度极高（12 000℃）且淬透性极好，可使刀具整体的硬度一致。回火时有明显的二次硬化现象，甚至比淬火硬度更高且耐回火软化性较高，在 6000℃仍能保持较高的硬度，较其他工具钢耐磨性好，比硬质合金韧性高，但压延性较差，热加工困难，耐热冲击较弱。

显然，高速钢刀具是数控机床刀具的选择对象之一。目前国内外应用 WMo、WMoAl、WMoCo 为主，其中 WMoAl 是我国特有的品种。

1）普通高速钢

W18Cr4V，用于制造麻花钻、铰刀、丝锥、铣刀、齿轮刀具。

W6Mo5Cr4V2，用于制造要求塑性好的刀具（如轧制麻花钻）及承受较大冲击载荷的刀具。

2）高性能高速钢

W2Mo8Cr4VCo8 和 W12Mo3Cr4V3CoSSi，用于制造要求高、难加工材料的各种刀具，不宜用于冲击载荷及工艺系统刚性不足的条件。

W6M05Cr4V2Al，用于制造麻花钻、丝锥、绞刀、铣刀、车刀和刨刀等，它用于加工铁基高温合金的麻花钻时，效果显著，可用于制造形状复杂刀具。

2. 硬质合金

硬质合金（Cemented Carbide）是将钨钴类 WC、钨钛钴类 WC-TiC、钨钛钽（铌）钴类 WC TiC-TaC 等硬质碳化物以 Co 为结合剂烧结而成的物质，于 1926 年由德国的 Krupp 公司发明，其主体为 WC-Co 系，在铸铁、非铁金属和非金属的切削中大显身手。1929 年至 1931 年，TiC 及 TaC 等添加的复合碳化物系硬质合金在铁系金属的切削中显示出极好的性能，从而使硬质合金得到了迅速普及。

按 ISO 标准，以硬质合金的硬度，抗弯强度等指标为依据，可以将硬质合金刀片材料分为 P、M、K 三大类：

① WC+Co，K 类、YG 类；

② WC+ TiC+ Co，P 类、YT 类；

③ WC+ TiC+TaC+Co，M 类、YW 类。

K 类适于加工切屑的黑色金属、有色金属及非金属材料。其主要成分为碳化钨和3%～10%的钴，有时还含有少量的碳化钽等添加剂。

P 类适于加工长切屑的黑色金属。其主要成分为碳化钛、碳化钨和钴（或镍），有时还加入碳化钽等添加剂。

M 类适用于加工长切屑或短切屑的黑色金属和有色金属。其成分和性能介于 K 类和 P 类之间，可用于加工钢和铸铁。

　　以上为一般切削工具所用硬质合金的大致分类。在国际标准（ISO）中通常又分别在 K、P、M 三种代号之后附加 01、05、10、20、30、40、50 等数字进行更进一步的细分。一般来讲，数字越小，硬度越高但韧性越低；而数字越大，则韧性越高但硬度越低。硬质合金有以下几类。

　　1）YG 类

　　（1）YG3X：铸铁、有色金属及其合金的精加工和半精加工，不能承受冲击载荷。

　　（2）YG3：铸铁、有色金属及其合金的精加工和半精加工，不能承受冲击载荷。

　　（3）YG6X：普通铸铁、冷硬铸铁、高温合金的精加工和半精加工。

　　（4）YG6：铸铁、有色金属及其合金的半精加工和粗加工。

　　（5）YG8：铸铁、有色金属及其合金、非金属材料的粗加工，也可用于断续切削。

　　（6）YG6A：冷硬铸铁、有色金属及其合金的半精加工，也可用于高锰钢、淬硬钢的半精加工和精加工。

　　2）YT 类

　　（1）YT30：碳素钢、合金钢的精加工。

　　（2）YT15：碳素钢、合金钢在连续切削时的粗加工和半精加工，也可用于断续切削时的精加工。YT14 与 YT15 类似。

　　（3）YT5：碳素钢、合金钢的粗加工，可用于断续切削。

　　3）YW 类

　　（1）YWI：高温合金、高锰钢、不锈钢等难加工材料及普通钢料、铸铁、有色金属及其合金的半精加工和精加工。

　　（2）YWZ：高温合金、不锈钢、高锰钢等难加工材料及普通钢料、铸铁、有色金属及其合金的粗加工和半精加工。

　　另外，涂层硬质合金类刀片是在韧性较好的工具表面涂上一层耐磨损、耐溶解、耐反应的物质，使刀具在切削中同时具有既硬又不易破损的性能。

3．陶瓷

　　自 20 世纪 30 年代起，人们就开始研究以陶瓷（Ceramics）作为切削工具了。陶瓷刀具基本上由两大类组成：一类为氧化铝类（白色陶瓷），另一类为 TiC 添加类（黑色陶瓷）。此外，还有在 Al_2O_3 中添加 SiCw（晶须）、ZrO_2（青色陶瓷）来增加韧性的，以及以 Si_3N_4 为主体的陶瓷刀具。

　　陶瓷材料具有高硬度、高温强度好（约 2000℃ 下不会熔融）的特性，化学稳定性很好，但韧性很低。对此，最近热等静压技术的普及对改善结晶的均匀细密性、提高陶瓷的各项性能均衡乃至提高韧性都起到了很大的作用。作为切削工具用的陶瓷，抗弯强度已经提高到 900MPa 以上。

　　一般来说，陶瓷刀具相对于硬质合金和高速钢仍是极脆的材料，因此，多用于高速连续切削中，如铸铁的高速加工。另外，陶瓷的热导率相对于硬质合金非常低，是现有工具材料中最低的一种，故在切削加工中容易积蓄加工热，且对于热冲击的变化较难承受。所以，加工中陶瓷刀具很容易因热裂纹产生崩刃等损伤，且切削温度较高。

陶瓷刀具因其材质的化学稳定性好、硬度高的特性，在耐热合金等难加工材料的加工中有广泛的应用。金属切削加工所用刀具的研究开发，总是在不断地追求硬度，但同时也遇到了韧性问题。金属陶瓷就是为了解决陶瓷刀具的脆性大问题而出现的，其成分以 TiC（陶瓷）为基体，Ni、Mo（金属）为结合剂，故取名为金属陶瓷。

金属陶瓷刀具的最大优点是与被加工材料的亲和性极低，故不易产生粘刀和积屑瘤现象，使加工表面非常光洁、平整，是良好的精加工刀具材料。但韧性差这一缺点大大限制了它的应用范围。如今人们通过添加 WC、TaC、TiN、TaN 等异种碳化物，使其抗弯强度达到了硬质合金的水平，因而得到广泛的应用。日本黛杰（DUET）公司新近推出通用性更为优良的 CX 系列金属陶瓷，可以适应各种切削状态的加工要求。

4. 立方氮化硼

立方氮化硼（CBN）是靠超高压、高温技术人工合成的新型刀具材料，其结构与金刚石相似，由美国 GE 公司研制开发。它的硬度略低于金刚石，但热稳定性远高于金刚石，并且与铁族元素亲和力小，不易产生积屑瘤。

CBN 粒子硬度高达 4500HV，热导率高，在大气中加热至 1300℃仍能保持性能稳定，且与铁的反应性很低，是迄今为止能够加工铁族金属和钢铁材料的最硬的刀具材料。它的出现使无法进行正常切削加工的淬火钢、耐热钢的高速切削成为可能。

2.1.4 数控铣床／加工中心刀具系统

数控铣床与加工中心使用的刀具种类很多，主要分为铣削刀具和孔加工刀具两大类，所用刀具正朝着标准化、通用化和模块化的方向发展。为满足高效和特殊的铣削要求，又研制出了各种特殊用途的专用刀具。

1. 工具系统

工具系统是指连接数控机床与刀具的系列装夹工具，由刀柄、连杆、连接套和夹头等组成。数控机床工具系统能实现刀具的快速、自动装夹。

随着数控工具系统的应用日益普及，我国已经建立了标准化、系列化、模块式的数控工具系统。数控机床的工具系统分为整体式和模块式两种形式。

1）整体式工具系统 TSG

整体式工具系统 TSG 按连接杆的形式分可分为锥柄和直柄两种类型。锥柄连接杆的代码为 JT（如图 2-1 所示）；直柄连接杆的代码为 JZ（如图 2-2 所示）。该系统结构简单、使用方便、装夹灵活、更换迅速。由于工具的品种、规格繁多，给生产、使用和管理也带来了一定的不便。

2）模块式工具系统 TMG

模块式工具系统 TMG 有三种结构形式：圆柱连接系列 TMG21（如图 2-3（a）所示），轴心用螺钉拉紧刀具；短圆锥定位系列 TMG10（如图 2-3（b）所示），轴心用螺钉拉紧刀具；长圆锥定位系列 TMG14（如图 2-3（c）所示），用螺钉锁紧刀具。模块式工具系统以配置最少的工具来满足不同零件的加工需要，因此该系统增加了工具系统的柔性，是工具系统发展的高级阶段。

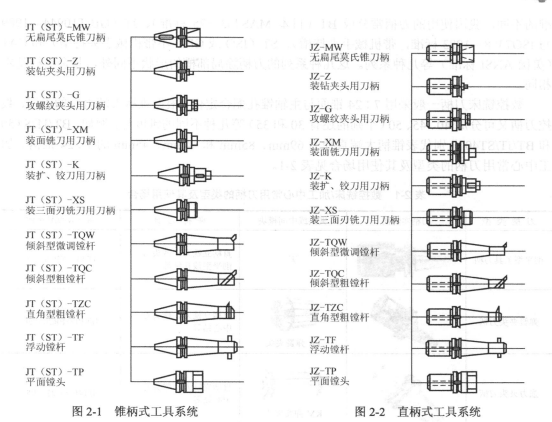

图 2-1　锥柄式工具系统　　　　　　　　图 2-2　直柄式工具系统

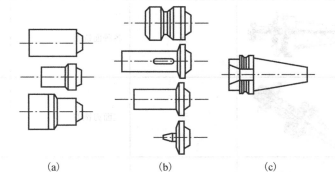

（a）　　　　　　　　（b）　　　　　　　　（c）

图 2-3　模块式工具系统

2. 刀柄系统

数控铣床/加工中心用刀柄系统是刀具与数控铣床/加工中心的连接部分，由三部分组成，即刀柄、拉钉和夹头（或中间模块），起到固定刀具及传递动力的作用。

1）刀柄

切削刀具通过刀柄与数控铣床主轴连接，其强度、刚性、耐磨性、制造精度及夹紧力等对加工有直接的影响。

刀柄及其尾部供主轴内拉紧机构用的拉钉已实现标准化，其使用的标准有国际标准（ISO）和中国、美国、德国、日本等国的国家标准。根据刀柄的柄部形式及所采用国家标准的不同，我国使用的刀柄常分成 BT（日本 MAS403－75 标准）、JT（GB/T10944—1989 与 ISO7388—1983 标准，带机械手夹持槽）、ST（ISO 或 GB，不带机械手夹持槽）和 CAT（美国 ANSI 标准）等几种系列。这几种系列的刀柄除局部槽的形状不同外，其余结构基本相同。

数控铣床刀柄一般采用 7∶24 锥面与主轴锥孔配合定位，根据锥柄大端直径的不同，数控刀柄又可分成 40、45、50（个别的还有 30 和 35）等几种不同的锥度号，例如，BT/JT/ST50 和 BT/JT/ST40 分别代表锥柄大端直径为 69mm、85mm 和 44mm、45mm 的 7∶24 锥柄。加工中心常用刀柄的类型及其使用场合见表 2-1。

表 2-1　数控铣床/加工中心常用刀柄的类型及其使用场合

刀 柄 类 型	刀柄实物图	夹头或中间模块	夹 持 刀 具	备注及型号举例
削平型工具刀柄		无	直柄立铣刀、球头刀、削平型浅孔钻等	JT40－XP20－70
弹簧夹头刀柄		ER 弹簧夹头	直柄立铣刀、球头刀、中心钻等	BT30－ER20－60
强力夹头刀柄		KM 弹簧夹头	直柄立铣刀、球头刀、中心钻等	BT40－C22－95
面铣刀刀柄		无	各种面铣刀	BT40－XM32－75
三面刃铣刀刀柄		无	三面刃铣刀	BT40－XS32－90
侧固式刀柄		粗、精镗及丝锥夹头等	丝锥及粗、精镗刀	21A、BT40、32－58
莫氏锥度刀柄		莫氏变径套	锥柄钻头、铰刀	有扁尾 ST40－M1－45
		莫氏变径套	锥柄立铣刀和锥柄带内螺纹立铣刀等	无扁尾 ST40－MW2－31

续表

刀 柄 类 型	刀柄实物图	夹头或中间模块	夹 持 刀 具	备注及型号举例
钻夹头刀柄		钻夹头	直柄钻头、铰刀	ST50－Z16－45
丝锥夹头刀柄		无	机用丝锥	ST50－TPG875
整体式刀柄		粗、精镗刀头	整体式粗、精镗刀	BT40－BCA30－160

2）拉钉

加工中心拉钉（如图 2-4 所示）的尺寸也已标准化，ISO 或 GB 规定了 A 型和 B 型两种形式的拉钉，其中 A 型拉钉用于不带钢球的拉紧装置，而 B 型拉钉用于带钢球的拉紧装置。刀柄及拉钉的具体尺寸可查阅有关标准的规定。

3）弹簧夹头及中间模块

弹簧夹头有两种，即 ER 弹簧夹头（如图 2-5（a）所示）和 KM 弹簧夹头（如图 2-5（b）所示）。其中 ER 弹簧夹头的夹紧力较小，适用于切削力较小的场合；KM 弹簧夹头的夹紧力较大，适用于强力铣削。

图 2-4 拉钉   图 2-5 弹簧夹头

中间模块（如图 2-6 所示）是刀柄和刀具之间的中间连接装置，通过中间模块的使用，提高了刀柄的通用性能。例如，镗刀、丝锥和钻夹头与刀柄的连接就经常使用中间模块。

（a）精镗刀中间模块   （b）攻丝夹套   （c）钻夹头接柄

图 2-6 中间模块

2.2　数控铣床/加工中心的刀具种类

数控铣床/加工中心的刀具种类很多，根据刀具的加工用途，可分为轮廓铣削刀具和孔类零件加工刀具等几种类型。

2.2.1　轮廓铣削刀具

常用轮廓铣削刀具主要有面铣刀、立铣刀、键槽铣刀、球头铣刀等。

1．面铣刀

面铣刀的圆周表面和端面上都有切削刃，端部切削刃为副切削刃。面铣刀多制成套式镶齿结构，刀齿为高速钢或硬质合金，刀体为40Cr。

刀片和刀齿与刀体的安装方式有整体焊接式、机夹焊接式和可转位式（如图2-7所示）三种，其中可转位式是当前最常用的一种夹紧方式。

图2-7　可转位铣刀

根据盘铣刀刀具型号的不同，面铣刀直径一般可选取 $d=\phi40\sim\phi400$mm，螺旋角 $\beta=10°$，刀齿数 $Z=4\sim20$。

2．立铣刀

立铣刀是数控机床上用得最多的一种铣刀。立铣刀的圆柱表面和端面上都有切削刃，圆柱表面的切削刃为主切削刃，端面上的切削刃为副切削刃，它们可同时进行切削，也可单独进行切削。

主切削刃一般为螺旋齿，这样可以增加切削平稳性、提高加工精度。由于普通立铣刀端面中心处无切削刃，所以立铣刀不能做轴向进给，端面刃主要用来加工与侧面相垂直的底平面。

立铣刀的刀柄有直柄（如图2-8（a）所示）和锥柄（如图2-8（b）所示）之分。直径较小的立铣刀一般做成直柄形式。对于直径较大的立铣刀，一般做成7∶24的锥柄形式。还有一些大直径（$\phi25\sim\phi80$mm）的立铣刀，除采用锥柄形式外，还采用内螺孔来拉紧刀具。

（a）直柄立铣刀　　　　　　　　　　　　　（b）锥柄立铣刀

图2-8　立铣刀

3. 键槽铣刀

键槽铣刀一般只有两个刀齿，圆柱面和端面都有切削刃，端面刃延伸至中心，既像立铣刀，又像钻头。加工时先轴向进给达到槽深，然后沿键槽方向铣出键槽全长。

按国家标准规定，直柄键槽铣刀（如图 2-9（a）所示）直径 $d=\phi 2 \sim \phi 22mm$，锥柄键槽铣刀（如图 2-9（b）所示）直径 $d=\phi 14 \sim \phi 50mm$。键槽铣刀直径的精度要求较高，其偏差有 e8 和 d8 两种。键槽铣刀重磨时，只须刃磨端面切削刃，因此重磨后铣刀直径不变。

（a）直柄键槽铣刀　　　　　　　　　（b）锥柄键槽铣刀

图 2-9　键槽铣刀

4. 球头铣刀

球头铣刀由立铣刀发展而成，可分为双刃球头立铣刀（如图 2-10（a）所示）和多刃球头立铣刀（如图 2-10（b）所示）两种，其柄部有直柄、削平型直柄和莫氏锥柄。球头铣刀中，两刃球头立铣刀在数控机床上应用较为广泛。

（a）双刃球头立铣刀　　　　　　　　（b）多刃球头立铣刀

图 2-10　球头铣刀

5. 其他铣刀

轮廓加工时除使用以上几种铣刀外，还使用圆鼻刀（如图 2-11（a）所示）、鼓形铣刀（如图 2-11（b）所示）和成形铣刀（如图 2-11（c）所示）等类型铣刀。

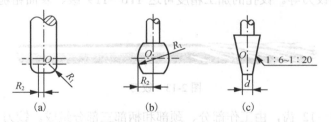

（a）　　　　　　　　　（b）　　　　　　　　　（c）

图 2-11　轮廓加工常用刀具

2.2.2　孔类零件加工刀具

1. 钻头

加工中心常用钻头（如图 2-12 所示）有中心钻、标准麻花钻、扩孔钻、深孔钻和锪孔钻等。麻花钻由工作部分和柄部组成。工作部分包括切削部分和导向部分，而柄部有莫氏锥柄和圆柱柄两种。刀具材料常使用高速钢和硬质合金。

（a）中心钻　　　　　　（b）标准麻花钻　　　　　（c）扩孔钻

图 2-12　加工中心常用钻头

1）中心钻

中心钻（如图 2-12（a）所示）主要用于孔的定位，由于切削部分的直径较小，所以中心钻钻孔时，应选取较高的转速。

2）标准麻花钻

标准麻花钻（如图 2-12（b）所示）的切削部分由两个主切削刃、两个副切削刃、一个横刃和两条螺旋槽组成。在加工中心上钻孔，因无夹具钻模导向，受两切削刃上切削力不对称的影响，容易引起钻孔偏斜，故要求钻头的两切削刃必须有较高的刃磨精度（两刃长度一致，顶角对称于钻头中心线或先用中心钻定中心，再用钻头钻孔）。

3）扩孔钻

标准扩孔钻（如图 2-12（c）所示）一般有 3～4 条主切削刃、切削部分的材料为高速钢或硬质合金，结构形式有直柄式、锥柄式和套式等。在小批量生产时，常用麻花钻改制或直接用标准麻花钻代替。

4）锪钻

锪钻主要用于加工锥形沉孔或平底沉孔。锪孔加工的主要问题是所锪端面或锥面产生震痕。因此，在锪孔过程中要特别注意刀具参数和切削用量的正确选用。

2．铰刀

数控铣床及加工中心采用的铰刀（如图 2-13 所示）有通用标准铰刀、机夹硬质合金刀片单刃铰刀和浮动铰刀等。铰孔的加工精度可达 IT6～IT9 级、表面粗糙度 Ra 可达 0.8～1.6μm。

图 2-13　铰刀

标准铰刀有 4～12 齿，由工作部分、颈部和柄部三部分组成。铰刀工作部分包括切削部分与校准部分。切削部分为锥形，担负主要切削工作。校准部分的作用是校正孔径、修光孔壁和导向。校准部分包括圆柱部分和倒锥部分。圆柱部分保证铰刀直径和便于测量，倒锥部分可减少铰刀与孔壁的摩擦和减小孔径扩大量。整体式铰刀的柄部有直柄和锥柄之分，直径较小的铰刀，一般做成直柄形式，而大直径铰刀则常做成锥柄形式。其他常用铰刀如图 2-14 所示。

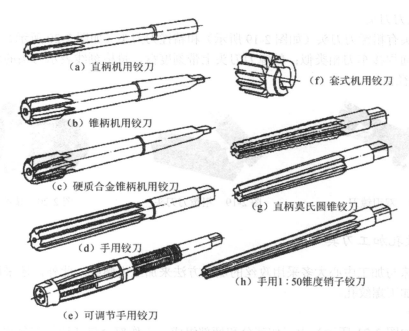

（a）直柄机用铰刀

（b）锥柄机用铰刀

（c）硬质合金锥柄机用铰刀

（d）手用铰刀

（e）可调节手用铰刀

（f）套式机用铰刀

（g）直柄莫氏圆锥铰刀

（h）手用 1：50 锥度销子铰刀

图 2-14　其他常用铰刀

3. 镗孔的刀具

镗孔所用刀具为镗刀。镗刀种类很多，按加工精度可分为粗镗刀和精镗刀。此外，镗刀按切削刃数量可分为单刃镗刀和双刃镗刀。

1）粗镗刀

粗镗刀（如图 2-15 所示）结构简单，用螺钉将镗刀刀头装夹在镗杆上。刀杆顶部和侧部有两只锁紧螺钉，分别起调整尺寸和锁紧作用。根据粗镗刀刀头在刀杆上的安装形式，粗镗刀又可分成倾斜型粗镗刀和直角型粗镗刀。镗孔时，所镗孔径的大小要靠调整刀头的悬伸长度来保证，调整麻烦，效率低，大多用于单件小批量生产。

2）精镗刀

精镗刀目前较多地选用精镗可调镗刀（如图 2-16 所示）和精镗微调镗刀（如图 2-17 所示）。这种镗刀的径向尺寸可以在一定范围内进行微调，调节方便，且精度高。调整尺寸时，先松开锁紧螺钉，然后转动带刻度盘的调整螺母，等调至所需尺寸时，再拧紧锁紧螺钉。

图 2-15　倾斜型单刃粗镗刀

图 2-16　精镗可调镗刀

图 2-17　精镗微调镗刀

3）双刃镗刀

双刃镗刀（如图 2-18 所示）的两端有一对对称的切削刃同时参加切削，与单刃镗刀相比，每转进给量可提高一倍左右，生产效率高；同时，可以消除切削力对镗杆的影响。

4）镗孔刀刀头

镗刀刀头有粗镗刀刀头（如图 2-19 所示）和精镗刀刀头（如图 2-20 所示）之分。粗镗刀刀头与普通焊接车刀相类似；精镗刀刀头上带刻度盘，每格刻线表示刀头的调整距离为 0.01mm（半径值）。

图 2-18　双刃镗刀

图 2-19　粗镗刀刀头

图 2-20　精镗刀刀头

4. 螺纹孔加工刀具

数控铣床与加工中心大多采用攻丝的加工方法来加工内螺纹。此外，还采用螺纹铣削刀具来铣削加工螺纹孔。

1）丝锥

丝锥（如图 2-21 所示）由工作部分和柄部组成。工作部分包括切削部分和校准部分。切削部分的前角为 8°～10°，后角铲磨成 6°～8°。前端磨出切削锥角，使切削负荷分布在几个刀齿上，切削更省力。校正部分的大径、中径、小径均有（0.05～0.12）/100 的倒锥，以减少与螺孔的摩擦，减小所攻螺纹的扩张量。

2）攻丝刀柄

刚性攻丝中通常使用浮动攻丝刀柄（如图 2-22 所示），这种攻丝刀柄采用棘轮机构来带动丝锥，当攻丝扭矩超过棘轮机构的扭矩时，丝锥在棘轮机构中打滑，从而防止丝锥折断。螺纹铣削作为一种新型的螺纹加工工艺，与攻丝相比有着独有的优势和更广泛灵活的使用方式及应用场合。螺纹铣削刀具可分为单刃螺纹铣削刀具（如图 2-23 所示）和多刃螺纹铣削刀具（如图 2-24 所示）。

图 2-21　机用丝锥

图 2-22　浮动攻丝刀柄

图 2-23　单刃螺纹铣削刀具

图 2-24　多刃螺纹铣削刀具

2.3 数控铣床/加工中心夹具

数控铣床加工的工件一般都比较复杂，也经常用到一些夹具，这样既有利于提高加工效率，也可以保证加工精度。用夹具装夹工件进行加工时，能有效地缩短工件的装夹和定位时间，提高了加工效率和加工精度，工件批量较大时作用更加明显。

2.3.1 夹具的基本知识

1. 夹具的组成

机床夹具的种类和结构虽然繁多，但它们的组成均可概括为以下几部分，这些组成部分既相互独立又相互联系。

1）定位元件

定位元件用于保证工件在夹具中处于正确的位置。如图 2-25 所示为钻后盖上的 $\phi10mm$ 孔的工序图，其钻夹具如图 2-26 所示。夹具上的圆柱销、菱形销和支撑板都是定位元件，通过它们可使工件在夹具中处于正确的位置。

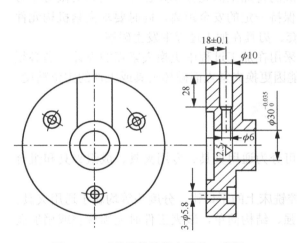

图 2-25 后盖零件钻径向孔的工序图

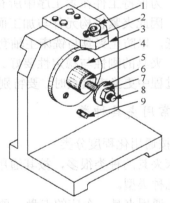

1—钻套；2—钻模板；3—夹具体；4—支撑板；5—圆柱销；
6—开口垫圈；7—螺母；8—螺杆；9—菱形销

图 2-26 后盖钻夹具

2）夹紧装置

夹紧装置的作用是将工件压紧夹牢，保证工件在加工过程中受到外力（切削力等）作用时不离开已经占据的正确位置。图 2-26 中的螺杆（与圆柱销合成一个零件）、螺母和开口垫圈就起到了这种作用。

3）对刀或导向装置

对刀或导向装置用于确定刀具相对于定位元件的正确位置。如图 2-26 中钻套和钻模板组成导向装置，用于确定钻头轴线相对定位元件的正确位置。铣床夹具上的对刀块和塞尺为对刀装置。

4）连接元件

连接元件是确定夹具在机床上处于正确位置的元件。图 2-26 中所示夹具体的底面为安装基面，保证了钻套的轴线垂直于钻床工作台及圆柱销的轴线平行于钻床工作台。因此，夹具体可兼作连接元件。车床夹具上的过渡盘、铣床夹具上的定位键都是连接元件。

5）夹具体

夹具体是机床夹具的基础件，图 2-26 中所示的夹具体用于将夹具的所有元件连接成一个整体。

6）其他装置或元件

这是指夹具中因特殊需要而设置的装置或元件。

当需加工按一定规律分布的多个表面时，常设置分度装置；为了能方便、准确地定位，常设置预定位装置；对于大型夹具，常设置吊装元件等。

2. 数控铣床对夹具的基本要求

实际上，数控铣削加工时一般不要求很复杂的夹具，只要求有简单的定位、夹紧机构就可以了。其设计原理也与通用铣床夹具相同，结合数控铣削加工的特点，这里只提出几点基本要求。

（1）为保持零件安装方位与机床坐标系及编程坐标系方向的一致性，夹具应能保证在机床上实现定向安装，还要求能协调零件定位面与机床之间保持一定的坐标尺寸联系。

（2）为保持工件在本工序中所有需要完成的待加工面充分暴露在外，夹具要做得尽可能开敞，因此夹紧机构元件与加工面之间应保持一定的安全距离，同时要求夹紧机构元件能低则低，以防止夹具与铣床主轴套筒或刀套、刃具在加工过程中发生碰撞。

（3）夹具的刚性与稳定性要好。尽量不采用在加工过程中更换夹紧点的设计，当必须在加工过程中更换夹紧点时，要特别注意不能因更换夹紧点而破坏夹具或工件的定位精度。

3. 常用夹具种类

1）按通用化程度分类

机床夹具的种类很多，按其通用化程度可分为通用夹具、专用夹具、成组夹具和组合夹具等几种类型。

（1）通用夹具。车床的卡盘、顶尖和数控铣床上的平口钳、分度头等均属于通用夹具。这类夹具已实现了标准化。其特点是通用性强、结构简单，装夹工件时无须调整或稍加调整即可，主要用于单件小批量生产。

（2）专用夹具。专用夹具是专为某个零件的某道工序设计的。其特点是结构紧凑、操作迅速方便。但这类夹具的设计和制造的工作量大、周期长、投资大，只有在大批大量生产中才能充分发挥它的经济效益。

（3）成组夹具。成组夹具是随着成组加工技术的发展而产生的。它是根据成组加工工艺，把工件按形状尺寸和工艺的共性分组，针对每组相近工件而专门设计的。其特点是使用对象明确、结构紧凑和调整方便。

（4）组合夹具。组合夹具是由一套预先制造好的标准元件组装而成的专用夹具。它具有专用夹具的优点，用完后可拆卸存放，从而缩短了生产准备周期，减少了加工成本。因此，组合夹具既适用于单件及中、小批量生产，又适用于大批量生产。

2）按工作介质分类

机床夹具按工作介质分可分为真空夹具、气动或液压夹具等。

（1）真空夹具。真空夹具适用于有较大定位平面或具有较大可密封面积的工件。有的数控铣床（如壁板铣床）自身带有通用真空平台，在安装工件时，对形状规则的矩形毛坯，可直接用特制的橡胶条（有一定尺寸要求的空心或实心圆形截面）嵌入夹具的密封槽内，再将毛坯放上，开动真空泵，就可以将毛坯夹紧。对形状不规则的毛坯，用橡胶条已不太适应，须在其周围抹上腻子（常用橡皮泥）密封，这样做不但很麻烦，而且占机时间长、效率低。为了克服这种困难，可以采用特制的过渡真空平台，将其叠加在通用真空平台上使用。

（2）气动或液压夹具。气动或液压夹具适用于生产批量较大，采用其他夹具又特别费工、费力的工件。它能减轻工作劳动强度和提高生产率，但此类夹具结构较复杂，造价往往较高，而且制造周期较长。

除上述几种夹具外，数控铣削加工中也经常采用虎钳、分度头和三爪夹盘等通用夹具。

4. 数控铣削夹具的选用原则

在选用夹具时，通常需要考虑产品的生产批量、生产效率、质量保证及经济性等，选用时可参照下列原则：

（1）在生产量小或研制时，应广泛采用万能组合夹具，只有在组合夹具无法解决工件装夹时才可放弃；

（2）小批或成批生产时可考虑采用专用夹具，但应尽量简单；

（3）在生产批量较大时可考虑采用多工位夹具和气动或液压夹具。

2.3.2 单件小批量夹具简介

1. 平口钳和压板

平口钳具有较大的通用性和经济性，适用于尺寸较小的方形工件的装夹。常用精密平口钳如图 2-27 所示，常采用机械螺旋式、气动式或液压式夹紧方式。其中机械螺旋式平口钳应用较多，但是夹紧力不大。

图 2-27 平口钳

对于较大或四周不规则的工件，无法采用平口钳或其他夹具装夹时，可直接采用压板（如图 2-28 所示）进行装夹。加工中心压板通常采用 T 形螺母与螺栓的夹紧方式。

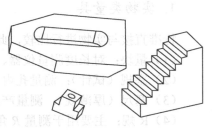

2. 卡盘和分度头

卡盘根据卡爪的数量可分为二爪卡盘、三爪自定心卡盘（如图 2-29（a）所示）、四爪单动卡盘（如图 2-29

图 2-28 压板、T 形螺母与垫铁

（b）所示）和六爪卡盘等几种类型。在数控车床和数控铣床上应用较多的是三爪自定心卡盘和四爪单动卡盘。特别是三爪自定心卡盘，由于其具有自动定心作用和装夹简单的特点，所以中小型圆柱形工件在数控铣床或数控车床上加工时，常采用三爪自定心卡盘进行装夹。卡盘的夹紧有机械螺旋式、气动式或液压式等多种形式。一般以机械螺旋式居多。

许多机械零件，如花键、离合器、齿轮等零件在加工中心上加工时，常采用分度头分度的方法来等分每一个齿槽，从而加工出合格的零件。分度头是数控铣床或普通铣床的主要部件。在机械加工中，常用的分度头有万能分度头（如图 2-30（a）所示）、简单分度头（如图 2-30（b）所示）、直接分度头等，但这些分度头普遍分度精度不是很精密。因此，为了提高分度精度，数控机床上还采用投影光学分度头和数显分度头等对精密零件进行分度。

（a）　　　　　　　　　　（b）　　　　　　　（a）万能分度头　　　　（b）简单分度头

图 2-29　卡盘　　　　　　　　　　　图 2-30　分度头

2.3.3 中小批量及大批量工件的装夹

中小批量工件在加工中心上加工时，可采用组合夹具进行装夹。而大批量工件进行加工时，大多采用专用夹具或成组夹具进行装夹，但由于加工中心较适合单件、小批量工件的加工，所以此类夹具在数控机床上运用不多。

总之，加工中心上零件夹具的选择要根据零件精度等级、零件结构特点、产品批量及机床精度等情况综合考虑。

选择顺序是：首先考虑通用夹具，其次考虑组合夹具，最后考虑专用夹具、成组夹具。

2.4　数控铣床/加工中心常用量具

2.4.1　量具的类型

1. 实物类量具

标准直接与实物进行比较，此类量具叫实物类量具。

（1）量块：对长度测量仪器、卡尺等量具进行检定和调整。

（2）塞规（试针）：测量孔内径和孔深度。

（3）塞尺（厚薄规）：测量产品的变形和段差。

（4）R 规：主要用于测量 R 角。

（5）螺纹规：主要用于测量螺丝孔的通和止的方向。

2. 卡尺类量具

（1）游标卡尺：包括分度值为 0.01mm 和 0.02mm 的，还有 0.05mm 的，但不常用。

① 深度游标卡尺：测量工件的深度尺寸，如阶梯的长度、槽深、不通孔的深度。

② 高度游标卡尺：测量工件的高度尺寸、相对位置。

③ 二用游标卡尺：测量工件的内外径尺寸。

④ 三用游标卡尺：测量工件的内外径、深度尺寸。

（2）表盘卡尺：指针带表指示的游标卡尺。

（3）电子卡尺：带数字显示的游标卡尺。

（4）高度尺：测量长度、宽度、两柱及两孔之间中心距、台阶、柱高、槽深、平面度等，分度值为 0.01mm。常见的有表盘高度尺（也叫带表高度尺）和电子高度尺。

3. 千分尺类量具

千分尺类量具也称为螺旋测微仪，主要用于测量柱外径及精确度比较高的尺寸，允许误差值±0.01mm。它主要用于检定试针、杠杆百分表等，主要包括：

（1）外径千（百）分尺；

（2）内径千（百）分尺；

（3）电子千分尺；

（4）杠杆千分尺。

4. 角度类量具

角度类量具用于角度的测量，测量范围为 0°～320°、0°～360°，主要包括：

（1）角度尺；

（2）万能角度规等。

5. 指示表类量具

（1）百分表：测量工件的形状、位置等尺寸或某些测量装置的测量元件。

（2）杠杆百分表：主要用于工件的形状和位置误差等尺寸测量。

（3）内径百分表：用于测量工件的内径尺寸。

（4）千分表：用于测量工件的形状、位置误差或某些测量装置的指示部位。

6. 形位误差类量具

（1）水平仪：用于测量工件表面相对水平位置倾斜度，可测量各种机床导轨平面度的误差、平行度误差和直线度误差，也可校正安装设备时的水平位置和垂直位置等。如图 2-31、图 2-32 所示为常见的条式水平仪和框式水平仪。

（2）平台：用于测量工件及其变形的辅助量具。

（3）平板：用于测量工件变形的辅助量具。

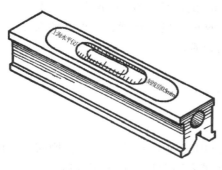

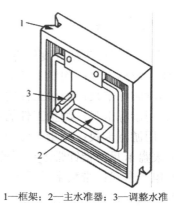

1—框架；2—主水准器；3—调整水准

图 2-31　条式水平仪　　　　　　　　图 2-32　框式水平仪

7. 综合类量具

（1）投影仪：用于测量易变形、薄形、不易用其他量具测量到的尺寸，可通过透射的原理测量外形角度、通孔、柱径等尺寸。

（2）三坐标测量仪：其功能强大，可用于测量其他量具测到及测不到的所有尺寸，其精度为 0.5μm。

三坐标测量仪是指在一个六面体的空间范围内，能够表现几何形状、长度及圆周分度等测量能力的仪器，又称为三坐标测量机或三坐标量床。

三坐标测量仪又可定义为"一种具有可作三个方向移动的探测器，可在三个相互垂直的导轨上移动，此探测器以接触或非接触等方式传递信号，三个轴的位移测量系统（如光栅尺）经数据处理器或计算机等计算出工件的各点坐标（x, y, z）及各项功能测量的仪器"。三坐标测量仪的测量功能应包括尺寸精度、定位精度、几何精度及轮廓精度等。

三坐标测量仪对被测体没什么特殊要求，要根据被测物体选择不同的测头及测针。

2.4.2　外形轮廓的测量与分析

外形轮廓测量常用量具如图 2-33 所示，游标卡尺（图 2-33（a））和千分尺（图 2-33（b））主要用于尺寸精度的测量，而万能角度尺（图 2-33（c））和直角尺（图 2-33（d））用于角度的测量。

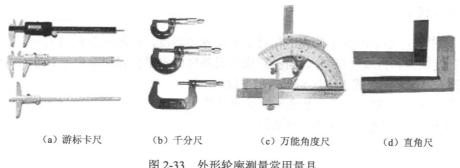

（a）游标卡尺　　　　（b）千分尺　　　　（c）万能角度尺　　　　（d）直角尺

图 2-33　外形轮廓测量常用量具

游标卡尺测量工件时，对工人的手感要求较高，测量时卡尺夹持工件的松紧程度对测量结果影响较大。因此，其实际测量时的测量精度不是很高。游标卡尺常用于总长、总宽、总高等未注公差尺寸的测量。

千分尺的测量精度通常为0.01mm，测量灵敏度要比游标卡尺高，而且测量时也易控制其夹持工件的松紧程度。因此，千分尺主要用于较高精度的轮廓尺寸的测量。

万能角度尺和直角尺主要用于各种角度和垂直度的测量，采用透光检查法进行。

1. 游标卡尺

游标卡尺主要由下列几部分组成。

（1）具有固定量爪的尺身，如图2-34中的1。尺身上有类似钢尺一样的主尺刻度，如图2-34中的6。主尺上的刻线间距为1mm。主尺的长度决定游标卡尺的测量范围。

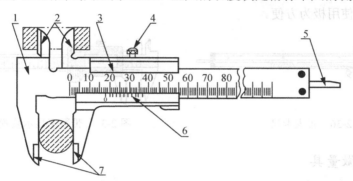

1—尺身；2—上量爪；3—尺框；4—紧固螺钉；5—深度尺；6—游标；7—下量爪

图2-34 游标卡尺的结构形式之一

（2）具有活动量爪的尺框，如图2-34中的3。尺框上有游标，如图2-35中的8，游标卡尺的游标读数值可制成为0.1mm、0.05mm和0.02mm三种。游标读数值，就是指使用这种游标卡尺测量零件尺寸时，卡尺上能够读出的最小数值。

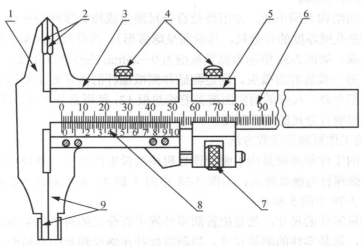

1—尺身；2—上量爪、3—尺框；4—紧固螺钉；5—微动装置；6—主尺；7—微动螺母；8—游标；9—下量爪

图2-35 游标卡尺的结构形式之二

（3）在 0～125mm 的游标卡尺上，还带有测量深度的深度尺，如图 2-34 中的 5。深度尺固定在尺框的背面，能随着尺框在尺身的导向凹槽中移动。测量深度时，应把尺身尾部的端面靠紧在零件的测量基准平面上。

（4）测量范围大于和等于 200mm 的游标卡尺，带有随尺框做微动调整的微动装置，如图 2-35 中的 5。使用时，先用紧固螺钉 4 把微动装置 5 固定在尺身上，再转动微动螺母 7，活动量爪就能随同尺框 3 做微量的前进或后退。微动装置的作用，是使游标卡尺在测量时用力均匀，便于调整测量压力，减少测量误差。

有时不得不借放大镜将读数部分放大。现有游标卡尺采用无视差结构，使游标刻线与主尺刻线处在同一平面上，消除了在读数时因视线倾斜而产生的视差。有的卡尺装有测微表成为带表卡尺（如图 2-36 所示），便于读数准确，提高了测量精度；更有一种带有数字显示装置的游标卡尺（如图 2-37 所示），这种游标卡尺在零件表面上量得尺寸时，就直接用数字显示出来，其使用极为方便。

图 2-36 带表卡尺

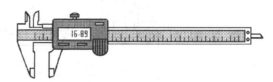

图 2-37 带数字显示装置的游标卡尺

2. 螺旋测微量具

外径测量工具中应用螺旋测微原理制成的量具，称为螺旋测微量具。它们的测量精度比游标卡尺高，并且测量比较灵活，因此，当加工精度要求较高时多被应用。常用的螺旋读数量具有百分尺和千分尺。百分尺的读数值为 0.01mm，千分尺的读数值为 0.001mm。工厂习惯上把百分尺和千分尺统称为百分尺或分厘卡。目前车间里大量用的是读数值为 0.01mm 的百分尺，现以这种百分尺为主介绍，并适当介绍千分尺的使用知识。

1）外径百分尺的结构

各种百分尺的结构大同小异，常用外径百分尺测量或检验零件的外径、凸肩厚度及板厚或壁厚等（测量孔壁厚度的百分尺，其量面呈球弧形）。百分尺由尺架、测微头、测力装置和制动器等组成。如图 2-38 所示为测量范围为 0～25mm 的外径百分尺。尺架 1 的一端装着固定测砧 2，另一端装着测微头。固定测砧和测微螺杆的测量面上都镶有硬质合金，以提高测量面的使用寿命。尺架的两侧面覆盖着绝热板 12，使用百分尺时，手拿在绝热板上，防止人体的热量影响百分尺的测量精度。

2）百分尺的工作原理和读数方法

外径百分尺的工作原理就是应用螺旋读数机构测量零件尺寸。外径百分尺包括一对精密的螺纹——测微螺杆与螺纹轴套，如图 2-38 中的 3 和 4，和一对读数套筒——固定套筒与微分筒，如图 2-38 中的 5 和 6。

用百分尺测量零件的尺寸，就是把被测零件置于百分尺的两个测量面之间。所以两测砧面之间的距离，就是零件的测量尺寸。当测微螺杆在螺纹轴套中旋转时，由于螺旋线的作用，测量螺杆就有轴向移动，使两测砧面之间的距离发生变化。若测微螺杆按顺时针的方向旋转一周，两测砧面之间的距离就缩小一个螺距。同理，若按逆时针方向旋转一周，则两砧面的距离就增大一个螺距。常用百分尺测微螺杆的螺距为 0.5mm。因此，当测微螺杆顺时针旋转一周时，两测砧面之间的距离就缩小 0.5mm。当测微螺杆顺时针旋转不到一周时，缩小的距离就小于一个螺距，它的具体数值，可从与测微螺杆结成一体的微分筒的圆周刻度上读出。微分筒的圆周上刻有 50 个等分线，当微分筒转一周时，测微螺杆就推进或后退 0.5mm，微分筒转过它本身圆周刻度的一小格时，两测砧面之间转动的距离为：

$$0.5 \div 50 = 0.01 \text{(mm)}$$

由此可知：百分尺上的螺旋读数机构可以正确地读出 0.01mm，也就是百分尺的读数值为 0.01mm。

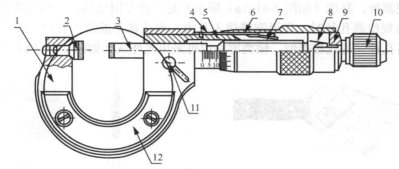

1—尺架；2—固定测砧；3—测微螺杆；4—螺纹轴套；5—固定套筒；6—微分筒；7—调节螺母；
8—接头；9—垫片；10—测力装置；11—锁紧螺钉；12—绝热板

图 2-38　0～25mm 外径百分尺

在百分尺的固定套筒上刻有轴向中线，作为微分筒读数的基准线。另外，为了计算测微螺杆旋转的整数转，在固定套筒中线的两侧刻有两排刻线，刻线间距均为 1mm，上下两排相互错开 0.5mm。

百分尺的具体读数方法可分为三步：

（1）读出固定套筒上露出的刻线尺寸，一定要注意不能遗漏应读出的 0.5mm 的刻线值；

（2）读出微分筒上的尺寸，要看清微分筒圆周上哪一格与固定套筒的中线基准对齐，将格数乘以 0.01mm 即得微分筒上的尺寸；

（3）将上面两个数相加，即为百分尺上测得尺寸。

如图 2-39（a）所示，在固定套筒上读出的尺寸为 8mm，微分筒上读出的尺寸为 27（格）×0.01mm=0.27mm，上两数相加即得被测零件的尺寸为 8.27mm。如图 2-39（b）所示，在固定套筒上读出的尺寸为 8.5mm，在微分筒上读出的尺寸为 27（格）×0.01mm=0.27mm，上两数相加即得被测零件的尺寸为 8.77mm。

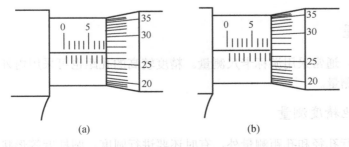

图 2-39　百分尺的读数

2.4.3 孔的测量及孔加工精度误差分析

1. 孔径的测量

孔径尺寸精度要求较低时，可采用直尺、内卡钳或游标卡尺进行测量。当孔的精度要求较高时，可以用以下几种测量方法。

（1）内卡钳测量。当孔口试切削或位置狭小时，使用内卡钳更加方便灵活。当前使用的内卡钳已采用量表或数显方式来显示测量数据（如图 2-40 所示）。采用这种内卡钳可以测出 IT7～IT8 级精度的内孔。

（2）塞规测量。塞规（如图 2-41（a）所示）是一种专用量具，一端为通端，另一端为止端。使用塞规检测孔径时，当通端能进入孔内，而止端不能进入孔内，说明孔径合格，否则为不合格孔径。与此相类似，轴类零件也可采用光环规（如图 2-41（b）所示）测量。

图 2-40　数显内卡钳

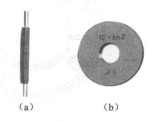

（a）　　　　　（b）

图 2-41　光环规和塞规

（3）内径百分表测量。内径百分表测量内孔时，如图 2-42 所示，左端触头在孔内摆动，读出直径方向的最大尺寸即为内孔尺寸。内径百分表适用于深度较大内孔的测量。

（4）内径千分尺测量。内径千分尺（如图 2-43 所示）的测量方法和外径千分尺的测量方法相同，但其刻线方向和外径千分尺相反，相应其测量时的旋转方向也相反。内径千分尺不适合深度较大孔的测量，其特点是容易找正内孔直径，测量方便。国产内测百分尺的精度为 0.01mm，测量范围有 5～30 和 25～50mm 的两种，它的读数方法与外径千分尺相同，只是套筒上的刻线尺寸与外径千分尺相反，另外它的测量方向和读数方向也都与外径千分尺相反。

图 2-42　内径百分表

图 2-43　内径千分尺

2. 孔距测量

孔距测量时，通常采用游标卡尺测量。精度较高的孔距也可采用内外径千分尺配合圆柱测量芯棒进行测量。

3. 孔的其他精度测量

孔除了要进行孔径和孔距测量外，有时还要进行圆度、圆柱度等形状精度的测量，以及径向圆跳动、端面圆跳动、端面与孔轴线的垂直度等位置精度的测量。

2.4.4 螺纹的测量

螺纹的主要测量参数有螺距、大径、小径和中径尺寸。

（1）大、小径的测量。外螺纹大径和内螺纹的小径的公差一般较大，可用游标卡尺或千分尺测量。

（2）螺距的测量。螺距一般可用钢直尺或螺距规测量。由于普通螺纹的螺距一般较小，所以采用钢直尺测量时，最好测量 10 个螺距的长度，然后除以 10，就得出一个较正确的螺距尺寸。

（3）中径的测量。对精度较高的普通螺纹，可用外螺纹千分尺（如图 2-44 所示）直接测量，所测得的千分尺的读数就是该螺纹中径的实际尺寸；也可用"三针"进行间接测量（三针测量法仅适用于外螺纹的测量），如图 2-45 所示，但需通过计算后，才能得到其中径尺寸。测量时，将三根精度很高、直径相同的量针放在被测螺纹的沟槽里，其中两根放在同侧相邻的沟槽里，另一根放在对面与之相对应的中间沟槽内。用测量外尺寸的计量器具如千分尺、机械比较仪、光较仪、测长仪等测量出尺寸。再根据被测螺纹的螺距、牙形半角和量针直径，计算出螺纹中径。三针精度为 0、1 两级。0 级测量螺纹中径公差为 $4 \sim 8 \mu m$ 的螺纹零件；1 级测量螺纹中径公差大于 $8 \mu m$ 的螺纹零件。

实际生产中一般齿轮都用小钻头来代替三针，所选钻头的直径应该小于螺距，所得结果须凭经验减去各种误差。现在测螺纹中径一般都用螺纹千分尺，但对于大螺纹或者非标准螺纹、单件生产条件下的测量，三针法还是很经济、准确且实用的。

（4）综合测量。综合测量是指用螺纹环规或螺纹塞规（如图 2-46 所示）的通、止规综合检查内、外普通螺纹是否合格。使用螺纹量规时，应按其对应的公差等级进行选择。

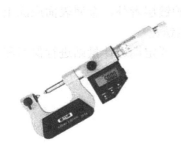
图 2-44 外螺纹千分尺

图 2-45 三针法测量螺纹中径

图 2-46 螺纹环规与螺纹塞规

注意：内螺纹的测量通常采用螺纹塞规进行综合测量。采用这种测量方法时，应按其对应的公称直径和公差等级来选取不同规格的塞规。

2.4.5 量具的维护和保养

正确地使用精密量具是保证产品质量的重要条件之一。要保持量具的精度和它工作的可靠性，除了在使用中要按照合理的使用方法进行操作以外，还必须做好量具的维护和保养工作。

（1）在机床上测量零件时，要等零件完全停稳后进行，否则不但使量具的测量面过早磨损而失去精度，且会造成事故。尤其是车工使用外卡时，不要以为卡钳简单，磨损一点无所谓，要注意铸件内常有气孔和缩孔，一旦钳脚落入气孔内，可把操作者的手也拉进去，造成严重事故。

（2）测量前应把量具的测量面和零件的被测量表面擦干净，以免因有脏物存在而影响测量精度。用精密量具如游标卡尺、百分尺和百分表等测量锻铸件毛坯或带有研磨剂（如金刚砂等）的表面是错误的，这样易使测量面很快磨损而失去精度。

（3）量具在使用过程中，不要和工具、刀具，如锉刀、榔头、车刀和钻头等堆放在一起，以免碰伤量具；也不要随便放在机床上，以免因机床振动而使量具掉下来损坏。尤其是游标卡尺等，应平放在专用盒子里，免使尺身变形。

（4）量具是测量工具，绝对不能作为其他工具的代用品。例如，拿游标卡尺画线，拿百分尺当小榔头，拿钢直尺当螺钉旋具旋螺钉，以及用钢直尺清理切屑等都是错误的。把量具当玩具，如把百分尺等拿在手中任意挥动或摇转等也是错误的，都易使量具失去精度。

（5）温度对测量结果影响很大，零件的精密测量一定要使零件和量具都在 20℃的情况下进行测量。一般可在室温下进行测量，但必须使工件与量具的温度一致，否则，由于金属材料的热胀冷缩的特性，会使测量结果不准确。

温度对量具精度的影响也很大，量具不应放在阳光下或床头箱上，因为量具温度升高后量不出正确尺寸。更不要把精密量具放在热源（如电炉、热交换器等）附近，以免使量具受热变形而失去精度。

（6）不要把精密量具放在磁场附近，如磨床的磁性工作台上，以免使量具感磁。

（7）发现精密量具有不正常现象时，例如，量具表面不平、有毛刺、有锈斑，以及刻度不准、尺身弯曲变形、活动不灵活，等等，使用者不应当自行拆修，更不允许自行用榔头敲、锉刀锉、砂布打光等粗糙办法修理，以免增大量具误差。发现上述情况，使用者应当主动送计量站检修，并经检定量具精度后再继续使用。

（8）量具使用后，应及时擦干净，除不锈钢量具或有保护镀层者外，金属表面应涂上一层防锈油，放在专用的盒子里，保存在干燥的地方，以免生锈。

（9）精密量具应定期检定和保养，长期使用的精密量具，要定期送计量站进行保养和检定精度，以免因量具的示值误差超差而造成产品质量事故。

思考与练习

1. 数控铣床/加工中心对刀具的基本要求有哪些？
2. 数控铣床/加工中心刀具的常用材料有哪些？
3. 常用轮廓铣削刀具主要有哪些？分别适应什么样的场合？
4. 孔类零件加工刀具主要有哪些？分别适应什么样的场合？
5. 数控铣床对夹具的基本要求是什么？铣削夹具的选用原则是什么？
6. 常见的单件小批量夹具有哪些？
7. 常见的实物类量具有哪些？外形轮廓的测量量具有哪些？怎样实现螺纹的测量？
8. 量具的维护和保养要求是什么？
9. 试简要说明三爪自定心卡盘的找正过程。
10. 我国常用的加工中心刀柄系列有哪些？数控刀柄是如何确定其刀柄号的？

第3章 数控铣床加工工艺

学习目录

❖ 了解数控加工零件的选择要求、加工对象、特点。
❖ 了解数控加工工艺的基本特点、工艺过程、零件结构的工艺性分析。
❖ 掌握典型零件加工方法的选择及加工路线的确定。
❖ 掌握数控铣削用量及切削液的选用。
❖ 掌握数控加工阶段的划分及精加工余量的确定。
❖ 熟练掌握夹具及零件的装夹与校正。
❖ 了解数控加工工艺文件组成及格式。

教学导读

前面认识了 FANUC 系统数控铣床，并系统学习了它的常用工具。本章将学习数控加工概述、数控铣削加工工艺、加工方法的选择及加工路线的确定、铣削用量及切削液的选用、加工阶段的划分及精加工余量的确定、夹具及零件的装夹与校正、数控加工工艺文件。通过本章的学习，学生应能熟练掌握数控铣床/加工中心加工工艺特点。下面的 4 个图是本章节重点的内容。

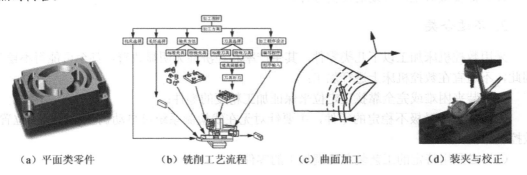

（a）平面类零件　　　（b）铣削工艺流程　　　（c）曲面加工　　　（d）装夹与校正

教学建议

（1）本章教学应强调加工工艺的基本特点、工艺过程、零件结构的工艺性分析。

（2）在加工中，数控铣削用量及切削液的选用一定要根据实际情况来进行。首次切削建议使用柔质材料，如尼龙、塑料、木材等，等学生掌握技能后才能更换硬质材料，如铝材、45 钢。

（3）教学中要针对实际情况来进行装夹与校正，并在装夹与校正过程中讲解装夹与校正对加工精度的影响，这样效果才会比较好。一定要让每位同学都进行夹具及零件的装夹与校正训练，保证教学效果。

（4）在讲解加工工艺文件组成及格式的时候，建议制定符合自己学校要求格式的工艺文件，可以参考其他工厂常用的文件。

3.1 数控加工概述

3.1.1 数控加工的定义

数控加工是指在数控机床上进行零件加工的一种工艺方法。数控机床加工与传统机床加工的工艺规程从总体上说是一致的,但也有一些明显的变化。数控加工是用数字信息控制零件和刀具位移的机械加工方法。它是解决零件品种多变、批量小、形状复杂、精度高等问题和实现高效化、自动化加工的有效途径。

3.1.2 数控加工零件的选择要求

1. 适合类

根据数控加工的特点并综合数控加工的经济效益,数控机床通常比较适宜加工具有以下特点的零件:

(1)多品种,小批量生产的零件或新产品试制的零件;
(2)轮廓形状复杂,对加工精度要求较高的零件;
(3)用普通机床加工时,需要有昂贵的工艺装备(工具、夹具和模具)的零件;
(4)需要多次改型的零件;
(5)价格昂贵,加工中不允许报废的关键零件;
(6)需要最短生产周期的急需零件。

2. 不适合类

采用数控机床加工以下几类零件,其生产率和经济性无明显改善,甚至可能得不偿失,因此,不适宜在数控机床上进行加工:

(1)装夹困难或完全靠找正定位来保证加工精度的零件;
(2)加工余量极不稳定的零件,主要针对无在线检测系统可自动调整零件坐标位置的数控机床;
(3)必须用特定的工艺装备协调加工的零件。

3.1.3 数控铣床/加工中心的加工对象

1. 数控铣床的加工对象

根据数控铣床的特点,适合数控铣削的主要加工对象有以下几类。

1)平面类零件

加工面平行、垂直于水平面或其加工面与水平面的夹角为定角的零件称为平面类零件,如图 3-1 所示。目前,在数控铣床上加工的绝大多数零件属于平面类零件。其特点是:各个加工单元面是平面,或可以展开成为平面。平面类零件是数控铣削加工对象中最简单的一类,一般只需用三坐标数控铣床的二坐标联动就可以把它们加工出来。

2)变斜角类零件

加工面与水平面的夹角呈连续变化的零件称为变斜角类零件,多为飞机零件,如图 3-2

所示。例如，飞机上的整体梁、框、缘条与肋等，此外还有检验夹具与装配型架等。变斜角类零件的变斜角加工面不能展开为平面，但在加工中，加工面与铣刀圆周接触的瞬间为一条直线。最好采用四坐标和五坐标数控铣床摆角加工，在没有上述机床时，也可用三坐标数控铣床上进行二轴半坐标近似加工。

3）曲面类零件

加工面为空间曲面的零件（如模具、叶片、螺旋桨等）称为曲面类零件，如图 3-3 所示。

曲面类零件不能展开为平面。加工时，铣刀与加工面始终为点接触，一般采用球头刀在三坐标数控铣床上加工。

图 3-1 平面类零件

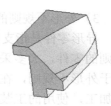

图 3-2 变斜角类零件

图 3-3 曲面类零件

2. 数控加工中心的加工对象

1）既有平面又有孔系的零件

既有平面又有孔系的零件主要是指箱体类零件和盘、套、板类零件。加工这类零件时，最好采用加工中心在一次安装中完成零件上平面的铣削，孔系的钻削、镗削、铰削、铣削及攻螺纹等多任务步加工，以保证该类零件各加工表面间的相互位置精度。常见的这类零件有箱体类零件（如图 3-4（a）所示）和盘、套类零件（如图 3-4（b）所示）。

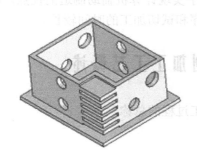

（a）箱体类零件

（b）盘、套类零件

图 3-4 既有平面又有孔系的零件

2）结构形状复杂、普通机床难加工的零件

结构形状复杂的零件是指其主要表面由复杂曲线、曲面组成的零件。加工这类零件时，通常需采用加工中心进行多坐标联动加工。常见的典型零件有模具类零件（如图 3-5（a）所示）、整体类零件（如图 3-5（b）所示）、螺旋类零件（如图 3-5（c）所示）。

（a）模具类零件　　　　　　　　（b）整体类零件　　　　　　　　（c）螺旋类零件

图 3-5　结构形状复杂零件

图 3-6　异形零件图

3）外形不规则的异形零件

异形零件是指支架（如图 3-6 所示）、拨叉类外形不规则的零件，大多采用点、线、面多任务位混合加工。由于外形不规则，在普通机床上只能采取工序分散的原则加工，使用的工装较多，周期较长。利用加工中心多任务位点、线、面混合加工的特点，可以完成大部分甚至全部工序内容。

4）其他类零件

加工中心除常用于加工以上特征的零件外，还较适宜加工周期性投产的零件、加工精度要求较高的中小批量零件和新产品试制中的零件等。

3.1.4　数控加工的特点

综上所述，数控加工与普通机床加工相比，数控加工具有零件的加工精度高、产品质量一致性好、生产效率高、加工范围广和利于实现计算机辅助制造的优点，缺点是初始投资大、加工成本高、首件加工编程、调试程序和试切加工的时间较长。

3.2　数控铣削加工工艺概述

数控加工工艺是数控加工方法和数控加工过程的总称。

3.2.1　数控加工工艺的基本特点

（1）工艺内容明确而具体。数控加工工艺与普通加工工艺相比，在工艺文件的内容上和格式上都有很大的区别。许多在普通加工工艺中不必考虑而由操作人员在操作过程中灵活掌握并调整的问题（例如，工序内工步的安排、对刀点、换刀点及加工路线的确定等），在编制数控加工工艺文件时必须详细列出。

（2）数控加工工艺的工作要求准确而严密。数控机床虽然自动化程度高，但自适应性差，它不能像普通加工时可以根据加工过程中出现的问题自由地进行人为的调整。所以，数控加工的工艺文件必须保证加工过程中的每一细节准确无误。

（3）采用先进的工艺装备。为了满足数控加工中高质量、高效率和高柔性的要求，数控加工中广泛采用先进的数控刀具、组合刀具等工艺装备。

（4）采用工序集中的加工原则。数控加工大多采用工序集中的原则来安排加工工序，从而缩短了生产周期，减少了设备的投入，提高了经济效益。

3.2.2 数控铣削加工工艺流程

数控铣床/加工中心加工工艺流程：首先，通过分析零件图样，明确工件适合数控铣削的加工内容、加工要求，并以此为出发点确定零件在数控铣削过程中的加工工艺和过程顺序；然后，选择确定数控加工的工艺装备，如确定采用何种机床；接着，考虑工件如何装夹及装夹方案的拟订；最后，明确和细化工步的具体内容，包括对走刀路线、位移量和切削参数等的确定。

数控铣削加工工艺设计流程如图 3-7 所示。

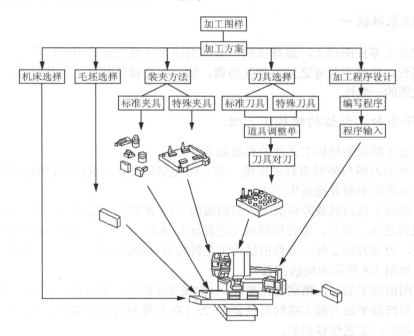

图 3-7 数控铣削加工工艺流程示意图

（1）分析数控铣削加工要求：分析毛坯，了解加工条件，对适合数控加工的工件图样进行分析，以明确数控铣削加工内容和加工要求。

（2）确定加工方案：设计各结构的加工方法，合理规划数控铣削加工工序流程。

（3）确定加工设备：确定适合工件加工的数控铣床或加工中心类型、规格、技术参数；确定装夹设备、刀具、量具等加工用具；确定装夹方案、对刀方案。

（4）设计各刀具路线，确定刀具路线数据，确定刀具切削用量等内容。

（5）根据工艺设计内容，填写规定格式的加工程序；根据工艺设计调整机床，对编制好的程序必须经过校验和试切，并验证、改进工艺。

（6）编写数控加工专用技术文件，作为管理数控加工及产品验收的依据。

（7）工件的验收与质量误差分析：工件入库前，先进行工件的检验，并通过质量分析，找出误差产生的原因，得出纠正误差的方法。

3.2.3　数控铣削加工零件的结构工艺性分析

零件的结构工艺性是指根据加工工艺特点，对零件的设计所产生的要求，也就是说零件的结构设计会影响或决定加工工艺性的好坏。本书仅从数控加工的可行性、方便性及经济性方面加以分析。

1. 零件图样尺寸的正确标注

由于数控加工程序是以准确的坐标点为基础进行编制的，所以各图形的几何要素的相互关系应明确；各种几何要素的条件要充分，应无引起矛盾的多余尺寸或影响工序安排的封闭尺寸等。

2. 保证基准统一

在数控加工零件图样上，最好以同一基准引注尺寸或直接给出坐标尺寸。这种标注方法既便于编程，也便于尺寸之间的相互协调，便于保持设计基准、工艺基准、检测基准与编程原点设置的一致性。

3. 零件各加工部位的结构工艺性

零件各加工部位的结构工艺性的要求如下。

（1）零件的内腔与外形最好采用统一的几何类型和尺寸，这样可以减少刀具规格和换刀次数，从而简化编程并提高生产率。

（2）轮廓最小内圆弧或外轮廓的内凹圆弧的半径 R 限制了刀具的直径。因此，圆弧半径 R 不能取得过小。此外，零件的结构工艺性还与 R/H（H 为零件轮廓面的最大加工高度）的比值有关，当 $R/H>0.2$ 时，零件的结构工艺性较好（如图 3-8 所示外轮廓内凹圆弧），反之则较差（如图 3-8 所示内轮廓圆弧）。

（3）铣削槽底平面时，槽底圆角半径 r（如图 3-9 所示）不能过大。圆角半径 r 越大，铣刀端面刃与铣削平面的最大接触直径 $d=D-2r$（D 为铣刀直径）越小，加工平面的能力就越差，效率越差，工艺性也越差。

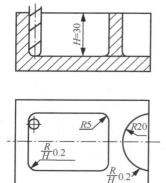

图 3-8　零件结构工艺性

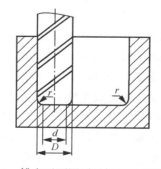

图 3-9　槽底平面圆弧对加工工艺的影响

（4）分析零件的变形情况。对于零件在数控铣加工过程中的变形问题，可在加工前采取适当的热处理工艺（如调质、退火等）来解决，也可采取粗、精加工分开或对称去余量等常规方法来解决。

（5）毛坯结构工艺性。对于毛坯的结构工艺性要求，首先要考虑毛坯的加工余量应充足和尽量均匀；其次应考虑毛坯在加工时定位与装夹的可靠性和方便性，以便在一次安装过程中加工出尽量多的表面。

另外，对于不便装夹的毛坯，可考虑在毛坯上另外增加装夹余量或工艺凸台、工艺凸耳等辅助基准。

3.3 加工方法的选择及加工路线的确定

加工方法的选择原则是保证加工表面的加工精度和表面粗糙度要求。由于获得同一级精度及表面粗糙度的加工方法有多种，所以在实际选择时，要结合零件的形状、尺寸、批量、毛坯材料及毛坯热处理等情况合理选用。

此外，还应考虑生产率和经济性的要求及工厂的生产设备等实际情况。常用加工方法的经济加工精度及表面粗糙度可查阅相关工艺手册。

3.3.1 加工路线的确定原则

在数控加工中，刀具刀位点相对于零件运动的轨迹称为加工路线。加工路线的确定与工件的加工精度和表面粗糙度直接相关，其确定原则如下。

（1）加工路线应保证被加工零件的精度和表面粗糙度，且效率较高。

（2）规划安全的刀具路径，保证刀具切削加工的正常进行，使数值计算简便，以减少编程工作量。

（3）应使加工路线最短，这样既可减少程序段，又可减少空走刀时间，有利于提高加工效益。

（4）规划适当的刀具路径，有利于零件加工时满足工件质量要求；加工路线还应根据工件的加工余量和机床、刀具的刚度等具体情况确定。

3.3.2 规划安全的刀具路径

在数控加工拟定刀具路径时，应把安全考虑放在首要地位。规划刀具路径时，最值得注意的安全问题就是刀具在快速的点定位过程中与障碍物的碰撞。

1. 快速的点定位路线起点、终点的安全设定

在拟定刀具快速趋近工件的定位路径时，趋向点与工件实体表面的安全间隙大小应有谨慎的考虑。如图 3-10（a）所示，刀具在 Z 向趋近点相对工件的安全间隙设置多少为宜呢？间隙量小可缩短加工时间，但间隙量太小对操作工来说却不太安全和方便，容易带来潜在的撞刀危险。对间隙量大小设定时，应考虑到加工的面是否已经加工到位，若没有加工，还应考虑可能的最大毛坯余量。若程序控制是批量生产，还应考虑更换新工件后 Z 向尺寸带来的新变化，以及操作员是否有足够的经验。

在铣削加工中，刀具从 X、Y 方向趋近工件与 Z 向快速趋于工件的情况相比较，同样应精心设计安全间隙，但情况又有所不同。因为刀具 X、Y 方向刀位点在圆心始终与刀具切削

工件的点相差一个半径，所以设计刀具趋近工件点与工件的安全间隙时，除了要考虑毛坯余量的大小，还应考虑刀具半径值的大小。起始切削的刀具中心点与工件的安全间隙大于刀具半径与毛坯切削余量之和是比较稳妥、安全的考虑。刀具切出工件安全的地方是离开刚刚加工完的轮廓有足够安全间隙的地方，安全间隙同样应大于刀具半径与毛坯切削余量之和，如图 3-10（b）所示。

2. 避免点定位路径中有障碍物

程序员拟定刀具路径时必须使刀具移动路线中没有障碍物，一些常见的障碍物如加工中心的机床工作台和安装其上的卡盘、分度头，以及虎钳、夹具、工件的非加工结构等。若对各种影响路线设计因素考虑不周，将容易引起撞刀的危险情况。G00 的目的是把刀具从相对工件的一个位置点快速移动到另一个位置点，但不可忽视的是 CNC 控制的两点间点定位路线不一定是直线，如图 3-10（c）所示，定位路线往往是先几轴等速移动，然后是单轴趋近目标点的折线，忽视这一点将可能忽略阻挡在实际移动折线路线中的障碍物。不但G00 的路线考虑这一点，G28、G29、G30、G81～G89、G73 等的点定位路线也应该考虑同样的问题。还应注意到，撞刀不仅是刀具头部与障碍物的碰撞，还可能是刀具其他部分，如刀柄与其他物体的碰撞。

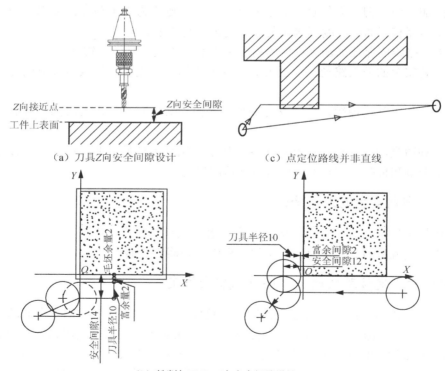

（a）刀具Z向安全间隙设计   （c）点定位路线并非直线

（b）铣削加工X、Y向安全间隙设计

图 3-10　规划安全的刀具路径

3.3.3　轮廓铣削加工路线的确定

1．切入、切出方法选择

采用立铣刀侧刃铣削轮廓类零件时，为减少接刀痕迹，保证零件表面质量，铣刀的切入和切出点应选在零件轮廓曲线的延长线上（如图 3-11（a）中的 $A-B-C-B-D$），而不应沿法向直接切入零件，以避免加工表面产生刀痕，保证零件轮廓光滑。

铣削内轮廓表面时，如果切入和切出无法外延，切入与切出应尽量采用圆弧过渡（如图 3-11（b）所示）。在无法实现时铣刀可沿零件轮廓的法线方向切入和切出，但须将其切入点、切出点选在零件轮廓两几何元素的交点处。

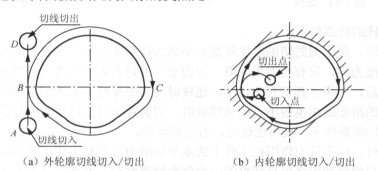

（a）外轮廓切线切入/切出　　　（b）内轮廓切线切入/切出

图 3-11　轮廓切线切入/切出

2．凹槽切削方法选择

加工凹槽切削方法有三种，即行切法（如图 3-12（a）所示）、环切法（如图 3-12（b）所示）和先行切最后环切法（如图 3-12（c）所示）。三种方案中，图 3-12（a）所示方案最差；图 3-12（c）所示方案最好。

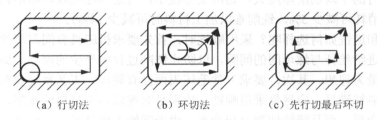

（a）行切法　　　　　（b）环切法　　　　（c）先行切最后环切

图 3-12　凹槽切削方法

3．轮廓铣削加工应避免刀具的进给停顿

轮廓加工过程中，在工件、刀具、夹具、机床系统弹性变形平衡的状态下，进给停顿时，切削力减小，会改变系统的平衡状态，刀具会在进给停顿处的零件表面留下刀痕，因此在轮廓加工中应避免进给停顿。

4．顺铣与逆铣

根据刀具的旋转方向和工件的进给方向间的相互关系，数控铣削可分为顺铣和逆铣两种。逆铣是指刀具的切削速度方向与工件的移动方向相反（如图 3-13 所示）。采用逆铣可以使加工效率大大提高，但逆铣切削力大，会导致切削变形增加、刀具磨损加快。

顺铣是指刀具的切削速度方向与工件的移动方向相同（如图 3-14 所示）。顺铣的切削力及切削变形小，但容易产生崩刀现象。在刀具正转的情况下，采用左刀补铣削为顺铣，而采用右刀补铣削则为逆铣。

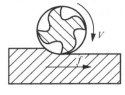

图 3-13　逆铣

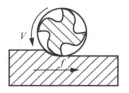

图 3-14　顺铣

顺铣和逆铣的特点如下。

（1）顺铣时，每个刀的切削厚度都是由小到大逐渐变化的。当铣刀的刀齿刚与工件接触时，切削厚度为零，只有当刀齿在前一刀齿留下的切削表面上滑过一段距离，切削厚度达到一定数值后，刀齿才真正开始切削。逆铣时的切削厚度是由大到小逐渐变化的，刀齿在切削表面上的滑动距离也很小。而且顺铣时，刀齿在工件上经过的路程也比逆铣短。因此，在相同的切削条件下，采用逆铣时，刀具易磨损。

（2）逆铣时，由于铣刀作用在工件上的水平切削力方向与工作进给运动方向相反，所以工作台丝杆与螺母能始终保持螺纹的一个侧面紧密贴合。而顺铣时则不然，由于水平铣削力的方向与工作进给运动方向一致，当刀齿对工件的作用力较大时，由于工作台丝杆与螺母间间隙的存在，工作台会产生窜动，这样不仅破坏了切削过程的平稳性，影响工件的加工质量，严重时还会损坏刀具。

（3）逆铣时，由于刀齿与工件间的摩擦较大，所以已加工表面的冷硬现象较严重。

（4）逆铣时，刀齿每次都由工件表面开始切削，所以不宜用来加工有硬皮的工件。

（5）顺铣时的平均切削厚度大，切削变形较小，与逆削相比较功率消耗要少些（铣削碳钢时，功率消耗可减少 5%，铣削难以加工材料时可减少 14%）。

那么顺铣和逆铣如何选择呢？采用顺铣时，首先要求机床具有间隙消除机构，能可靠地消除工作台进给丝杆与螺母间的间隙，以防止铣削过程中产生的震动。如果工作台是由液压驱动的则最为理想。其次，要求工件毛坯表面没有硬皮，工艺系统要有足够的刚性。如果以上条件能够满足，应尽量采用顺铣。特别是对难以加工材料的铣削，采用顺铣不仅可以减少切削变形，而且降低切削力和功率，由于顺铣工件是受压，逆铣工件是受拉，受拉容易过切，因此从理论上来说顺铣比逆铣好，切削力由大到小，刀具损耗不大，不易拉动工件，易排屑。

因此，通常在粗加工时采用逆铣的加工方法，精加工时采用顺铣的加工方法。

5. 端面铣削方式

端面铣削时，根据铣刀相对于工件的安装位置不同，可分为对称铣削和不对称铣削两种方式，如图 3-15 所示。

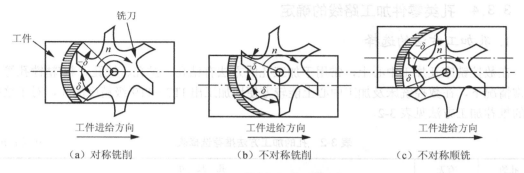

图 3-15　对称铣削和不对称铣削

6. 平面铣削工艺路径

（1）单向平行切削路径：刀具以单一的顺铣或逆铣方式切削平面，如图 3-16（a）所示。

（2）往复平行切削路径：刀具以顺铣、逆铣混合方式切削平面，如图 3-16（b）所示。

（3）环切切削路径：刀具以环状走刀方式切削平面，可采用从里向外或从外向里的方式，如图 3-16（c）所示。

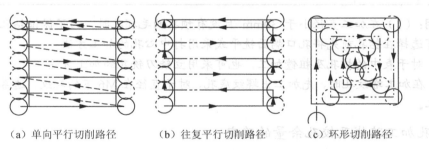

（a）单向平行切削路径　　　（b）往复平行切削路径　　　（c）环形切削路径

图 3-16　平面铣削工艺路径

7. 轮廓形位精度及其误差分析

在外轮廓的加工过程中，造成形位精度降低的原因见表 3-1。

表 3-1　数控铣削形位精度降低分析

影 响 因 素	序 号	产 生 原 因
装夹与校正	1	工件装夹不牢固，加工过程中产生松动与震动
	2	夹紧力过大，产生弹性变形，切削完成后变形恢复
	3	工件校正不正确，造成加工面与基准面不平行或不垂直
刀具	4	刀具刚性差，刀具加工过程中产生震动
	5	对刀不正确，产生位置精度误差
加工	6	切削深度过大，导致刀具发生弹性变形，加工面呈锥形
	9	铣削用量选择不当，导致切削力过大而产生工件变形
工艺系统	10	夹具装夹找正不正确（如钳口找正不正确）
	11	机床几何误差
	12	工件定位不正确或夹具与定位组件制造误差

3.3.4 孔类零件加工路线的确定

1. 孔加工方法的选择

在数控铣床及加工中心上，常用于加工孔的方法有钻孔、扩孔、铰孔、粗/精镗孔等。通常情况下，在数控铣床及加工中心上能较方便地加工出 IT7～IT9 级精度的孔，对于这些孔的推荐加工方法见表 3-2。

表 3-2 孔的加工方法推荐选择表   单位：mm

孔的精度	有无预孔	孔尺寸				
		0～	12～	20～	30～	60～80
IT9～IT11	无	钻—铰	钻—扩		钻—扩—镗（或铰）	
	有	粗扩—精扩；或粗镗—精镗（余量少可一次性扩孔或镗孔）				
IT8	无	钻—扩—铰	钻—扩—精镗（或铰）		钻—扩—粗镗—精镗	
	有	粗镗—半精镗—精镗（或精铰）				
IT7	无	钻—粗铰—精铰	钻—扩—粗铰—精铰；或钻—扩—粗镗—半精镗—精镗			
	有	粗镗—半精镗—精镗（如仍达不到精度还可进一步采用精细镗）				

说明：（1）在加工直径小于 30mm 且没有预孔的毛坯孔时，为了保证钻孔加工的定位精度，可选择在钻孔前先将孔口端面铣平或采用打中心孔的加工方法。

（2）对于表中的扩孔及粗镗加工，也可采用立铣刀铣孔的加工方法。

（3）在加工螺纹孔时，先加工出螺纹底孔，对于直径在 M6 下的螺纹，通常不在加工中心上加工。

2. 孔加工路线及铰孔余量的确定

1）孔加工导入量

孔加工导入量（图 3-17 中的 ΔZ）是指在孔加工过程中，刀具自快进转为工进时，刀尖点位置与孔上表面之间的距离。

孔加工导入量的具体值由工件表面的尺寸变化量确定，一般情况下取 2～10mm。当孔上表面为已加工表面时，导入量取较小值（约 2～5mm）。

2）孔加工超越量

钻加工不通孔时，超越量（图 3-17 中的 $\Delta Z'$）大于或等于钻尖高度 $Z_p=(D/2)\cos\alpha\approx 0.3D$。

通孔镗孔时，刀具超越量取 1～3mm。

通孔铰孔时，刀具超越量取 3～5mm。

钻加工通孔时，超越量等于 Z_p+（1～3）mm。

3）相互位置精度高的孔系的加工路线

对于位置精度要求较高的孔系加工，特别要注意孔的加工顺序的安排，避免将坐标轴的反向间隙带入，影响位置精度。

如图 3-18 所示的孔系加工，如果按 $A-1-2-3-4-5-6-P$ 安排加工走刀路线，在加工 5、6 孔时，X 方向的反向间隙会使定位误差增加，而影响 5、6 孔与其他孔的位置精度。当采用 $A-1-2-3-P-6-5-4$ 的走刀路线时，可避免反向间隙的引入，提高 5、6 孔与其他孔的位置精度。

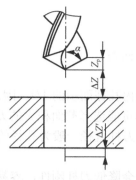

图 3-17　孔加工导入量与超越量

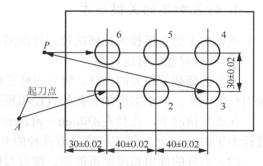

图 3-18　孔系加工路线

3. 钻孔与铰孔精度及误差分析

钻孔与铰孔的精度及误差分析见表 3-3。

表 3-3　钻孔与铰孔的精度及误差分析表

项　目	出现问题	产生原因
钻孔	孔大于规定尺寸	钻头两切削刃不对称，长度不一致
		钻头本身的质量问题
		工件装夹不牢固，加工过程中工件松动或振动
	孔壁粗糙	钻头不锋利
		进给量过大
		切削液选用不当或供应不足
		加工过程中排屑不畅通
	孔歪斜	工件装夹后校正不正确，基准面与主轴不垂直
		进给量过大使钻头弯曲变形
	钻孔呈多边形或孔位偏移	对刀不正确
		钻头角度不对
		钻头两切削刃不对称，长度不一致
铰孔	孔径扩大	铰孔中心与底孔中心不一致
		进给量或铰削余量过大
		切削速度太快，铰刀热膨胀
		切削液选用不当或没加切削液
	孔径缩小	铰刀磨损或铰刀已钝
		铰铸铁时
	孔呈多边形	铰削余量太大，铰刀振动
		铰孔前钻孔不圆
铰孔	表面粗糙度质量差	铰孔余量太大或太小
		铰刀切削刃不锋利
		切削液选用不当或没加切削液
		切削速度过大，产生积屑瘤
		孔加工固定循环选择不合理，进/退刀方式不合理
		容屑槽内切屑堵塞

4. 镗孔加工的关键技术

镗孔加工的关键技术是解决镗刀杆的刚性问题和排屑问题。

1）刚性问题的解决方案

（1）选择截面积大的刀杆。镗刀刀杆的截面积通常为内孔截面积的 1/4。因此，为了增加刀杆的刚性，应根据所加工孔的直径和预孔的直径，尽可能选择截面积大的刀杆。

在通常情况下，孔径在 $\phi30\text{mm}\sim\phi120\text{mm}$ 范围内，镗刀杆直径一般为孔径的 0.7～0.8。孔径小于 $\phi30\text{mm}$ 时，镗刀杆直径取孔径的 0.8～0.9。

（2）刀杆的伸出长度尽可能短。镗刀刀杆伸得太长，会降低刀杆刚性，容易引起振动。因此，为了增加刀杆的刚性，选择刀杆长度时，只需选择刀杆伸出长度略大于孔深即可。

（3）选择合适的切削角度。为了减小切削过程中由于受径向力作用而产生的振动，镗刀的主偏角一般选得较大。镗铸铁孔或精镗时，一般取 $\kappa_r=90°$；粗镗钢件孔时，取 $\kappa_r=60°\sim75°$，以提高刀具的寿命。

2）排屑问题的解决方案

排屑问题主要通过控制切削流出方向来解决。精镗孔时，要求切屑流向待加工表面（即前排屑）。此时，选择正刃倾角的镗刀。加工盲孔时，通常向刀杆方向排屑。此时，选择负刃倾角的镗刀。

5. 镗孔尺寸的控制

1）粗镗孔尺寸的控制

孔径尺寸的控制通过调整镗刀刀尖位置来实现。粗镗刀刀尖位置的调整，一般采用敲刀法来实现，敲出的量大多凭手感经验来控制，也有借助百分表来控制敲出量的。采用上述方法控制镗削孔径尺寸时，常通过试切法来获得准确的孔径。试切时，先在孔口镗深 1mm，经测量检查，认为尺寸符合要求后再正式镗孔。

2）精镗孔尺寸的控制

精镗孔尺寸的控制较为方便，通常采用两种方法来控制：一种是试切削调整法，先用粗调好的精镗刀在孔口试切，根据试切后的尺寸调节带刻度的螺母，然后进行精镗；第二种方法是机外调整法，将精镗刀在机外对刀仪上对刀并调整至要求尺寸，再将精镗刀装入主轴进行加工。

3）镗孔误差分析

镗孔误差分析见表 3-4。

表 3-4　镗孔误差分析表

出现问题	产生原因
表面粗糙度质量差	镗刀刀尖角或刀尖圆弧太小
	进给量过大或切削液使用不当
	工件装夹不牢固，加工过程中工件松动或振动
	镗刀刀杆刚性差，加工过程中产生振动
	精加工时采用不合适的镗孔固定循环，进/退刀时划伤工件表面

续表

出 现 问 题	产 生 原 因
孔径超差或孔呈锥形	镗刀回转半径调整不当，与所加工孔直径不符
	测量不正确
	镗刀在加工过程中磨损
	镗刀刚性不足，镗刀偏让
	镗刀刀头锁紧不牢固
孔轴线与基准面不垂直	工件装夹与找正不正确
	工件定位基准选择不当

3.3.5　螺纹加工路线的确定

1. 普通螺纹简介

普通螺纹是我国应用最为广泛的一种三角形螺纹，牙型角为 60°。

普通螺纹分为粗牙普通螺纹和细牙普通螺纹。粗牙普通螺纹螺距是标准螺距，其代号用字母"M"及公称直径表示，如 M16、M12 等。细牙普通螺纹代号用字母"M"及公称直径×螺距表示，如"M24×1.5"、"M27×2"等。

普通螺纹有左旋螺纹和右旋螺纹之分，左旋螺纹应在螺纹标记的末尾处加注"LH"字，如"M20×1.5LH"等，未注明的是右旋螺纹。

2. 攻螺纹底孔直径的确定

攻螺纹时，丝锥在切削金属的同时，还伴随较强的挤压作用。因此，金属产生塑性变形形成凸起挤向牙尖，使攻出的螺纹的小径小于底孔直径。

攻螺纹前的底孔直径应稍大于螺纹小径，否则攻螺纹时因挤压作用，会使螺纹牙顶与丝锥牙底之间没有足够的容屑空间，将丝锥箍住，甚至折断丝锥。这种现象在攻塑性较大的材料时将更为严重。但底孔值不易过大，否则会使螺纹牙型高度不够，降低强度。

底孔直径大小通常根据经验公式决定，其公式如下：

$$D_{底}=D-P（加工钢件等塑性金属）$$

$$D_{底}=D-1.05P（加工铸铁等脆性金属）$$

式中　$D_{底}$——攻螺纹、钻螺纹底孔用钻头直径（mm）；

D——螺纹大径（mm）；

P——螺距（mm）。

对于细牙螺纹，其螺距已在螺纹代号中做了标记。而对于粗牙螺纹，每一种尺寸规格螺纹的螺距也是固定的，例如，M8 的螺距为 1.25mm，M10 的螺距为 1.5mm，M12 的螺距为 1.75mm 等，具体数据请查阅有关螺纹尺寸参数表。

3. 不通孔螺纹底孔长度的确定

攻不通孔螺纹时，由于丝锥切削部分有锥角，端部不能切出完整的牙型，所以钻孔深度要大于螺纹的有效深度（如图 3-19 所示），一般取：

$$H_{钻}=h_{有效}+0.7D$$

式中 $H_钻$——底孔深度（mm）；

$h_{有效}$——螺纹有效深度（mm）；

D——螺纹大径（mm）。

4. 螺纹轴向起点和终点尺寸的确定

在数控机床上攻螺纹时，沿螺距方向的 Z 向进给应和机床主轴的旋转保持严格的速比关系，但在实际攻螺纹开始时，伺服系统不可避免地有一个加速的过程，结束前也相应有一个减速的过程。在这两段时间内，螺距得不到有效保证。为了避免这种情况的出现，在安排其工艺时要尽可能考虑图 3-20 所示合理的导入距离 δ_1 和导出距离 δ_2（即"超越量"）。

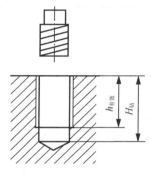

图 3-19　不通孔螺纹底孔长度

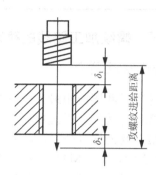

图 3-20　攻螺纹轴向起点与终点

δ_1 和 δ_2 的数值与机床拖动系统的动态特性有关，还与螺纹的螺距和螺纹的精度有关。一般 δ_1 取 $2P\sim3P$，对大螺距和高精度的螺纹则取较大值；δ_2 一般取 $P\sim2P$。此外，在加工通孔螺纹时，导出量还要考虑丝锥前端切削锥角的长度。

5. 攻丝误差分析

攻丝误差分析见表 3-5。

表 3-5　攻丝精度误差分析表

出 现 问 题	产 生 原 因
螺纹乱牙或滑牙	丝锥夹紧不牢固，造成乱牙
	攻不通孔螺纹时，固定循环中的孔底平面选择过深
	切屑堵塞，没有及时清理
	固定循环程序选择不合理
丝锥折断	底孔直径太小
	底孔中心与攻丝主轴中心不重合
	攻丝夹头选择不合理，没有选择浮动夹头
尺寸不正确或螺纹不完整	丝锥磨损
	底孔直径太大，造成螺纹不完整
表面粗糙度质量差	转速太快，导致进给速度太快
	切削液选择不当或使用不合理
	切屑堵塞，没有及时清理
	丝锥磨损

3.3.6 曲面加工路线

铣削曲面时，常用球头刀采用"行切法"进行加工。所谓行切法，是指刀具与零件轮廓的切点轨迹是一行一行的，而行间的距离是按零件加工精度的要求确定的。

1. 直纹面加工

对于边界敞开的曲面加工，可采用两种加工路线。例如，在加工发动机大叶片时，若采用如图 3-21（a）所示的加工方案，每次沿直线加工，刀位点计算简单，程序少，加工过程符合直纹面的形成，可以准确保证母线的直线度。若采用如图 3-21（b）所示的加工方案，便于加工后检验，叶形的准确度较高，但程序较多。由于曲面零件的边界是敞开的，没有其他表面限制，所以曲面边界可以延伸，球头刀应由边界外开始加工。

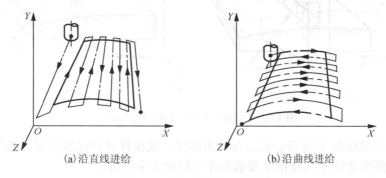

(a)沿直线进给   (b)沿曲线进给

图 3-21　直纹曲面的加工路线

2. 曲面轮廓加工

立体曲面加工应根据曲面形状、刀具形状及精度要求采用不同的铣削方法。

1）两坐标联动加工

在两坐标联动的三坐标行切法加工过程中，X、Y、Z 三轴中任意两轴做联动插补，第三轴做单独的周期进刀，称为两轴坐标联动。如图 3-22 所示，将 X 向分成若干段，圆头铣刀沿 YZ 面所截的曲线进行铣削，每段加工完成进给 ΔX，再加工另一相邻曲线，如此依次切削即可加工整个曲面。在行切法中，要根据轮廓表面粗糙度的要求及刀头不干涉相邻表面的原则选取 ΔX。行切法加工中通常采用球头铣刀。球头铣刀的刀头半径应选得大些，有利于散热，但刀头半径不应大于曲面的最小曲率半径。

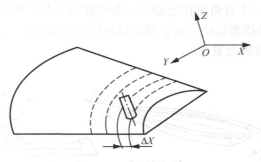

ΔX

图 3-22　曲面行切法

2）二轴半坐标联动加工

用球头铣刀加工曲面时，总是用刀心轨迹的数据进行编程。如图 3-23（a）所示为二轴半坐标加工的刀心轨迹与切削点轨迹示意图。*ABCD* 为被加工曲面，P_{YZ} 平面为平行于 *YZ* 坐标面的一个行切面，其刀心轨迹 O_1O_2 为曲面 *ABCD* 的等距面 *IJKL* 与平面 P_{YZ} 的交线，显然 O_1O_2 是一条平面曲线。在此情况下，曲面的曲率变化会导致球头刀与曲面切削点的位置改变，因此切削点的连线 *ab* 是一条空间曲线，从而在曲面上形成扭曲的残留沟纹。

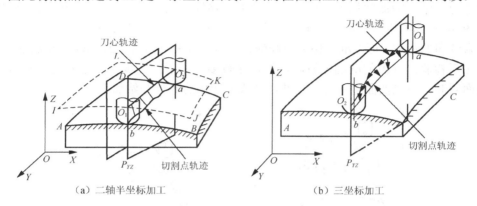

（a）二轴半坐标加工　　　　（b）三坐标加工

图 3-23　二轴半坐标加工和三坐标加工

由于二轴半坐标加工的刀心轨迹为平面曲线，故编程计算比较简单，数控逻辑装置也不复杂，常在曲率变化不大及精度要求不高的粗加工中使用。

3）三坐标联动加工

三坐标联动加工时 *X*、*Y*、*Z* 三轴可同时插补联动。用三坐标联动加工曲面时，通常也用行切方法。如图 3-23（b）所示，P_{YZ} 平面为平行于 *YZ* 坐标面的一个行切面，它与曲面的交线为 *ab*，若要求 *ab* 为一条平面曲线，则应使球头刀与曲面的切削点总是处于平面曲线 *ab* 上（即沿 *ab* 切削），以获得规则的残留沟纹。显然，这时的刀心轨迹 O_1O_2 不在 P_{YZ} 平面上，而是一条空间曲面（实际是空间折线），因此需要 *X*、*Y*、*Z* 三轴联动。三轴联动加工常用于复杂空间曲面的精确加工（如精密锻模），但编程计算较为复杂，所用机床的数控装置还必须具备三轴联动功能。

4）四坐标联动加工

如图 3-24 所示，工件的侧面为直纹扭曲面。若在三坐标联动的机床上用圆头铣刀按行切法加工，不但生产效率低，而且表面粗糙度大。为此，应采用圆柱铣刀周边切削，并用四坐标铣床加工，即除三个直角坐标运动外，为保证刀具与工件型面在全长始终贴合，刀具还应绕 O_1（或 O_2）做摆角运动。由于摆角运动导致直角坐标（图 3-24 中 *Y* 轴）需做附加运动，所以其编程计算较为复杂。

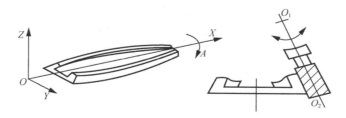

图 3-24　四轴坐标加工

5）五坐标联动加工

螺旋桨是五坐标加工的典型零件之一，其叶片的形状和加工原理如图 3-25 所示。在半径为 R_1 的圆柱面上与叶面的交线 AB 为螺旋线的一部分，螺旋升角为 ψ_i，叶片的径向叶型线（轴向割线）EF 的倾角 α 为后倾角。螺旋线 AB 用极坐标加工方法，并且以折线段逼近。逼近段 mn 是由 C 坐标旋转 $\Delta\theta$ 与 Z 坐标位移 ΔZ 的合成。当 AB 加工完成后，刀具径向位移 ΔX（改变 R_1），再加工相邻的另一条叶型线，依次加工即可形成整个叶面。由于叶面的曲率半径较大，所以常采用面铣刀加工，以提高生产率并简化程序。因此为保证铣刀端面始终与曲面贴合，铣刀还应做由坐标 A 和坐标 B 形成的 θ_1 和 α_1 的摆角运动。在摆角的同时，还应做直角坐标的附加运动，以保证铣刀端面始终位于编程值所规定的位置上，即在切削成形点，铣刀端平面与被切曲面相切，铣刀轴心线与曲面该点的法线一致，所以需要五坐标加工。这种加工的编程计算相当复杂，一般采用自动编程。

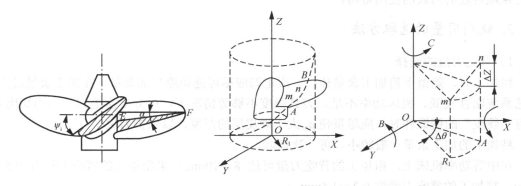

图 3-25　螺旋桨的五坐标加工

3.4　铣削用量及切削液的选用

3.4.1　铣削用量及其选择

所谓铣削用量，是指切削速度 v_c、进给速度 f（进给量）和背吃刀量 a_p 三者的总称，如图 3-26 所示（a_e——切削层厚度）。

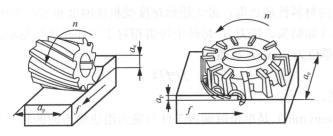

图 3-26　铣削及用量

1. 铣削用量的选用原则

合理的切削用量应满足以下要求：在保证安全生产，不发生人身、设备事故，保证工件加工质量的前提下，能充分地发挥机床的潜力和刀具的切削性能，在不超过机床的有效功率和工艺系统刚性所允许的额定负荷的情况下，尽量选用较大的切削用量。一般情况下，对切削用量选择时应考虑到下列问题。

（1）保证加工质量：保证加工表面的精度和表面粗糙度达到工件图样的要求。

（2）保证切削用量的选择在工艺系统的能力范围内：不应超过机床允许的动力和转矩的范围，不应超过工艺系统（铣床、刀具、工件）的刚度和强度范围，同时又能充分发挥它们的潜力。

（3）保证刀具有合理的使用寿命：在追求较高的生产效率的同时，保证刀具有合理的使用寿命，并考虑较低的制造成本。

以上三条，要根据具体情况有所侧重。一般在粗加工时，应尽可能地发挥刀具、机床的潜力和保证合理的刀具使用寿命。精加工时，则应首先保证切削加工精度和表面粗糙度，同时兼顾合理的刀具的使用寿命。

2. 铣削用量的选取方法

1）背吃刀量的选择

粗加工时，除留下精加工余量外，一次走刀应尽可能切除全部余量。在加工余量过大、工艺系统刚性较低、机床功率不足、刀具强度不够等情况下，可分多次走刀。当遇切削表面有"硬皮"的铸锻件时，应尽量使 a_p 大于硬皮层的厚度，以保护刀尖。

精加工的加工余量一般较小，可一次切除。

在中等功率机床上，粗加工的背吃刀量可达 8～10mm；半精加工的背吃刀量取 0.5～5mm；精加工的背吃刀量取 0.2～1.5mm。

余量不大时，力求粗加工一次进给完成；但是在余量较大或工艺系统刚性较差或机床动力不足时，可多次分层切削完成。

当工件表面粗糙度值要求不高时，粗铣或分粗铣、半精铣两步加工；当工件表面粗糙度值要求较高时，宜分粗铣、半精铣、精铣三步进行。

2）进给速度（进给量）的确定

铣削加工的进给量 f（mm/r）是指刀具转一周，工件与刀具沿进给运动方向的相对位移量；进给速度是数控机床铣削用量中的重要参数，主要根据零件的加工精度和表面粗糙度要求及刀具、工件的材料性质选取，最大进给速度受机床刚度和进给系统的性能限制。

对于多齿刀具（如钻头、铣刀），每转中每齿相对于工件在进给运动方向上的位移量称为每齿进给量 f_z，单位为 mm/z。显然：

$$f_z = f / z$$

式中　　z——刀齿数。

进给速度 F（mm/min）是单位时间内工件与铣刀沿进给方向的相对位移量。进给速度与进给量的关系为

$$F = nf = nf_z z$$

式中　　n——铣刀转速（r/min）。

每齿进给量的选取主要依据工件材料的力学性能、刀具材料、工件表面粗糙度等因素。工件材料强度和硬度越高，切削力越大，每齿进给量宜选得小些；刀具强度、韧性越高，

可承受的切削力越大，每齿进给量可选得大一些；工件表面粗糙度要求越高，每齿进给量选小些；工艺系统刚性差，每齿进给量应取较小值。

粗加工时，由于对工件的表面质量没有太高的要求，这时主要根据机床进给机构的强度和刚性、刀杆的强度和刚性、刀具材料、刀杆和工件尺寸，以及已选定的背吃刀量等因素来选取进给速度。

精加工时，则按表面粗糙度要求、刀具及工件材料等因素来选取进给速度。

3）切削速度的确定

切削速度是指切削刃上选定点相对于工件的主运动的瞬时速度，单位为 mm/min。当主运动为旋转运动时，其计算公式为

$$v_c = \frac{\pi D n}{1000}$$

式中　D——切削刃上选定点所对应的工件或刀具的直径（mm）；

n——主运动的转速（r/min）。

切削速度 v_c 可根据已经选定的背吃刀量、进给量及刀具耐用度选取。实际加工过程中，也可根据生产实践经验和查表的方法来选取。

粗加工或工件材料的加工性能较差时，宜选用较低的切削速度。精加工或刀具材料、工件材料的切削性能较好时，宜选用较高的切削速度。

切削速度 v_c 确定后，可根据刀具或工件直径（D）按公式 $n=1000v_c/\pi D$ 来确定主轴转速 n（r/min）。

【例 3-1】　在立式数控铣床上，用直径为 80mm 的硬质合金盘铣刀以 200m/min 的铣削速度进行铣削。试问主轴转速应调整到多少？

解：$n = \frac{1000v_c}{\pi D} = \frac{1000 \times 200}{\pi \times 80} = 796$（r/min）

铣床主轴实际转速取 800r/min。

选择切削速度时，不可忽视以下几点。

（1）刀具材料硬度高，耐磨、耐热性好时，可取较高的切削速度。

（2）工件材料可切削性差时，如强度、硬度高、塑性太大或太小，切削速度应取低些。

（3）工艺系统（机床、夹具、工件、刀具）刚度较差时，应适当降低切削速度以防止振动。

（4）切削速度的选用应与切深、进给量的选择相适应。当切深、进给量增大时，刀刃负荷增加，使切削热增加，刀具磨损加快，从而限制了切削速度的提高；当切深、进给量均小时，可选择较高的切削速度。

（5）在机床功率较小的机床上，限制切削速度的因素也可能是机床功率。在一般情况下，可以先根据刀具耐用度来求出切削速度，然后再校验机床功率是否超载。

3. 常用碳素钢材料铣削用量选择推荐表

在工厂的实际生产过程中，铣削用量一般根据经验并通过查表的方式来选取。常用碳素钢件或铸铁件材料（HB150～HB300）铣削用量的推荐值见表 3-6。

表 3-6　常用钢件材料铣削用量的推荐值

刀 具 名 称	刀 具 材 料	切削速度 （m/min）	进给量（速度） （mm/r）	背吃刀量 （mm）
中心钻	高速钢	20～40	0.05～0.10	0.5D
`标准麻花钻	高速钢	20～40	0.15～0.25	0.5D
	硬质合金	40～60	0.05～0.20	0.5D
扩孔钻	硬质合金	45～90	0.05～0.40	≤2.5
机用铰刀	硬质合金	6～12	0.3～1	0.10～0.30
机用丝锥	硬质合金	6～12	P	0.5P
粗镗刀	硬质合金	80～250	0.10～0.50	0.5～2.0
精镗刀	硬质合金	80～250	0.05～0.30	0.3～1
立铣刀 或键铣刀	硬质合金	80～250	0.10～0.40	1.5～3.0
	高速钢	20～40	0.10～0.40	≤0.8D
盘铣刀	硬质合金	80～250	0.5～1.0	1.5～3.0
球头铣刀	硬质合金	80～250	0.2～0.6	0.5～1.0
	高速钢	20～40	0.10～0.40	0.5～1.0

数控加工的多样性、复杂性以及日益丰富的数控刀具，决定了选择刀具时不能再主要依靠实践摸索。借助经验表格对刀具切削参数进行选择是实践中常用的、有效的简便方法。有的是刀具制造厂在开发每一种刀具时，做了大量的试验，在向用户提供刀具的同时，还提供详细的刀具使用说明和经验表格，针对性较强；有的经验表格则属于通用的技术资料，针对性一般。编程者应对自己常用牌号的刀具，能够熟练地使用刀具厂商提供的技术手册或通用的技术资料，利用经验表格选择合适的刀具，合理选择刀具的切削参数。

但不管多么详细的经验表格，都不可能完全吻合于具体的切削加工情况。把经验表格作为重要的依据，并具体分析切削加工的条件、要求、各种限制因素，全面考虑，并在实践中验证、修改调整，才是得到具体应用的、合理的刀具切削参数的有效途径。

3.4.2　切削液的选用

1. 切削液的作用

切削液主要起润滑作用、冷却作用、清洗作用和防锈作用。由于各种切削液的性能不同，导致其在加工中所起的作用也各不相同。

2. 切削液的种类

切削液主要分为水基切削液和油基切削液两类。水基切削液的主要成分是水、化学合成水和乳化液，冷却能力强。油基切削液主要成分是各种矿物油、动物油、植物油或由它们组成的复合油，并可添加各种添加剂，因此其润滑性能突出。

3. 切削液的选择

粗加工或半精加工时，切削热量大。因此，切削液的作用应以冷却散热为主。精加工时，为了获得良好的已加工表面质量，切削液应以润滑为主。

硬质合金刀具的耐热性能好，一般可不用切削液。如果要使用切削液，一定要采用连续冷却的方法。

4. 切削液的使用方法

切削液的使用普遍采用浇注法。对于深孔加工、难加工材料的加工以及高速或强力切削加工，应采用高压冷却法。切削时切削液工作压力约为 1～10MPa，流量为 50～150L/min。

喷雾冷却法也是一种较好的使用切削液的方法，加工时，切削液被加高压并通过喷雾装置雾化，并被高速喷射到切削区。

3.5 加工阶段的划分及精加工余量的确定

3.5.1 加工阶段的划分

对重要的零件，为了保证其加工质量和合理使用设备，零件的加工过程可划分为四个阶段，即粗加工阶段、半精加工阶段、精加工阶段和精密加工（包括光整加工）阶段。

1. 加工阶段的性质

1）粗加工阶段

粗加工的任务是切除毛坯上大部分多余的金属，使毛坯在形状和尺寸上接近零件成品，减小工件的内应力，为精加工做好准备。因此，粗加工的主要目标是提高生产率。

2）半精加工阶段

半精加工的任务是使主要表面达到一定的精度并留有一定的精加工余量，为主要表面的精加工做好准备，并可完成一些次要表面（如攻螺纹、铣键槽等）的加工。热处理工序一般放在半精加工的前后。

3）精加工阶段

精加工是从工件上切除较少的余量，所得的精度比较高、表面粗糙度值比较小的加工过程。其任务是全面保证工件的尺寸精度和表面粗糙度等加工质量。

4）精密加工阶段

精密加工主要用于加工精度和表面粗糙度要求很高（IT6 级以上，表面粗糙度 Ra 为 0.4μm 以下）的零件，其主要目标是进一步提高尺寸精度，减小表面粗糙度。精密加工对位置精度影响不大。

并非所有零件的加工都要经过四个加工阶段。因此，加工阶段的划分不应绝对化，应根据零件的质量要求、结构特点、毛坯情况和生产纲领灵活掌握。

2. 划分加工阶段的目的

1）保证加工质量

工件在粗加工阶段，切削的余量较多。因此，铣削力和夹紧力较大，切削温度也较高，零件的内部应力也将重新分布，从而产生变形。如果不进行加工阶段的划分，将无法避免上述原因产生的误差。

2）合理使用设备

粗加工可采用功率大、刚性好和精度低的机床加工，铣削用量也可取较大值，从而充分发挥设备的潜力；精加工则切削力小，对机床破坏小，从而保持了设备的精度。因此，划分加工过程阶段既可提高生产率，又可延长精密设备的使用寿命。

3）便于及时发现毛坯缺陷

对于毛坯的各种缺陷（如铸件、夹砂和余量不足等），在粗加工后即可发现，便于及时修补或决定是否报废，避免造成浪费。

4）便于组织生产

通过划分加工阶段，便于安排一些非切削加工工艺（如热处理工艺、去应力工艺等），从而有效地组织了生产。

3.5.2　加工顺序的安排

加工顺序（又称为工序）通常包括切削加工工序、热处理工序和辅助工序。本书主要介绍切削加工工序。

1. 加工顺序安排原则

1）基准面先行原则

用做精基准的表面应优先加工出来，因为定位基准的表面越精确，装夹误差就越小。

2）先粗后精原则

各个表面的加工顺序按照粗加工→半精加工→精加工→精密加工的顺序依次进行，逐步提高表面的加工精度和减小表面粗糙度。

3）先主后次原则

零件的主要工作表面、装配基面应先加工，从而能及早发现毛坯中主要表面可能出现的缺陷。次要表面可穿插进行，放在主要加工表面加工到一定程度后、最终精加工之前进行。

4）先面后孔原则

对箱体、支架类零件，由于其平面轮廓尺寸较大，一般应先加工平面，再加工孔和其他尺寸，这样安排加工顺序，一方面用加工过的平面定位，稳定可靠；另一方面在加工过的平面上加工孔，比较容易，并能提高孔的加工精度，特别是钻孔，孔的轴线不易偏斜。

2. 工序的划分

1）工序的定义

工序是工艺过程的基本单元。它是一个（或一组）工人在一个工作地点，对一个（或同时几个）工件连续完成的那一部分加工过程。划分工序的要点是工人、工件及工作地点三不变并连续加工完成。

2）工序划分原则

工序划分原则有两种，即工序集中和工序分散。在数控铣床、加工中心上加工的零件，一般按工序集中原则划分工序。

（1）工序集中原则：每道工序包括尽可能多的加工内容，从而使工序的总数减少。采用工序集中原则有利于保证加工精度（特别是位置精度）、提高生产效率、缩短生产周期和减少机床数量，但专用设备和工艺装备投资大、调整维修比较麻烦、生产准备周期较长，不利于转产。

（2）工序分散原则：将工件的加工分散在较多的工序内进行，每道工序的加工内容很少。采用工序分散原则有利于调整和维修加工设备和工艺装备、选择合理的铣削用量且转产容易；但工艺路线较长，所需设备及工人数量较多，占地面积大。

3）工序划分的方法

以同一把刀具完成的那一部分工艺过程为一道工序，这种方法适用于工件的待加工表面较多、机床连续工作时间较长、加工程序的编制和检查难度较大等情况。加工中心常用这种方法划分。

3.5.3　精加工余量的确定

1. 精加工余量的概念

精加工余量是指在精加工过程中切去的金属层厚度。通常情况下，精加工余量由精加工一次切削完成。

加工余量有单边余量和双边余量之分。轮廓和平面的加工余量是指单边余量，它等于实际切削的金属层厚度。而对于一些内圆和外圆等回转体表面，加工余量有时指双边余量，即以直径方向计算，实际切削的金属层厚度为加工余量的一半。

2. 精加工余量的影响因素

精加工余量的大小对零件的加工最终质量有直接影响。选取的精加工余量不能过大，也不能过小。余量过大会增加切削力、切削热的产生，进而影响加工精度和加工表面质量；余量过小则不能消除上道工序（或工步）留下的各种误差、表面缺陷和本工序的装夹误差，容易造成废品。因此，应根据影响余量大小的因素合理地确定精加工余量。

影响精加工余量大小的因素主要有两个：上道工序（或工步）的各种表面缺陷、误差和本工序的装夹误差。

3. 精加工余量的确定方法

确定精加工余量的方法主要有以下三种。

（1）经验估算法：此法是凭工艺人员的实践经验估计精加工余量。为避免因余量不足而产生废品，所估余量一般偏大，仅用于单件小批生产。

（2）查表修正法：将工厂生产实践和试验研究积累的有关精加工余量的资料制成表格，并汇编成手册。确定精加工余量时，可先从手册中查得所需数据，然后再结合工厂的实际情况进行适当修正。这种方法目前应用最广。

（3）分析计算法：采用此法确定精加工余量时，需运用计算公式和一定的试验资料，对影响精加工余量的各项因素进行综合分析和计算来确定其精加工余量。用这种方法确定的精加工余量比较经济合理，但必须有比较全面和可靠的试验资料，目前只在材料十分贵重，以及军工生产或少数大量生产的工厂中采用。

4. 精加工余量的确定

采用经验估算法或查表修正法确定的数控铣削精加工余量推荐值见表 3-7，轮廓指单边余量，孔指双边余量。

表 3-7 精加工余量推荐值 单位：mm

加工方法	刀具材料	精加工余量	加工方法	刀具材料	精加工余量
轮廓铣削	高速钢	0.2～0.4	铰孔	高速钢	0.1～0.2
	硬质合金	0.3～0.6		硬质合金	0.2～0.3
扩孔	高速钢	0.5～1	镗孔	高速钢	0.1～0.5
	硬质合金	1～2		硬质合金	0.3～1.0

3.6 装夹与校正

外形轮廓铣削加工时，常采用压板或平口钳装夹。

3.6.1 压板装夹

采用压板装夹工件（如图 3-27（a）所示）时，应使压板垫铁的高度略高于工件，以保证夹紧效果；压板螺栓应尽量靠近工件，以增大压紧力；压紧力要适中，或在压板与工件表面安装软材料垫片，以防工件变形或工件表面受到损伤；工件不能在工作台面上拖动，以免工作台面被划伤。

 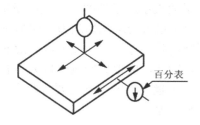

（a）压板装夹与找正 （b）找正时百分表移动方向

图 3-27 工件装夹后的找正

工件在使用平口钳或压板装夹过程中，应对工件进行找正。找正时，将百分表用磁性表座（如图 3-28 所示）固定在主轴上，百分表触头接触工件，再前后或左右方向移动主轴（如图 3-27（b）所示），从而找正工件上下平面与工作台面的平行度。同样在侧平面内移动主轴，找正工件侧面与轴进给方向的平行度。如果不平行，则可用铜棒轻敲工件或垫塞尺的办法进行纠正，然后再重新找正。

图 3-28 百分表与磁性表座

3.6.2 平口钳装夹

采用平口钳装夹工件时，首先要根据工件的切削高度在平口钳内垫上合适的高精度平行垫铁，以保证工件在切削过程中不会产生受力移动；其次要对平口钳钳口进行找正，以保证平口钳的钳口方向与主轴刀具的进给方向平行或垂直。

平口钳钳口的找正方法如图 3-29 所示，首先将百分表用磁性表座固定在主轴上，百分表触头接触钳口，然后沿平行于钳口方向移动主轴，根据百分表读数用铜棒轻敲平口钳进行调整，以保证钳口与主轴移动方向平行或垂直。

图 3-29　校正平口钳钳口

3.6.3　三爪自定心卡盘的装夹与找正

在加工中心上使用三爪自定心卡盘时，通常用压板将卡盘压紧在工作台面上，使卡盘轴心线与主轴平行。三爪自定心卡盘装夹圆柱形工件找正时，将百分表固定在主轴上，触头接触外圆侧母线，上下移动主轴，根据百分表的读数用铜棒轻敲工件进行调整，当主轴上下移动过程中百分表读数不变时，表示工件母线平行于 Z 轴。

当找正工件外圆圆心时，可手动旋转主轴，根据百分表的读数值在 XY 平面内手摇移动工件，直至手动旋转主轴时百分表读数值不变，此时，工件中心与主轴轴心同轴，记下此时的 X、Y 机床坐标系的坐标值，可将该点（圆柱中心）设为工件坐标系 X、Y 平面的工件坐标系原点。内孔中心的找正方法与外圆圆心找正方法相同，但找正内孔时通常使用杠杆式百分表（如图 3-30 所示）。

分度头装夹工件（工件水平）的找正方法如图 3-31 所示。首先，分别在 A 点和 B 点处前后移动百分表，调整工件，保证两处百分表的最大读数相等，以找正工件与工作台面的平行度；其次，找正工件侧母线与工件进给方向的平行度。

图 3-30　杠杆式百分表

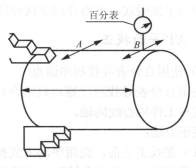

图 3-31　分度头水平安装工件的找正

3.6.4　数控刀具的手动安装

1. 数控刀具在刀柄中的安装

（1）选择 KM 弹簧夹头（ϕ12mm），将键槽铣刀装入弹簧夹头。

（2）选择强力夹头刀柄。

（3）将刀具装入如图 3-32 所示的锁刀器，刀柄卡槽对准锁刀器的凸起部分。

（4）用月牙形扳手松开锁紧螺母，将装有刀具的 KM 弹簧夹头装入刀柄。

（5）锁紧螺母，完成刀具在刀柄中的安装。

2. 数控刀柄在数控铣床上的安装

（1）打开供气气泵，向数控铣床的气动装置供气。

（2）手握刀柄底部，将刀柄柄部伸入主轴锥孔中。

（3）按下主轴上的气动按钮，同时向上推刀柄（如图 3-33 所示）。

（4）松开气动按钮，然后松开手握刀柄。

（5）检查刀柄在数控铣床上的安装情况。

图 3-32　锁刀器与月牙形扳手　　　　　图 3-33　刀柄在数控铣床的安装

3.6.5　数控铣床工件坐标系找正

零件装夹后，必须正确地找出工件的坐标，输入给机床控制系统，这样工件才能与机床建立起运动关系。测定工件坐标系的坐标值就是程序中给出的编程原点（G54～G59）。

编程原点的确定可以通过辅助工具（寻边器、百分表等）来实现。常见的寻边器有机械式和电子接触式。下面介绍寻找程序原点的几种常见方法。

1．XY 平面找正

1）使用百分表寻找程序原点

使用百分表寻找程序原点只适合几何形状为回转体的零件，通过百分表找正可使主轴轴心线与工件轴心线同轴。

找正方法：

（1）在找正之前，先用手动方式把主轴降到工件上表面附近，大致使主轴轴心线与工件轴心线同轴，再抬起主轴到一定的高度，把磁力表座吸附在主轴端面，安装好百分表头，使表头与工件圆柱表面垂直，如图 3-34 所示。

（2）找正时，可先对 X 轴或 Y 轴进行单独找正。若先对 X 轴找正，则规定 Y 轴不动，调整工件在 X 方向的坐标。通过旋转主轴使百分表绕着工件在 X_1 与 X_2 点之间做旋转运动，通过反复调整工作台 X 方向的运动，使百分表指针在 X_1 点的位置与 X_2 点相同，说明 X 轴的找正完毕。同理，进行 Y 轴的找正。

（3）记录"POS"屏幕中的机械坐标值中 X、Y 坐标值，即为工件坐标系（G54）X、Y 坐标值，输入相应的工件偏置坐标系。

2）使用离心式寻边器进行找正

当零件的几何形状为矩形或回转体，可采用离心式寻边器来进行程序原点的找正。

（1）在半自动（MDI）模式下输入以下程序：

```
M03S600
```

（2）运行该程序，使寻边器旋转起来，转速为 600r/min（注：寻边器转速一般为 600～660r/min）。

（3）进入手动模式，把屏幕切换到机械坐标显示状态。

（4）找正 X 轴坐标。找正方法如图 3-35 所示，但应注意以下几点：

① 主轴转速为 600～660 r/min；

② 寻边器接触工件时机床的手动进给倍率应由快到慢；

③ 此寻边器不能找正 Z 坐标原点。

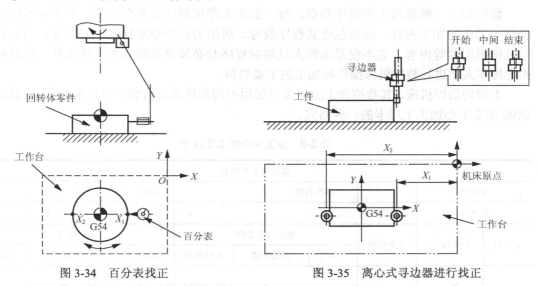

图 3-34 百分表找正

图 3-35 离心式寻边器进行找正

（5）记录 X_1 和 X_2 的机械位置坐标，并求出 $X=(X_1+X_2)/2$，输入相应的工件偏置坐标系。

（6）找正 Y 轴坐标，方法与 X 轴找正一致。

2. Z 坐标找正

对于 Z 轴的找正，一般采用对刀块来进行刀具 Z 坐标值的测量。

（1）进入手动模式，把屏幕切换到机械坐标显示状态；

（2）在工件上放置一 50mm 或 100mm 对刀块，然后使用对刀块去与刀具端面或刀尖进行试塞。通过主轴 Z 向的反复调整，使得对刀块与刀具端面或刀尖接触，即 Z 方向程序原点找正完毕。

注：在主轴 Z 向移动时，应避免对刀块在刀具的正下方，以免刀具与对刀块发生碰撞，如图 3-36 所示。

（3）记录机械坐标系中的 Z 坐标值，把该值输入相应的工件偏置中的 Z 坐标，如 G54 中的 Z 坐标值。

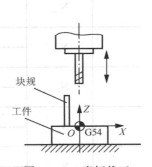

图 3-36 Z 坐标找正

3.7 数控加工工艺文件

编写数控加工工艺文件是数控加工工艺设计的内容之一。这些工艺文件既是数控加工和产品验收的依据，也是操作者要遵守和执行的规程，同时还是以后产品零件加工生产在技术上的工艺资料的积累和储备。它是编程员在编制数控加工程序单时做出的相关技术文件。根据不同的数控机床和加工要求，工艺文件的内容和格式有所不同，因目前尚无统一的国家标准，各企业可根据自身特点制定出相应的工艺文件。下面介绍企业中应用的几种主要工艺文件。

3.7.1 数控加工工序卡

数控加工工序卡与普通加工工序卡有较大区别。

数控加工一般采用工序集中原则，每一加工工序可划分为多个工步。工序卡不仅应包含每一工步的加工内容，还应包含其程序段号、所用刀具类型及材料、刀具号、刀具补偿号及铣削用量等内容。它不仅是编程人员编制程序时必须遵循的基本工艺文件，同时也是指导操作人员进行数控机床操作和加工的主要资料。

不同的数控机床，其数控加工工序卡可采用不同的格式和内容。如表3-8所示，是数控铣床/加工中心加工工序卡的一种格式。

表3-8 加工中心加工工序卡

数控加工工序卡								
零件号			零件名称			编制		审核	
程序号						日期		日期	
工步号	程序段号	工步内容	使用刀具名称			铣削用量		
			刀具号	刀长补偿	半径补偿	S功能	F功能	切深
	N__					$v=\_\_$	$f=\_\_$	
			T__	H__	D__	S__	F__	
	N__					$v=\_\_$	$f=\_\_$	
			T__	H__	D__	S__	F__	
	N__					$v=\_\_$	$f=\_\_$	
			T__	H__	D__	S__	F__	
	N__					$v=\_\_$	$f=\_\_$	
			T__	H__	D__	S__	F__	
	N__					$v=\_\_$	$f=\_\_$	
			T__	H__	D__	S__	F__	
	N__					$v=\_\_$	$f=\_\_$	
			T__	H__	D__	S__	F__	
	N__					$v=\_\_$	$f=\_\_$	
			T__	H__	D__	S__	F__	
	N__					$v=\_\_$	$f=\_\_$	
			T__	H__	D__	S__	F__	
	N__					$v=\_\_$	$f=\_\_$	
			T__	H__	D__	S__	F__	
	N__					$v=\_\_$	$f=\_\_$	
			T__	H__	D__	S__	F__	

3.7.2　数控加工刀具卡

数控加工刀具卡主要反映使用刀具的名称、编号、规格、长度和半径补偿值及所用刀柄的型号等内容，它是调刀人员准备和调整刀具、机床操作人员输入刀补参数的主要依据。如表 3-9 所示，是数控铣床/加工中心加工刀具卡的一种格式。

表 3-9　加工中心加工刀具卡

数控加工刀具卡							
零件号			零件名称		编制		审核
程序号					日期		日期
工步号	刀具号	刀具型号	刀柄型号		刀长及半径补偿量		备注
	T__				H__= _____		
					D__= _____		
	T__				H__= _____		
					D__= _____		
	T__				H__= _____		
					D__= _____		
	T__				H__= _____		
					D__= _____		
	T__				H__= _____		
					D__= _____		
	T__				H__= _____		
					D__= _____		
	T__				H__= _____		
					D__= _____		
	T__				H__= _____		
					D__= _____		
	T__				H__= _____		
					D__= _____		
	T__				H__= _____		
					D__= _____		
	T__				H__= _____		
					D__= _____		
	T__				H__= _____		
					D__= _____		
	T__				H__= _____		
					D__= _____		
	T__				H__= _____		
					D__= _____		

3.7.3 数控加工走刀路线图

一般用数控加工走刀路线图来反映刀具进给路线，该图应准确描述刀具从起刀点开始，直到加工结束返回终点的轨迹。它不仅是程序编制的基本依据，同时也便于机床操作者了解刀具运动路线（如从哪里进刀，从哪里抬刀等），计划好夹紧位置及控制夹紧组件的高度，以避免碰撞事故发生。走刀路线图一般可用统一约定的符号来表示（如用虚线表示快速进给，实线表示切削进给等）。不同的机床可以采用不同的图例与格式，如表 3-10 所示为常见的走刀路线图。

表 3-10 数控加工走刀线路图

数控加工走刀路线图			零件图号	
机床型号		程序段号	加工内容	
程序号		工序号	工步号	
*XY*平面走刀路径		*Z*轴方向走刀路径		

符号	⊙	⊗	◐	⇨	•→	编 制	
含义	抬刀	下刀	编程原点	行切	起刀点	审 核	
符号	→	↙	○-----	↗°°°		批 准	
含义	走刀方向	走刀线相交	爬斜坡	铰孔		共 页	第 页

3.7.4 数控加工程序单

数控加工程序单是编程员根据工艺分析情况，经过数值计算，按照数控机床的程序格式和指令代码编制的。它是记录数控加工工艺过程、工艺参数、位移数据的清单，以及手动数据输入、实现数控加工的主要依据，同时可帮助操作人员正确理解加工程序内容。不同的数控机床、不同的数控系统，数控加工程序单的格式也不同。如表 3-11 所示，是 FANUC 系统数控铣床/加工中心加工程序单的格式。

表 3-11 数控加工程序单

数控加工程序单																			
零件号			零件 名称			编制						审核							
程序号							日期					日期							
N	G	X	Y	Z	I	J	K	R	F	M	S	T	H	P	Q	备注			

3.7.5 数控加工工艺文件综合卡

数控加工工艺文件综合卡集成了上述四类工艺文件，通常在学校的实习工厂里面使用。如表 3-12 所示，是 FANUC 系统数控铣床/加工中心数控加工工艺文件综合卡。本书的加工实例采用的就是这种卡片。

表 3-12 数控加工工艺文件综合卡

数控加工工艺文件			零件名称		零件图号	
工艺序号	程序编号	夹具名称	夹具编号	使用设备	车 间	

续表

工步号	工步内容（加工面）	刀具号	刀具规格	主轴转速 (r/min)	进给速度 (mm/min)	备注
编制		审核		批准		共__页 第__页

思 考 与 练 习

1. 常见的数控铣床/加工中心加工对象有哪些？

2. 数控加工工艺的基本特点是什么？数控铣削加工工艺过程是什么？

3. 加工路线的确定原则有哪些？分别适应什么样的场合？

4. 何为顺铣？何为逆铣？各有何特点？

5. 孔加工路线及铰孔余量的确定原则是什么？

6. 螺纹加工路线的确定原则是什么？

7. 在选择切削用量时，应考虑哪些因素？这些因素对切削用量有何影响？

8. 加工阶段的划分为几个阶段？划分加工阶段的目的是什么？

第4章 数控铣床编程基础

📖 **教学导读**

　　数控铣削是机械加工中最常用和最主要的数控加工方法之一。想要充分发挥数控铣床的特点，实现数控加工中的优质、高产、低耗，编程是关键，而在编制数控铣床程序过程中，编程思想是关键中的关键，故在编制程序前必须有一个清晰的编程思想。

　　所谓编程思想，就是对于一个待加工零件或者图纸，编程人员对其进行分析、计算，然后正确地编制出数控程序的一个过程，这其中包含对零件的工艺分析、对加工路线的分析及对相应坐标的计算等。编程思想是一个编程人员应具备的素质和能力，也是编制程序的基础。在数控编程学习过程中，一些学生能够编制简单的直线、圆弧类零件，但是对于复杂的零件却无从下手；或者更换一个零件，就不知道如何下手；在编写的时候思路混乱，想到一点就编写一点，思维跳跃性很大，没有一个比较连贯的思路，编写的程序也是漏洞百出，不合情理。究其原因，就是没有一个良好的编程习惯，没有形成一个正确的编程思想。

　　通过本章的学习，要求读者能掌握 FANUC 系统数控铣床的基本编程指令的编程格式及其功能特点；能熟练掌握手工编程的步骤和基本方法；能熟练掌握刀具半径补偿的概念及其编程方法；要求养成良好的编程习惯，提高编程效率与准确度。

📖 **教学建议**

　　（1）教师一定要解释清楚机床坐标系、工件坐标系、坐标原点、编程原点的联系及区别，这一点大部分学生都会混淆。

　　（2）教师一定要根据自己学校的设备具体情况，参照机床说明书来介绍数控加工程序的格式与组成，以及数控机床有关功能与规则。

　　（3）固定循环的格式都是大同小异的，所以只要牢记固定循环的典型格式就能达到事半功倍的效果。

　　（4）掌握刀具半径补偿的概念及其编程方法是解决一系列数控问题的捷径。

　　（5）建议多做该类课题的工艺分析、编程的练习，尤其是编程模拟训练，这样可以让学生熟悉程序。不要一开始就进行机床操作，这样容易发生安全事故。

　　（6）采用产教结合的方法来解决实习课题少的问题。

4.1 数控机床编程概述

4.1.1 数控编程和定义

为了使数控机床能根据零件加工的要求进行动作，必须将这些要求以机床数控系统能识别的指令形式告知数控系统，这种数控系统可以识别的指令称为程序，制作程序的过程称为数控编程。

数控编程的过程不仅单指编写数控加工指令代码的过程，还包括从零件分析到编写加工指令代码再到制成控制介质，以及程序校核的全过程。在编程前首先要进行零件的加工工艺分析，确定加工工艺路线、工艺参数、刀具的运动轨迹、位移量、切削用量（切削速度、进给量、背吃刀量），以及各项辅助功能（换刀、主轴正反转、切削液开关等）；接着根据数控机床规定的指令代码及程序格式编写加工程序单；再把这一程序单中的内容记录在控制介质上（如软磁盘、移动存储器、硬盘），检查正确无误后采用手工输入方式或计算机传输方式输入数控机床的数控装置中，从而指挥机床加工零件。

4.1.2 数控编程的分类

数控编程可分为手工编程和自动编程两种。

1. 手工编程

手工编程是指所有编制加工程序的全过程，即图样分析、工艺处理、数值计算、编写程序单、制作控制介质、程序校验都是由手工来完成。

手工编程不需要计算机、编程器、编程软件等辅助设备，只需要合格的编程人员即可完成。手工编程具有编程快速、及时的优点，但其缺点是不能进行复杂曲面的编程。手工编程比较适合批量较大、形状简单、计算方便、轮廓由直线或圆弧组成的零件的加工。对于形状复杂的零件，特别是具有非圆曲线、列表曲线及曲面的零件，采用手工编程比较困难，最好采用自动编程的方法进行编程。

2. 自动编程

自动编程是利用计算机专用软件来编制数控加工程序。编程人员只需根据零件图样的要求，使用数控语言，由计算机自动进行数值计算及后置处理，编写出零件加工程序单，加工程序通过直接通信的方式送入数控机床，指挥机床工作。自动编程能够顺利地完成一些计算烦琐、手工编程困难或无法编出的程序。

自动编程的优点是效率高、程序正确性好。自动编程是由计算机代替人完成复杂的坐标计算和书写程序单的工作，它可以解决许多手工编制无法完成的复杂零件编程难题，但其缺点是必须具备自动编程系统或编程软件。自动编程较适合用于形状复杂零件的加工程序编制，如模具加工、多轴联动加工等场合。

采用 CAD/CAM 软件自动编程与加工的过程为：图纸分析、零件造型、生成刀具轨迹、后置处理生成加工程序、程序校验、程序传输并进行加工。

第4章 数控铣床编程基础

4.1.3 数控手工编程的内容与步骤

数控编程的步骤如图 4-1 所示，主要有以下几方面的内容。

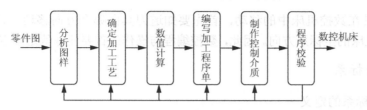

图 4-1 数控编程的步骤

（1）分析零件图样：零件轮廓分析，零件尺寸精度、形位精度、表面粗糙度、技术要求的分析，零件材料、热处理等要求的分析。

（2）确定加工工艺：选择加工方案，确定加工路线，选择定位与夹紧方式，选择刀具，选择各项切削参数，选择对刀点、换刀点等。

（3）数值计算：选择编程坐标系原点，对零件轮廓上各基点或节点进行准确的数值计算，为编写加工程序单做好准备。

（4）编写加工程序单：根据数控机床规定的指令及程序格式编写加工程序单。

（5）制作控制介质：简单的数控加工程序可直接通过键盘进行手工输入，当需要自动输入加工程序时，必须预先制作控制介质。现在大多数程序采用软盘、移动存储器、硬盘作为存储介质，采用计算机传输进行自动输入。

（6）程序校验：加工程序必须经过校验并确认无误后才能使用。程序校验一般采用机床空运行的方式进行，有图形显示功能的机床可直接在 CRT 显示屏上进行校验，另外还可采用计算机数控模拟等方式进行校验。

4.1.4 数控铣床、加工中心的编程特点

（1）为了方便编程中的数值计算，在数控铣床、加工中心的编程中广泛采用刀具半径补偿来进行编程。

（2）为适应数控铣床、加工中心的加工需要，对于常见的镗孔、钻孔切削加工动作，可以通过数控系统本身具备的固定循环功能来实现，以简化编程。

（3）大多数的数控铣床与加工中心都具备镜像加工、比例缩放等特殊编程指令及极坐标编程指令，以提高编程效率，简化程序。

（4）根据加工批量的大小，决定加工中心采用自动换刀还是手动换刀。对于单件或很小批量的工件加工，一般采用手动换刀，而对于批量大于 10 件且刀具更换频繁的工件加工，一般采用自动换刀。

（5）数控铣床与加工中心广泛采用子程序编程的方法。编程时尽量将不同工序内容的程序分别安排到不同的子程序中，以便对每一独立的工序进行单独的调试，也便于因加工顺序不合理而重新调整加工程序。主程序主要用于完成换刀及子程序的调用等工作。

4.2 数控机床的坐标系

要实现刀具在数控机床中的移动，首先要知道刀具向哪个方向移动。这些刀具的移动方向即为数控机床的坐标系方向。因此，数控编程与操作的首要任务就是确定机床的坐标系。

1. 机床坐标系

1）机床坐标系的定义

在数控机床上加工零件，机床动作是由数控系统发出的指令来控制的。为了确定机床的运动方向和移动距离，就要在机床上建立一个坐标系，这个坐标系就称为机床坐标系，也称为标准坐标系。

2）机床坐标系中的规定

数控铣床的加工动作主要分为刀具动作和工件动作两部分。因此，在确定机床坐标系的方向时规定：永远假定刀具相对于静止的工件而运动。

对于机床坐标系的方向，均将增大工件和刀具间距离的方向确定为正方向。数控机床的坐标系采用右手定则的笛卡儿坐标系。如图 4-2 所示，左图中大拇指的方向为 X 轴的正方向，食指指向 Y 轴的正方向，中指指向 Z 轴的正方向，而右图则规定了转动轴 A、B、C 轴的转动正方向。

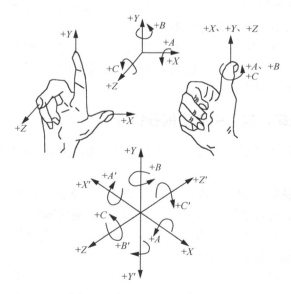

图 4-2　右手笛卡儿坐标系统

3）机床坐标系的确定

数控铣床的机床坐标系方向如图 4-3 和图 4-4 所示，其确定方法如下。

（1）Z 坐标方向。Z 坐标的运动由传递切削力的主轴所决定。不管哪种机床，与主轴轴线平行的坐标轴即为 Z 轴。根据坐标系正方向的确定原则，在钻、镗、铣加工中，钻入或镗入工件的方向为 Z 轴的负方向。

（2）X 坐标方向。X 坐标一般为水平方向，它垂直于 Z 轴且平行于工件的装卡面。对于立式铣床，若 Z 方向是垂直的，则为站在工作台前，从刀具主轴向立柱看，水平向右方向为 X 轴的正方向，如图 4-3 所示。若 Z 轴是水平的，则从主轴向工件看（即从机床背面向工件看），向右方向为 X 轴的正方向，如图 4-4 所示。

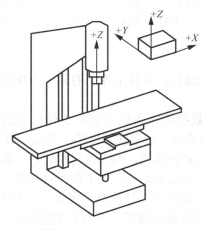

图 4-3　立式升降台铣床

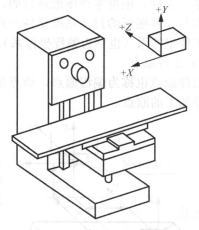

图 4-4　卧式升降台铣床

（3）Y 坐标方向。Y 坐标垂直于 X、Z 坐标轴，根据右手笛卡儿坐标系（如图 4-2 所示）来进行判别。由此可见，确定坐标系各坐标轴时，总是先根据主轴来确定 Z 轴，再确定 X 轴，最后确定 Y 轴。

（4）旋转轴方向。旋转运动 A、B、C 相对应表示其轴线平行于 X、Y、Z 坐标轴的旋转运动。A、B、C 正方向，相应地表示在 X、Y、Z 坐标正方向上按照右旋旋进的方向。

对于工件运动而不是刀具运动的机床，编程人员在编程过程中也按照刀具相对于工件的运动来进行编程。

2. 机床原点、机床参考点

1）机床原点

机床原点（也称为机床零点）是机床上设置的一个固定点，用于确定机床坐标系的原点。它在机床装配、调试时就已设置好，一般情况下不允许用户进行更改。

机床原点又是数控机床进行加工运动的基准参考点，数控铣床的机床原点一般设在刀具远离工件的极限点处，即坐标正方向的极限点处。

2）机床参考点

对于大多数数控机床，开机第一步总是先进行返回机床参考点（即机床回零）操作。

开机回参考点的目的就是建立机床坐标系，并确定机床坐标系的原点。该坐标系一经建立，只要机床不断电，将永远保持不变，并且不能通过编程对它进行修改。

机床参考点是数控机床上一个特殊位置的点，机床参考点与机床原点的距离由系统参数设定，其值可以是零，如果其值为零则表示机床参考点和机床原点重合，如果其值不为零，则机床开机回零后显示的机床坐标系的值就是系统参数中设定的距离值。

3. 工件坐标系

1）工件坐标系

机床坐标系的建立保证了刀具在机床上的正确运动。但是由于加工程序的编制通常是针对某一工件，根据零件图纸进行的，为了便于尺寸计算、检查，加工程序的坐标系原点一般都与零件图纸的尺寸基准保持一致。这种针对某一工件，根据零件图纸建立的坐标系称为工件坐标系（也称为编程坐标系）。

2）工件原点

工件原点也称为编程原点，该点是指工件装夹完成后，选择工件上的某一点作为编程或工件加工的原点。

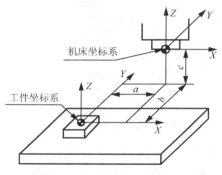

图 4-5　工件坐标系原点设定

现以立式数控铣床为例来说明工件原点的选择方法：Z 方向的原点一般取在工件的上表面。XY 平面原点的选择，有两种情况：当工件对称时，一般以对称中心作为 XY 平面的原点；当工件不对称时，一般取工件其中的一角作为工件原点。例如，如图 4-5 所示工件的编程原点就是设在左下角上平面位置。

3）工件坐标系原点设定

工件坐标系原点通常通过零点偏置的方法来进行设定。

其设定过程为：选择装夹后工件的编程坐标系原点，找出该点在机床坐标系中的绝对坐标值（图 4-5 中的 $-a$、$-b$ 和 c 值），将这些值通过机床面板操作输入机床偏置存储器参数（这种参数有 G54～G59，共 6 个）中，从而将机床坐标系原点偏移至工件坐标系原点。找出工件坐标系在机床坐标系中位置的过程称为对刀。

零点偏置设定的工件坐标系实质就是在编程与加工之前让数控系统知道工件坐标系在机床坐标系中的具体位置。通过这种方法设定的工件坐标系，只要不对其进行修改、删除操作，该工件坐标系将永久保存，即使机床关机，其坐标系也将保留。

4.3　数控加工程序的格式与组成

一个零件程序是一组被传送到数控装置中去的指令和数据。它由遵循一定结构句法和格式规则的若干个程序段组成，而每个程序段又由若干个指令字组成。

4.3.1　程序的组成

一个完整的程序由程序名、程序内容和程序结束组成，如下所示：

```
O0010;                          程序名
G90 G94 G40 G17 G21 G54;
G91 G28 Z0;
G90 G00 X-16.0 Y840.0;
        Z20.0;                  程序内容
M03 S600 M08;
……
G00 Z50.0 M09;
```

M30; 　　　　　　　　　　　　　　　　　程序结束

（1）程序名。每个存储在系统存储器中的程序都需要指定一个程序号以相互区别，这种用于区别零件加工程序的代号称为程序号。因为程序号是加工程序开始部分的识别标记（又称为程序名），所以同一数控系统中的程序号（名）不能重复。

程序号写在程序的最前面，必须单独占一行。

FANUC 系统程序号的书写格式为 O××××，其中 O 为地址符，其后为四位数字，数值从 O0000 到 O9999，在书写时其数字前的零可以省略不写，如 O0020 可写成 O20。

（2）程序内容。程序内容是整个加工程序的核心，它由许多程序段组成，每个程序段由一个或多个指令字构成，表示数控机床中除程序结束外的全部动作。

（3）程序结束。程序结束由程序结束指令构成，它必须写在程序的最后。

可以作为程序结束标记的 M 指令有 M02 和 M30，它们代表零件加工程序的结束。为了保证最后程序段的正常执行，通常要求 M02/M30 单独占一行。

此外，子程序结束的结束标记因不同的系统而各异，例如，FANUC 系统中用 M99 表示子程序结束后返回主程序，而在 SIEMENS 系统中则通常用 M17、M02 或字符"RET"作为子程序的结束标记。

4.3.2 程序段的组成

1. 程序段的基本格式

程序段格式是指在一个程序段中，字、字符、数据的排列、书写方式和顺序。

程序段是程序的基本组成部分，每个程序段由若干个地址字构成，而地址字又由表示地址的英文字母、特殊文字和数字构成，如 X30、G71 等。在通常情况下，程序段格式有可变程序段格式、使用分隔符的程序段格式和固定程序段格式三种。本节主要介绍当前数控机床上常用的可变程序段格式。其格式如下。

（1）程序起始符："O"符，"O"符后跟程序名。

（2）程序结束：M30 或 M02。

（3）注释符：括号（）内或分号后的内容为注释文字。

值得注意的是，一个零件程序是按程序段的输入顺序执行的，而不是按程序段号的顺序执行的，但书写程序时建议按升序书写程序段号。如图 4-6 所示为程序段格式。

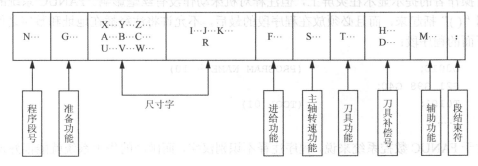

图 4-6　程序段格式

2. 程序段号与程序段结束

程序段由程序段号 N×× 开始，以程序段结束标记"CR（或 LF）"结束，实际使用时，常用符号"；"或"*"表示"CR（或 LF）"，本书中一律以符号"；"表示程序段结束。

N×× 为程序段号，由地址符 N 和后面的若干位数字表示。在大部分系统中，程序段号仅作为"跳转"或"程序检索"的目标位置指示。因此，它的大小及次序可以颠倒，也可以省略。程序段在存储器内以输入的先后顺序排列，而程序的执行是严格按信息在存储器内的先后顺序逐段执行，即执行的先后次序与程序段号无关。但是，当程序段号省略时，该程序段将不能作为"跳转"或"程序检索"的目标程序段。

程序段的中间部分是程序段的内容，主要包括准备功能字、尺寸功能字、进给功能字、主轴功能字、刀具功能字、辅助功能字等，但并不是所有程序段都必须包含这些功能字，有时一个程序段内可仅含有其中一个或几个功能字，例如，下面的程序段：

```
N10 G01 X100.0 F100;
N80 M05;
```

程序段号也可以由数控系统自动生成，程序段号的递增量可以通过 "机床参数"进行设置，一般可设定增量值为 10，以便在修改程序时方便进行"插入"操作。

3. 程序的斜杠跳跃

有时，在程序段的前面编有"/"符号，该符号称为斜杠跳跃符号，该程序段称为可跳跃程序段，例如，下面的程序段：

```
/N10 G00 X100.0;
```

这样的程序段，可以由操作者对程序段和执行情况进行控制。当操作机床并使系统的"跳过程序段"信号生效时，程序在执行中将跳过这些程序段；当"跳过程序段"信号无效时，该程序段照常执行，即与不加"/"符号的程序段相同。

4. 程序段注释

为了方便检查、阅读数控程序，在许多数控系统中允许对程序段进行注释，注释可以作为对操作者的提示显示在荧屏上，但注释对机床动作没有丝毫影响。FANUC 系统的程序注释用"（）"括起来，而且必须放在程序段的最后，不允许将注释插在地址和数字之间，例如，下面的程序段：

```
O0010;                  (PROGRAM NAME - 10)
G21 G98 G40;
T0101;                  (TOOL 01)
……
```

对于 FANUC 数控系统来说，程序注释不识别汉字，而国产的华中系统就能很好地识别汉字。

4.4　数控机床的有关功能及规则

　　数控系统常用的功能有准备功能、辅助功能和其他功能三种，这些功能是编制加工程序的基础。

4.4.1　准备功能

　　准备功能又称为 G 功能或 G 指令，是数控机床完成某些准备动作的指令。它由地址符 G 和后面的两位数字组成，从 G00 到 G99 共 100 种，如 G01、G41 等。目前，随着数控系统功能不断增加等原因，有的系统已采用三位数的功能指令，如 SIEMENS 系统中的 G450、G451、G158 等。

　　从 G00 到 G99 虽有 100 种 G 指令，但并不是每种指令都有实际意义，有些指令在国际标准（ISO）及我国机械工业部相关标准中并没有指定其功能，即"不指定"，这些指令主要用于将来修改其标准时指定新的功能。还有一些指令，即使在修改标准时也永不指定其功能，即"永不指定"，这些指令可由机床设计者根据需要自行规定其功能，但必须在机床的出厂说明书中予以说明。

　　准备功能 G 代码是建立坐标平面、坐标系偏置、刀具与工件相对运动轨迹（插补功能）以及刀具补偿等多种加工操作方式的指令。范围由 G0（等效于 G00）到 G99。G 代码指令的功能见表 4-1。

表 4-1　FANUC 0i 系统准备功能一览表

G 代码	组　别	功　能	程序格式及说明
G00▲		快速点定位	G00 X__ Y__ Z__ ;
G01	01	直线插补	G01 X__ Y__ Z__ F__ ;
G02		顺时针圆弧插补	G02 X__ Y__ R__ F__ ;
G03		逆时针圆弧插补	G02 X__ Y__ I__ J__ F__ ;
G04		暂停	G04 X1.5；或 G04P1500；
G05.1		预读处理控制	G05.1Q1；（接通）　G05.1Q0；（取消）
G07.1		圆柱插补	G07.1IPr；（有效）　G07.1IP0；（取消）
G08	00	预读处理控制	G08P1；（接通）　G08P0；（取消）
G09		准确停止	G09 X__ Y__ Z__ ;
G10		可编程数据输入	G10L50；（参数输入方式）
G11		可编程数据输入取消	G11；
G15▲	17	极坐标取消	G15；
G16		极坐标指令	G16；
G17▲		选择 XY 平面	G17；
G18	02	选择 ZX 平面	G18；
G19		选择 YZ 平面	G19；
G20	06	英寸输入	G20；
G21		毫米输入	G21；

续表

G 代码	组 别	功 能	程序格式及说明
G22▲	04	存储行程检测接通	G22 X__ Y__ Z__ I__ J__ K__;
G23	04	存储行程检测断开	G23;
G27		返回参考点检测	G27 X__ Y__ Z__;
G28		返回参考点	G28 X__ Y__ Z__;
G29	00	从参考点返回	G29 X__ Y__ Z__;
G30		返回第 2、3、4 参考点	G30 P2/P3/P4 X__ Y__ Z__;
G31		跳转功能	G31 X__ Y__ Z__;
G33	01	螺纹切削	G33 X__ Y__ Z__ F__;
G37	00	自动刀具长度测量	G37 X__ Y__ Z__;
G39		拐角偏置圆弧插补	G39; 或 G39I__J__;
G40▲		刀具半径补偿取消	G40;
G41	07	刀具半径左补偿	G41 G01/G00 X__ Y__ Z__ D__;
G42		刀具半径右补偿	G42 G01/G00 X__ Y__ Z__ D__;
G40.1▲		法线方向控制取消	G40.1;
G41.1	18	左侧法线方向控制	G41.1;
G42.1		右侧法线方向控制	G42.1;
G43	08	正向刀具长度补偿	G43 G01 Z__ H__;
G44		负向刀具长度补偿	G44 G01 Z__ H__;
G45		刀具位置偏置加	G45 G01/G00 X__ Y__ Z__ D__;
G46	00	刀具位置偏置减	G46 G01/G00 X__ Y__ Z__ D__;
G47		刀具位置偏置加 2 倍	G47 G01/G00 X__ Y__ Z__ D__;
G48		刀具位置偏置减 2 倍	G48 G01/G00 X__ Y__ Z__ D__;
G49▲	08	刀具长度补偿取消	G49;
G50▲		比例缩放取消	G50;
G51	11	比例缩放有效	G51 X__ Y__ Z__ P__; 或 G51 X__ Y__ Z__ I__ J__ K__;
G50.1		可编程镜像取消	G50.1 X__ Y__ Z__;
G51.1▲	22	可编程镜像有效	G51.1 X__ Y__ Z__;
G52		局部坐标系设定	G52 X__ Y__ Z__; (IP 以绝对值指定)
G53		选择机床坐标系	G53;
G54▲		选择工件坐标系 1	G54;
G54.1		选择附加工件坐标系	G54.1Pn; (n 取 1~48)
G55	14	选择工件坐标系 2	G55;
G56		选择工件坐标系 3	G56;
G57		选择工件坐标系 4	G57;
G58		选择工件坐标系 5	G58;
G59		选择工件坐标系 6	G59;
G60	00/00	单方向定位方式	G60 X__ Y__ Z__;
G61	15	准确停止方式	G61;
G62		自动拐角倍率	G62;

G 代码	组　别	功　　能	程序格式及说明
G63	15	攻丝方式	G63;
G64▲		切削方式	G64;
G65	00	宏程序非模态调用	G65P__L__<自变量指定>;
G66	12	宏程序模态调用	G66P__L__<自变量指定>;
G67▲		宏程序模态调用取消	G67;
G68	16	坐标系旋转	G68 X__Y__Z__R__;
G69▲		坐标系旋转取消	G69;
G73		深孔钻循环	G73 X__ Y__ Z__ R__ Q__ F__;
G74		左螺纹攻丝循环	G74 X__ Y__ Z__ R__ P__ F__;
G76		精镗孔循环	G76 X__ Y__ Z__ R__ Q__ P__ F__;
G80▲		固定循环取消	G80;
G81		钻孔、锪镗孔循环	G81 X__ Y__ Z__ R__;
G82		钻孔循环	G82 X__ Y__ Z__ R__ P__;
G83	09	深孔循环	G83 X__ Y__ Z__ R__ Q__ F__;
G84		攻丝循环	G84 X__ Y__ Z__ R__ P__ F__;
G85		镗孔循环	G85 X__ Y__ Z__ R__ F__;
G86		镗孔循环	G86 X__ Y__ Z__ R__ F__;
G87		背镗孔循环	G87 X__ Y__ Z__ R__ Q__ F__;
G88		镗孔循环	G88 X__ Y__ Z__ R__ P__ F__;
G89		镗孔循环	G89 X__ Y__ Z__ R__ P__ F__;
G90▲	03	绝对值编程	G90 G01 X__ Y__ Z__ F__;
G91		增量值编程	G91 G01 X__ Y__ Z__ F__;
G92	00	设定工作坐标系	G92 X__ Y__ Z__;
G92.1		工作坐标系预置	G92.1 X0 Y0 Z0;
G94▲	05	每分钟进给	mm/min
G95		每转进给	mm/r
G96	13	恒线速度	G96 S200; （200m/min）
G97▲		每分钟转数	G97 S800; （800r/min）
G98▲	10	固定循环返回初始点	G98 G8__ X__ Y__ Z__ R__ F__;
G99		固定循环返回 R 点	G99 G8__ X__ Y__ Z__ R__ F__;

说明：（1）当电源接通或复位时，数控系统进入清零状态，此时的开机默认代码在表中以符号"▲"表示。但此时，原来的 G21 或 G20 保持有效。

（2）除了 G10 和 G11 以外的 00 组 G 代码都是非模态 G 代码。

（3）不同组的 G 代码在同一程序段中可以指令多个。如果在同一程序段中指令了多个同组的 G 代码，仅执行最后指定的 G 代码。

（4）如果在固定循环中指令了 01 组的 G 代码，则固定循环取消，该功能与指令 G80 相同。

4.4.2　辅助功能

辅助功能又称为 M 功能或 M 指令。它由地址符 M 和后面的两位数字组成，从 M00 至

M99 共 100 种。辅助功能主要控制机床或系统的各种辅助动作，例如，机床/系统的电源开、关，冷却液的开、关，主轴的正、反、停及程序的结束等。

因数控系统及机床生产厂家的不同，其 G/M 指令的功能也不尽相同，甚至有些指令与 ISO 标准指令的含义也不相同。因此，一方面我们迫切希望对数控指令的使用贯彻标准化；另一方面，用户在进行数控编程时，一定要严格按照机床说明书的规定进行。

在同一程序段中，既有 M 指令又有其他指令时，M 指令与其他指令执行的先后次序由机床系统参数设定。因此，为保证程序以正确的次序执行，有很多 M 指令，如 M30、M02、M98 等最好以单独的程序段进行编程。

辅助功能 M 指令主要用于设定数控机床电控装置单纯的开/关动作，以及控制加工程序的执行走向。各 M 指令功能见表 4-2。

表 4-2 M 代码功能表

M 指令	功　能	M 指令	功　能
M00	程序停止	M06	刀具交换
M01	程序选择性停止	M08	切削液开启
M02	程序结束	M09	切削液关闭
M03	主轴正转	M30	程序结束，返回程序头
M04	主轴反转	M98	调用子程序
M05	主轴停止	M99	子程序结束

（1）程序停止指令 M00。当 CNC 执行到 M00 指令时，将暂停执行当前程序，以方便操作者进行刀具更换、工件的尺寸测量、工件调头或手动变速等操作。暂停时机床的主轴进给及冷却液停止，而全部现存的模态信息保持不变。若欲继续执行后续程序，重按操作面板上的"启动键"即可。

（2）程序结束指令 M02。M02 用在主程序的最后一个程序段中，表示程序结束。当 CNC 执行到 M02 指令时，机床的主轴、进给及冷却液全部停止。使用 M02 的程序结束后，若要重新执行该程序，就必须重新调用该程序。

（3）程序结束并返回到零件程序头指令 M30。M30 和 M02 功能基本相同，只是 M30 指令还兼有控制返回到零件程序头（%）的作用。使用 M30 的程序结束后，若要重新执行该程序，只需再次按操作面板上的"启动键"即可。

（4）子程序调用及返回指令 M98、M99。M98 用于调用子程序。M99 表示子程序结束，执行 M99 可使控制返回到主程序。在子程序开头必须规定子程序号，以作为调用入口地址。在子程序的结尾用 M99，可以控制执行完该子程序后返回主程序。

在这里可以带参数调用子程序，类似于固定循环程序方式。另外，G65 指令的功能与 M98 相同。

（5）主轴控制指令 M03、M04 和 M05。M03 启动主轴，主轴以顺时针方向（从 Z 轴正向朝 Z 轴负向看）旋转；M04 启动主轴，主轴以逆时针方向旋转；M05 主轴停止旋转。

（6）换刀指令 M06。M06 用于具有刀库的数控铣床或加工中心，用于换刀。通常与刀具功能字 T 指令一起使用。例如，T0303 M06 是更换调用 03 号刀具，数控系统收到指令后，将原刀具换走，而将 03 号刀具自动安装在主轴上。

（7）切削液开停指令 M08、M09。M07 指令将打开切削液管道，M09 指令将关闭切削液管道。其中，M09 为默认功能。

4.4.3 其他功能

1. 坐标功能

坐标功能字（又称为尺寸功能字）用于设定机床各坐标的位移量。它一般使用 X、Y、Z、U、V、W、P、Q、R，或者 A、B、C、D、E，以及 I、J、K 等地址符为首，在地址符后紧跟"+"或"-"号和一串数字，分别用于指定直线坐标、角度坐标及圆心坐标的尺寸。如 X100.0、A-30.0、I-10.105 等。

2. 刀具功能

刀具功能是指系统进行选（转）刀或换刀的功能指令，也称为 T 功能。刀具功能用地址符 T 及后面的一组数字表示。常用刀具功能的指定方法有 T 四位数法和 T 二位数法。

T 四位数法：四位数的前两位数用于指定刀具号，后两位数用于指定刀具补偿存储器号。刀具号与刀具补偿存储器号可以相同，也可以不同。例如，T0101 表示选 1 号刀具及选 1 号刀具补偿存储器号中的补偿值，而 T0102 则表示选 1 号刀具及选 2 号刀具补偿存储器号中的补偿值。FANUC 数控系统及部分国产系统数控车床大多采用 T 四位数法。

T 二位数法：该指令仅指定了刀具号，刀具存储器号则由其他指令（如 D 或 H 指令）进行选择。同样，刀具号与刀具补偿存储器号可以相同，也可以不同，例如，T04D01 表示选用 4 号刀具及 4 号刀具中 1 号补偿存储器。数控铣床、加工中心普遍采用 T 二位数法。

3. 进给功能

用于指定刀具相对于工件运动速度的功能称为进给功能，由地址符 F 和其后面的数字组成。根据加工的需要，进给功能分为每分钟进给和每转进给两种，并以其对应的功能字进行转换。

（1）每分钟进给。直线运动的单位为毫米/分钟（mm/min）。数控铣床的每分钟进给通过准备功能字 G94 来指定，其值为大于零的常数，例如，下面的程序段：

G94 G01 X20.0 F100;　　　（进给速度为 100mm/min）

（2）每转进给。例如，在加工米制螺纹过程中，常使用每转进给来指定进给速度（该进给速度即表示螺纹的螺距或导程），其单位为毫米/转（mm/r），通过准备功能字 G95 来指定，例如，下面的程序段：

G95 G33 Z-50.0 F2;　　　（进给速度为 2mm/r，即加工的螺距/导程为 2mm）
G95 G01 X20.0 F0.2;　　　（进给速度为 0.2mm/r）

在编程时，进给速度不允许用负值来表示，一般也不允许用 F0 来控制进给停止。但在除螺纹加工的实际操作过程中，均可通过操作机床面板上的进给倍率旋钮来对进给速度值进行实时修正。这时，通过倍率开关，可以控制其进给速度的值为 0。

4. 主轴功能

用以控制主轴转速的功能称为主轴功能，也称为 S 功能，由地址符 S 及其后面的一组数字组成。根据加工的需要，主轴的转速分为转速和恒线速度 V 两种。

1）转速

转速的单位是转/分钟（r/min），用准备功能 G97 来指定，其值为大于零的常数。转速指令格式如下：

  G97 S1 000; （主轴转速为 1000r/min）

2）恒线速度 V

在加工某些非圆柱体表面时，为了保证工件的表面质量，主轴需要满足其线速度恒定不变的要求，而自动实时调整转速，这种功能即称为恒线速度。恒线速度的单位为米/分钟（m/min），用准备功能 G96 来指定。恒线速度指令格式如下：

  G96 S100; （主轴恒线速度为 100m/min）

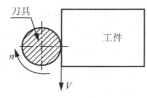

图 4-7　线速度与转速的关系

如图 4-7 所示，线速度 V 与转速 n 之间的相互换算关系为

$$V = \pi Dn/1\,000$$

$$n = 1\,000\,V/(\pi D)$$

式中 V——切削线速度（m/min）；

   D——刀具直径（mm）；

   n——主轴转速（r/min）。

在编程时，主轴转速不允许用负值来表示，但允许用 S0 使转速停止。在实际操作过程中，可通过机床操作面板上的主轴倍率旋钮来对主轴转速值进行修正，其调整范围一般为 50%～120%。

3）主轴的启、停

在程序中，主轴的正转、反转、停转由辅助功能 M03/M04/M05 进行控制。其中，M03 表示主轴正转，M04 表示主轴反转，M05 表示主轴停转，其指令格式如下：

  G97 M03 S300; （主轴正转，转速为 300r/min）
  M05;   （主轴停转）

4.4.4　常用功能指令的属性

1. 指令分组

所谓指令分组，就是将系统中不能同时执行的指令分为一组，并以编号区别。例如，G00、G01、G02、G03 就属于同组指令，其编号为 01 组。类似的同组指令还有很多。同组指令具有相互取代作用，同一组指令在一个程序段内只能有一个生效。当在同一程序段内出现两个或两个以上的同组指令时，只执行其最后输入的指令，有的机床此时会出现系统报警。对于不同组的指令，在同一程序段内可以进行不同的组合，例如，下面的程序段：

  G90 G94 G40 G21 G17 G54; （是正确的程序段，所有指令均不同组）
  G01 G02 X30.0 Y30.0 R30.0 F100; （是错误程序段，其中 G01 与 G02 是同组指令）

2. 模态指令

模态指令（又称为续效指令）表示该指令在某个程序段中一经指定，在接下来的程序段中将持续有效，直到出现同组的另一个指令时，该指令才失效，如常用的 G00、G01～G03 及 F、S、T 等指令。

模态指令的出现，避免了在程序中出现大量的重复指令，使程序变得清晰明了。同样，当尺寸功能字在前后程序段中出现重复，则该尺寸功能字也可以省略。在如下程序段中，有下画线的指令可以省略其书写和输入：

```
G01 X20.0 Y20.0 F150.0;
G01 X30.0 Y20.0 F150.0;
G02 X30.0 Y-20.0 R20.0 F100.0;
```

因此，以上程序可写成：

```
G01 X20.0 Y20.0 F150.0;
X30.0;
G02 Y-20.0 R20.0 F100.0;
```

仅在编入的程序段内才有效的指令称为非模态指令（或称为非续效指令），如 G 指令中的 G04 指令、M 指令中的 M00 等指令。

对于模态指令与非模态指令的具体规定，因数控系统的不同而各异，编程时请查阅有关系统说明书。

3．开机默认指令

为了避免编程人员出现指令遗漏，数控系统中对每一组的指令，都选取其中的一个作为开机默认指令，此指令在开机或系统复位时可以自动生效。

常见的开机默认指令有 G01、G17、G40、G54、G94、G97 等。例如，当程序中没有 G96 或 G97 指令时，可用程序"M03 S200;"指定主轴的正转转速是 200r/min。

4.4.5　坐标功能指令规则

1．单位设定指令 G20、G21

G20 是英制输入制式；G21 是公制输入制式。两种制式下线性轴和旋转轴的尺寸单位见表 4-3。

表 4-3　尺寸输入制式及单位

指　　令	线　性　轴	旋　转　轴
G20（英制）	英寸	度
G21（公制）	毫米	度

例如：

```
G91 G20 G01 X50.0;    （表示刀具向 X 轴正方向移动 50 英寸）
G91 G21 G01 X50.0;    （表示刀具向 X 轴正方向移动 50mm）
```

公制、英制均对旋转轴无效，旋转轴的单位总是度（deg）。

2．绝对值编程 G90 与相对值编程 G91

（1）绝对坐标。在 ISO 代码中，绝对坐标坐标指令用 G 代码 G90 来表示。程序中坐标功能字后面的坐标是以原点作为基准，表示刀具终点的绝对坐标。

（2）相对坐标。在 ISO 代码中，相对坐标（增量坐标）指令用 G 代码 G91 来表示。程序中坐标功能字后面的坐标是以刀具起点作为基准，表示刀具终点相对于刀具起点坐标值的增量。

如图 4-8（a）所示的图形，要求刀具由原点按顺序移动到 1、2、3 点，使用 G90 和 G91 编程如图 4-8（b）、（c）所示。

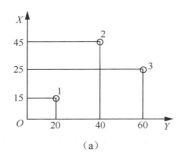
（a）

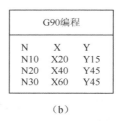

G90编程		
N	X	Y
N10	X20	Y15
N20	X40	Y45
N30	X60	Y45

（b）

G91编程		
N	X	Y
N10	X20	Y15
N20	X20	Y30
N30	X20	Y-20

（c）

图 4-8　绝对值编程与相对值编程

选择合适的编程方式可以使编程简化。通常当图纸尺寸由一个固定基准给定时，采用绝对方式编程较为方便；而当图纸尺寸是以轮廓顶点之间的间距给出时，采用相对方式编程较为方便。

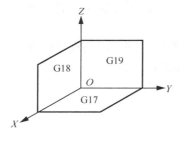
图 4-9　加工平面设定

G90 与 G91 属于同组模态指令，系统默认指令是 G90。在实际编程时，可根据具体的零件及零件的标注来进行 G90 和 G91 方式的切换。

3. 加工平面设定指令 G17、G18、G19

G17 选择 XY 平面；G18 选择 ZX 平面；G19 选择 YZ 平面，如图 4-9 所示。一般系统默认为 G17。该组指令用于选择进行圆弧插补和刀具半径补偿的平面。

值得注意的是，移动指令与平面选择无关，例如，执行指令"G17 G01 Z10"时，Z 轴照样会移动。

4. 小数控点编程

数控编程时，数字单位以公制为例分为两种：一种是以毫米为单位；另一种是以脉冲当量，即机床的最小输入单位为单位。现在大多数机床常用的脉冲当量为 0.001mm。

对于数字的输入，有些系统可省略小数点，有些系统则可以通过系统参数来设定是否可以省略小数点，而大部分系统小数点不可省略。对于不可省略小数点编程的系统，当使用小数点进行编程时，数字以毫米（mm），英制为英寸，角度为度（°）为输入单位；而当不用小数点编程时，则以机床的最小输入单位作为输入单位。

例如，从 A 点（0,0）移动到 B 点（60,0）有以下三种表达方式：

```
X60.0
X60.        （小数点后的零可以省略）
```

```
X60 000      （脉冲当量为0.001mm）
```

以上三组数值均表示坐标值为 60 mm，60.0 与 60 000 从数学角度上看，两者相差了 1000 倍。因此在进行数控编程时，不管哪种系统，为保证程序的正确性，最好不要省略小数点的输入。此外，脉冲当量为 0.001 mm 的系统采用小数点编程时，其小数点后的倍数超过四位时，数控系统按四舍五入处理。如当输入 X60.1234 时，经系统处理后的数值为 X60.123。

4.5 数控系统常用功能指令

4.5.1 与插补相关的功能指令

1. 快速定位指令 G00

1）指令格式

```
G00 X_ Y_ Z_ ;
```

其中，X_ Y_ Z_为刀具目标点坐标，当使用增量方式时，X_ Y_ Z_为目标点相对于起始点的增量坐标，不运动的坐标可以不写。

2）指令说明

刀具相对于工件以各轴预先设定的速度，从当前位置快速移动到程序段指令的定位目标点。其快移速度由机床参数"快移进给速度"对各轴分别设定，而不能用 F 规定。G00 指令一般用于加工前的快速定位或加工后的快速退刀。

注意：在执行 G00 指令时，由于各轴以各自速度移动，不能保证各轴同时到达终点，联动直线轴的合成轨迹不一定是直线，所以操作者必须格外小心，以免刀具与工件发生碰撞。常见的做法是将 Z 轴移动到安全高度，再放心地执行 G00 指令。

例如：

```
G90 G00 X0 Y0 Z 100.0;      （使刀具以绝对编程方式快速定位到（0，0，100）的位置）
```

由于刀具的快速定位运动，一般不直接使用 G90 G00 X0 Y0 Z100.0 的方式，避免刀具在安全高度以下首先在 XY 平面内快速运动而与工件或夹具发生碰撞。

一般用法：

```
G90 G00 Z100.0;           （刀具首先快速移到 Z=100.0mm 高度的位置）
X0.Y0.;                   （刀具接着快速定位到工件原点的上方）
```

G00 指令一般在需要将主轴和刀具快速移动时使用，可以同时控制 1～3 轴，即可在 X 或 Y 轴方向移动，也可以在空间做三轴联动快速移动。而刀具的移动速度又由数控系统内部参数设定，在数控机床出厂前已设置完毕，一般为 5 000～10 000 mm/min。

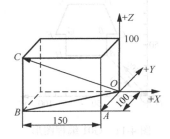

图 4-10 G00 编程图形

【例 4-1】 如图 4-10 所示 OB 与 OC 轨迹，用 G00 编写的程序段为：

```
G00 X-150.0 Y-100.0;      （OB 轨迹，Z 坐标没有变化）
```

```
G00 X-150.0 Y-100.0 Z100.0;     （OC 轨迹）
```

G00 移动速度由机床系统参数设定。编程时，G00 不用指定移动速度，但可通过机床面板上的按钮"F0"、"25%"、"50%"和"100%"对 G00 移动速度进行调节。

2. 直线插补指令 G01

数控机床的刀具（或工作台）沿各坐标轴位移是以脉冲当量（mm/脉冲）为单位的。刀具加工直线或圆弧时，数控系统按程序给定的起点和终点坐标值，在其间进行"数据点的密化"——求出一系列中间点的坐标值，然后依顺序按这些坐标轴的数值向各坐标轴驱动机构输出脉冲。数控装置进行的这种"数据点的密化"叫作插补功能。

G01 指令是直线运动指令，它命令刀具在两坐标或三坐标轴间以联动插补的方式按指定的进给速度做任意斜率的直线运动。G01 也是模态指令。

1）指令格式

```
G01 X_ Y_ Z_ F_;
```

其中，**X_Y_Z_** 为刀具目标点坐标，当使用增量方式时，X_Y_Z_ 为目标点相对于起始点的增量坐标，不运动的坐标可以不写。

F 为刀具切削进给的进给速度。在 G01 程序段中必须含有 F 指令。如果在 G01 程序段前的程序中没有指定 F 指令，而在 G01 程序段也没有 F 指令，则机床不运动，有的系统还会出现系统报警。

2）指令说明

G01 指令是要求刀具以联动的方式，按 F 指令规定的合成进给速度，从当前位置按线性路线（联动直线轴的合成轨迹为直线）移动到程序段指令的终点。G01 是模态指令，可由 G00、G02、G03 或 G33 功能注销。

【例 4-2】 如图 4-10 所示的 *OA* 与 *OB* 轨迹，用 G01 编写的程序段为

```
G01 Y-100.0 F100;              （OA 轨迹，X 与 Z 坐标没有变化）
G01 X-150.0 Y-100.0 F100;      （OB 轨迹）
```

G01、F 指令均为模态指令，有继承性，即如果上一段程序为 G01，则本程序可以省略不写。X、Y、Z 为终点坐标值也同样具有继承性，即如果本程序段的 X（或 Y 或 Z）的坐标值与上一程序段的 X（或 Y 或 Z）坐标值相同，则本程序段可以不写 X（或 Y 或 Z）坐标。F 为进给速度，单位为 mm/min，同样具有继承性。

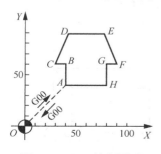

图 4-11 G01 编程图形

注意：

（1）G01 与坐标平面的选择无关；

（2）切削加工时，一般要求进给速度恒定，因此，在一个稳定的切削加工过程中，往往只在程序开头的某个插补（直线插补或圆弧插补）程序段写出 F 值。

【例 4-3】 已知待加工工件轮廓如图 4-11 所示，加工路径为 $A \rightarrow B \rightarrow C \rightarrow D \rightarrow E \rightarrow F \rightarrow G \rightarrow H \rightarrow A$，要求铣削深度为 10mm。分别采用绝对、相对坐标编程，其程序如下。

绝对坐标编程
O0001;

相对坐标编程
O0002;

```
G90 G17 G54 G00 Z100.0 S1000 M03;
X0. Y0.;
X40.0Y 40.0;
Z5.0;
G01 Z-10.0 F100;
Y60.0F120;
X30.0;
X40.0 Y90.0;
X80.0;
X90.0 Y60.0;
X80.0;
Y40.0;
X40.0;
G00 Z100.;
X0.Y0.;
M05;
M30;
```

```
G90 G17 G54 G00 Z100.0 S100 0M03;
X0. Y0.;
G91 X40. Y40.;
Z-95.0;
G01 Z-15.0 F100;
Y20.0 F120;
X-10.0;
X10.0 Y30.0;
X40.0;
X10.0 Y-30.0;
X-10.0;
Y-20.0;
X-40.0;
G00 Z110.0;
X-40.0 Y-40.0;
M05;
M30;
```

3. 圆弧插补指令（G02、G03）

1）指令格式

$$G17 \begin{Bmatrix} G02 \\ G03 \end{Bmatrix} X\_\_\, Y\_\_ \begin{Bmatrix} R\_\_ \\ I\_\_J\_\_ \end{Bmatrix} F\_\_;$$

$$G18 \begin{Bmatrix} G02 \\ G03 \end{Bmatrix} X\_\, Z\_\_ \begin{Bmatrix} R\_\_ \\ I\_\_K\_\_ \end{Bmatrix} F\_\_;$$

$$G19 \begin{Bmatrix} G02 \\ G03 \end{Bmatrix} Y\_\, Z\_\_ \begin{Bmatrix} R\_\_ \\ J\_\_K\_\_ \end{Bmatrix} F\_\_;$$

其中，**G02** 表示顺时针圆弧插补；**G03** 表示逆时针圆弧插补。如图 4-12 所示，圆弧插补的顺逆方向的判断方法是：沿圆弧所在平面（如 *XY* 平面）的另一根轴（*Z* 轴）的正方向向负方向看，顺时针方向为顺时针圆弧，逆时针方向为逆时针圆弧。

X__ Y__ Z__ 为圆弧的终点坐标值，其值可以是绝对坐标，也可以是增量坐标。在增量方式下，其值为圆弧终点坐标相对于圆弧起点的增量值。

R__ 为圆弧半径。

I__ J__K__ 为圆弧的圆心相对其起点并分别在 *X*、*Y* 和 *Z* 坐标轴上的增量值，如图 4-13 所示的圆弧，在编程时的 I、J 值均为负值。

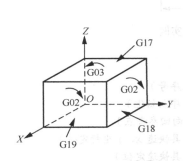

图 4-12　圆弧插补的顺逆方向判断

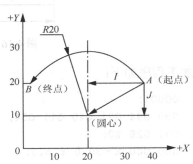

图 4-13　圆弧编程中的 I、J 值

【例 4-4】 如图 4-14 所示的轨迹 *AB*，用圆弧指令编写的程序段为

   AB₁: `G03 X2.68 Y20.0 R20.0;`
               `G03 X2.68 Y20.0 I-17.32 J-10.0;`
   AB₂: `G02 X2.68 Y20.0 R20.0;`
               `G02 X2.68 Y20.0 I-17.32 J10.0;`

2）指令说明

圆弧半径 R 有正值与负值之分。当圆弧圆心角小于或等于 180°（图 4-15 中圆弧 AB_1）时，程序中的 R 用正值表示。当圆弧圆心角大于 180° 并小于 360°（图 4-15 中圆弧 AB_2）时，R 用负值表示。需要注意的是，该指令格式不能用于整圆插补的编程，整圆插补需用 I、J、K 方式编程。

【例 4-5】 如图 4-15 所示的轨迹 *AB*，用 R 指令格式编写的程序段为

   AB₁: `G03 X30.0 Y-40.0 R50.0 F100;`
   AB₂: `G03 Y-40.0 R-50.0 F100;`

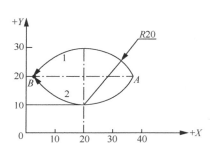

图 4-14　R 及 I、J、K 编程举例

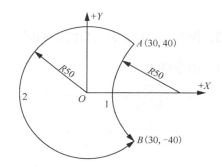

图 4-15　R 值的正负判别

【例 4-6】 编写如图 4-16 所示的槽（槽深 6mm）的加工程序，刀具选 ϕ12mm 的键槽铣刀。

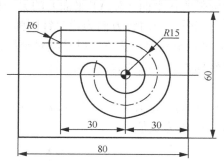

图 4-16　直线与圆弧编程实例

其加工程序如下：

```
O0001;                              （程序号）
G90 G94 G21 G40 G17 G54;            （程序初始化）
G91 G28 Z0;                         （Z 向回参考点）
G90 G00 X-30.0 Y15.0;               （刀具快速 X、Y 坐标定位）
     Z20.0;                         （刀具快速定位）
```

```
M03 S600;                          (主轴正转,600r/min)
G01 Z-6.0 F100;                    (刀具Z向切削进给)
    X0.0;                          (G01加工直槽)
G02 X-15.0 Y0.0 R-15.0;           (加工圆弧槽)
G91 G28 Z0;                        (Z向回参考点)
M30;                               (程序结束)
```

【例4-7】 使用G02对如图4-17所示的劣弧a和优弧b进行编程。

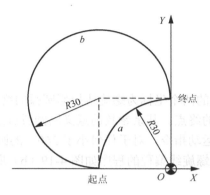

图4-17 优弧与劣弧的编程

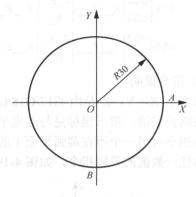

图4-18 整圆编程

分析 在图4-17中,a弧与b弧的起点、终点、方向和半径都相同,仅仅旋转角度a小于180°,b大于180°。所以a弧半径以$R30$表示,b弧半径以$R-30$表示。程序编制见表4-4。

表4-4 劣弧a和优弧b的编程

类 别	劣弧(a弧)	优弧(b弧)
增量编程	G91 G02 X30 Y30 R30 F300	G91 G02 X30 Y30 R-30 F300
	G91 G02 X30 Y30 I30 J0 F300	G91 G02 X30 Y30 I0 J30 F300
绝对编程	G90 G02 X0 Y30 R30 F300	G90 G02 X0 Y30 R-30 F300
	G90 G02 X0 Y30 I30 J0 F300	G90 G02 X0 Y30 I0 J30 F300

【例4-8】 使用G02/G03对如图4-18所示的整圆编程。

解: 整圆的程序编制见表8-5。

表4-5 整圆的程序

类 别	从A点顺时针一周	从B点逆时针一周
增量编程	G91 G02 X0 Y0 I-30 J0 F300	G91 G03 X0 Y0 I0 J30 F300
绝对编程	G90 G02 X30 Y0 I-30 J0 F300	G90 G03 X0 Y-30 I0 J30 F300

注意:

(1)所谓顺时针或逆时针,是从垂直于圆弧所在平面的坐标轴的正方向所看到的回转方向。

(2)整圆编程时不可以使用R方式,只能用I、J、K方式。

(3)同时编入R与I、J、K时,只有R有效。

（4）圆弧程序的编制应根据图纸上的尺寸选择合理的编程格式。

4. 螺旋线进给指令（G02、G03）

1）指令格式

$$G17 \begin{Bmatrix} G02 \\ G03 \end{Bmatrix} X\_\_Y\_\_ \begin{Bmatrix} I\_J\_ \\ R\_ \end{Bmatrix} Z\_\_F\_\_$$

$$G18 \begin{Bmatrix} G02 \\ G03 \end{Bmatrix} X\_\_Z\_\_ \begin{Bmatrix} I\_K\_ \\ R\_ \end{Bmatrix} Y\_\_F\_\_$$

$$G19 \begin{Bmatrix} G02 \\ G03 \end{Bmatrix} Y\_\_Z\_\_ \begin{Bmatrix} J\_K\_ \\ R\_ \end{Bmatrix} X\_\_F\_\_$$

2）指令说明

指令中 X，Y，Z 是由 G17/G18/G19 平面选定的两个坐标为螺旋线投影圆弧的终点，意义同圆弧进给，第三坐标是与选定平面相垂直轴的终点。其余参数的意义同圆弧进给。

该指令对另一个不在圆弧平面上的坐标轴施加运动指令，对于任何小于 360° 的圆弧，可附加任一数值的单轴指令，如图 4-19（a）所示。螺旋线编程的程序如图 4-19（b）所示。

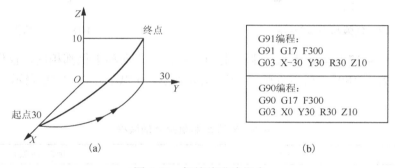

图 4-19　螺旋线进给指令

5. 任意倒角 C 与拐角圆弧过渡 R 指令

任意倒角 C 与拐角圆弧过渡 R 指令可以在直线轮廓和圆弧轮廓之间插入任意倒角或拐角圆弧过渡轮廓，简化编程。倒角和拐角圆弧过渡程序段可以自动地插入在下面的程序段之间：在直线插补和直线插补程序段之间、在直线插补和圆弧插补程序段之间、在圆弧插补和直线插补程序段之间、在圆弧插补和圆弧插补程序段之间。

1）指令格式

```
C__;      （任意倒角）
R__;      （拐角圆弧过渡）
```

2）指令说明

C 之后的数字指定从虚拟拐点到拐角起点和终点的距离。虚拟拐点是假定不执行倒角，实际存在的拐角点。

上面的指令加在直线插补（G01）或圆弧插补（G02 或 G03）程序段的末尾时，加工中自动在拐角处加上倒角或过渡圆弧。倒角和拐角圆弧过渡的程序段可连续地指定。

采用倒角 C 与拐角圆弧过渡 R 指令编程时，工件轮廓虚拟拐点坐标必须易于确定，且下一个程序段必须是倒角或拐角圆弧过渡后的轮廓插补加工指令,否则不能切出正确加工轨迹。

【例 4-9】 如图 4-20(a)所示的轮廓编程为

```
G90 G01 X70.0 F100,C10;    (第一段轮廓轨迹程序段,加入倒角指令)
X100 Y70;                  (第二段轮廓轨迹程序段,必须有移动量)
```

在拐角圆弧过渡编程实例中,刀具实际加工轨迹为 *ABCD*,*E* 点为虚拟拐点,有拐角圆弧过渡指令程序段中的轴坐标即为该点坐标。

【例 4-10】 如图 4-20(b)所示的轮廓编程为

```
G90 G01 X70.0 F100,R20;    (第一段轮廓轨迹程序段,加入拐角圆弧过渡指令)
X100 Y70;                  (第二段轮廓轨迹程序段,必须有移动量)
```

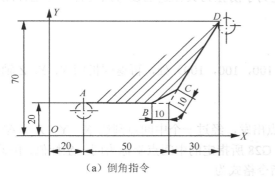

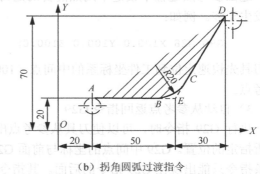

（a）倒角指令   （b）拐角圆弧过渡指令

图 4-20 任意倒角 C 与拐角圆弧过渡 R 指令

6. 暂停指令 G04

G04 暂停指令可使刀具做短时间无进给加工或机床空运转,从而降低加工表面粗糙度。因此,G04 指令一般用于铣平面、锪孔等加工的光整加工。其指令格式为:

```
G04 X2.0;
```

或

```
G04 P2000;
```

地址 X 后面可用小数点进行编程,如 X2.0 表示暂停时间为 2s,而 X2 则表示暂停时间为 2ms。地址 P 后面不允许带小数点,单位为 ms,如 P2000 表示暂停时间为 2s。

4.5.2 与坐标系统相关的指令功能

1. 返回参考点指令（G27、G28、G29）

对于机床回参考点动作,除可采用手动回参考点的操作外,还可以通过编程指令来自动实现。常见的与返回参考点相关的编程指令主要有 G27、G28、G29 三种,均为非模态指令。

1）返回参考点校验指令 G27

返回参考点校验指令 G27 用于检查刀具是否正确返回到程序中指定的参考点位置。执行该指令时,如果刀具通过快速定位指令 G00 正确定位到参考点上,则对应轴的返回参考

点指示灯亮，否则将产生机床系统报警。其指令格式为

```
G27 X__ Y__ Z__ ;
```

其中，X__ Y__ Z__ 是参考点在工件坐标系中的坐标值。

2）自动返回参考点 G28

执行 G28 指令时，可以使刀具以点位方式经中间点返回到参考点，中间点的位置由该指令后的 X__ Y__ Z__ 值决定。其指令格式为

```
G28 X__ Y__ Z__ ;
```

其中，X__ Y__ Z__ 是返回过程中经过的中间点，其坐标值可以用增量值也可以用绝对值，但须用 G91 或 G90 来指定。

返回参考点过程中设定中间点的目的是为了防止刀具在返回参考点过程中与工件或夹具发生干涉。例如：

```
G90 G28 X100.0 Y100.0 Z100.0;
```

则刀具先快速定位到工件坐标系的中间点（100，100，100）处，再返回机床 X、Y、Z 轴的参考点。

3）自动从参考点返回指令 G29

执行 G29 指令时，可以使刀具从参考点出发，经过一个中间点到达 X__Y__Z__ 坐标值所指定的位置。G29 中间点的坐标与前面 G28 所指定的中间点坐标为同一坐标值，因此，这条指令只能出现在 G29 指令的后面。其指令格式为

```
G29 X__ Y__ Z__ ;
```

其中，X__ Y__ Z__ 是从参考点返回后刀具所到达的终点坐标。可用 G91/G90 来决定该值是增量值还是绝对值。如果是增量值，则该值是指刀具终点相对于 G28 中间点的增量值。

由于在编写 G29 指令时有种种限制，而且在选择 G28 指令后，这条指令并不是必需的，所以建议用 G00 指令来代替 G29 指令。

G28 与 G29 指令执行过程如图 4-21 所示，刀具回参考点前已定位到点 A，取 B 点为中间点，R 点为参考点，C 点为执行 G29 指令到达的终点。其指令如下：

```
G91 G28 X200.0 Y100.0 Z0.0;
T01 M06;
G29 X100.0 Y-100.0 Z0.0;
```

或：

```
G90 G28 X200.0 Y200.0 Z0.0;
T01 M06;
G29 X300.0 Y100.0 Z0.0;
```

以上程序的执行过程为：首先执行 G28 指令，刀具从 A 点出发，以快速点定位方式经中间点 B 返回参考点 R；返回参考点后执行换刀动作；再执行 G29 指令，从参考点 R 点出发，以快速点定位方式经中间点 B 定位到点 C。

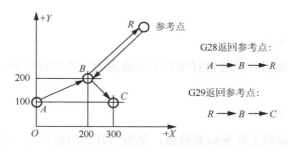

图4-21 G28与G29指令执行过程

2. 工件坐标系零点偏移及取消指令（G54～G59、G53）

通过对刀设定的工件坐标系，在编程时，可通过工件坐标系零点偏移指令 G54～G59 在程序中得到体现。

1）指令格式

```
G54;  （程序中设定工件坐标系零点偏移指令）
G53;  （程序中取消工件坐标系零点偏移指令）
```

工件坐标系零点偏移指令可通过指令 G53 来取消。工件坐标系零点偏移取消后，程序中使用的坐标系为机床坐标系。

2）指令说明

一般通过对刀操作及对机床面板的操作，通过输入不同的零点偏移数值，可以设定 G54～G59 共 6 个不同的工件坐标系，在编程及加工过程中可以通过 G54～G59 指令来对不同的工件坐标系进行选择，如图 4-22 及如下程序所示：

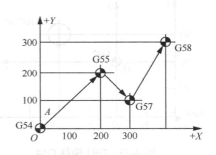

图4-22 零点偏移指令应用

```
G90;                （绝对坐标系编程）
G54 G00 X0 Y0;      （选择G54坐标系，快速定位到该坐标系XY平面原点）
G57 G00 X0 Y0;      （选择G57坐标系，快速定位到该坐标系XY平面原点）
G58 G00 X0 Y0;      （选择G58坐标系，快速定位到该坐标系XY平面原点）
G53 G00 X0 Y0;      （取消工件坐标系偏移，回到机床坐标系XY平面原点）
M30;                （程序结束）
```

如果系统 G54～G59 存储器中设定了不同的值，再执行以上程序，刀具将在设定的各个坐标系原点间进行移动。

注意：这是一组模态指令，没有默认方式。若程序中没有给出工作坐标系，则数控系统默认程序原点为机械原点。工件坐标系零点偏移是通过对刀和输入相应的系统参数来设定工件坐标系，每个工件坐标系都有相对应的系统参数值，程序中须用 G54～G59 指令来进行调用。

3. 工件坐标系设定指令（G92）

G92 指令也可用于工件坐标系的设定。

1）指令格式

```
G92 X__ Y__ Z__;
```

其中，**X__ Y__ Z___**是刀具当前位置相对于新设定的工件坐标系的新坐标值。

例如：

```
G92 X100.0 Y50.0 Z80.0;
```

通过 G92 指令设定的工件坐标系原点，是由刀具的当前位置及指令后的坐标值反推得出的，上例即表示刀具当前的位置位于工件坐标系的点（100，50，80）处。

2）指令说明

在执行该指令前，必须将刀具的刀位点通过手动方式准确移动 G92 指令中的坐标位置，操作麻烦。因此，在新的数控系统中，该指令一般已不用于设定工件坐标系，而将该指令作为对 G54～G59 所设定的坐标系进行偏移的指令，如图 4-23 及如下程序所示：

```
G90 G54 G00 X120.0 Y90.0;
G92 X60.0 Y60.0;
```

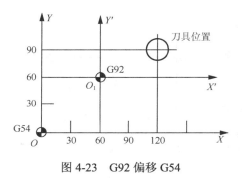

图 4-23　G92 偏移 G54

执行以上指令时，刀具首先定位于 G54 设定的工件坐标中的点（120，90）处，然后通过 G92 指令指定刀具当前位置处于新坐标系的点（60，60）处，从而反推出新的工件坐标系原点位于图 4-23 中的点 O_1 处。

注意：G92 指令设定的工件坐标系，不具有记忆功能，当机床关机后，设定的坐标系即消失。在执行 G92 指令时，X、Y、Z 轴均不移动，但屏幕上显示的坐标发生了变化。

4.6　FANUC 系统固定循环功能

在数控铣床与加工中心上进行孔加工时，通常采用系统配备的固定循环功能进行编程。通过对这些固定循环指令的使用，可以在一个程序段内完成某个孔加工的全部动作（孔加工进给、退刀、孔底暂停等），从而大大减少编程的工作量。FANUC 0i 系统数控铣床（加工中心）的固定循环指令见表 4-6。

表 4-6　孔加工固定循环及其动作一览表

G 代码	加工动作	孔底部动作	退刀动作	用途
G73	间歇进给	——	快速进给	钻深孔
G74	切削进给	暂停、主轴正转	切削进给	左螺纹攻丝
G76	切削进给	主轴准停	快速进给	精镗孔
G80	——	——	——	取消固定循环
G81	切削进给	——	快速进给	钻孔
G82	切削进给	暂停	快速进给	钻孔与锪孔

G 代码	加工动作	孔底部动作	退刀动作	用途
G83	间歇进给	——	快速进给	钻深孔
G84	切削进给	暂停、主轴反转	切削进给	右螺纹攻丝
G85	切削进给	——	切削进给	铰孔
G86	切削进给	主轴停	快速进给	镗孔
G87	切削进给	主轴正转	快速进给	反镗孔
G88	切削进给	暂停、主轴停	手动	镗孔
G89	切削进给	暂停	切削进给	镗孔

4.6.1 孔加工固定循环指令介绍

1. 孔加工固定循环动作

孔加工固定循环动作如图 4-24 所示，通常由 6 部分组成。

（1）动作 1（图 4-24 中 *AB* 段）：*XY*（G17）平面快速定位。

（2）动作 2（*BR* 段）：*Z* 向快速进给到 *R* 点。

（3）动作 3（*RZ* 段）：*Z* 轴切削进给，进行孔加工。

（4）动作 4（*Z* 点）：孔底部的动作。

（5）动作 5（*ZR* 段）：*Z* 轴退刀。

（6）动作 6（*RB* 段）：*Z* 轴快速回到起始位置。

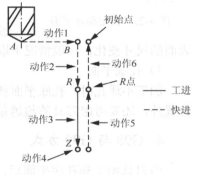

图 4-24 固定循环动作

2. 固定循环编程格式

孔加工循环的通用编程格式如下：

```
G73~G89 X__ Y__ Z__ R__ Q__ P__ F__ K__ ;
```

其中，X__ Y__：指定孔在 *XY* 平面内的位置；

　　　Z__：孔底平面的位置；

　　　R__：*R* 点平面所在位置；

　　　Q__：G73 和 G83 深孔加工指令中刀具每次加工深度，或 G76 和 G87 精镗孔指令中主轴准停后刀具沿准停反方向的让刀量；

　　　P__：指定刀具在孔底的暂停时间，数字不加小数点，以 ms 作为时间单位；

　　　F__：孔加工切削进给时的进给速度；

　　　K__：指定孔加工循环的次数，该参数仅在增量编程中使用。

在实际编程时，并不是每一种孔加工循环的编程都要用到以上格式的所有代码。例如下面的钻孔固定循环指令格式：

```
G81 X30.0 Y20.0 Z-32.0 R5.0 F50;
```

上述格式中，除 K 代码外，其他所有代码都是模态代码，只有在循环取消时才被清除，因此这些指令一经指定，在后面的重复加工中不必重新指定，如下例：

```
G82 X30.0 Y20.0 Z-32.0 R5.0 P1000 F50;
   X50.0;
G80;
```

执行以上指令时，将在两个不同位置加工出两个相同深度的孔。

孔加工循环用 G80 指令取消。另外，如在孔加工循环中出现 01 组的 G 代码，则孔加工方式也会自动取消。

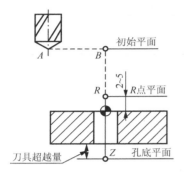

图 4-25 固定循环平面

3. 固定循环的平面

1）初始平面

初始平面（如图 4-25 所示）是为安全下刀而规定的一个平面，可以设定在任意一个安全高度上。当使用同一把刀具加工多个孔时，刀具在初始平面内的任意移动将不会与夹具、工件凸台等发生干涉。

2）R 点平面

R 点平面又叫 R 参考平面。这个平面是刀具下刀时，自快进转为工进的高度平面，距工件表面的距离主要考虑工件表面的尺寸变化，一般情况下取 2～5mm。

3）孔底平面

加工不通孔时，孔底平面就是孔底的 Z 轴高度。而加工通孔时，除要考虑孔底平面的位置外，还要考虑刀具的超越量（图 4-25 中 Z 点），以保证所有孔深都加工到尺寸。

4. G98 与 G99 方式

当刀具加工到孔底平面后，刀具从孔底平面以两种方式返回，即返回到初始平面和返回到 R 点平面，分别用指令 G98 与 G99 来决定。

1）G98 方式

G98 为系统默认返回方式，表示返回初始平面。当采用固定循环进行孔系加工时，通常不必返回到初始平面。当全部孔加工完成后或孔之间存在凸台或夹具等干涉件时，则需返回初始平面。G98 指令格式如下：

```
G98 G81 X__ Y__ Z__ R__ F__ ;
```

2）G99 方式

G99 表示返回 R 点平面（如图 4-26 所示）。在没有凸台等干涉情况下，加工孔系时，为了节省加工时间，刀具一般返回到 R 点平面。G99 指令格式如下：

```
G99 G82 X__ Y__ Z__ R__ P__ F__ ;
```

5. G90 与 G91 方式

固定循环中 R 值与 Z 值数据的指定和 G90 与 G91 的方式选择有关，而 Q 值和 G90 与 G91 方式无关。

1）G90 方式

G90 方式中，X、Y、Z 和 R 的取值均指工件坐标系中绝对坐标值（如图 4-27 所示）。此时，R 一般为正值，而 Z 一般为负值，如下例：

```
G90 G99 G83 X__ Y__ Z-20.0 R5.0 Q5.0 F__;
```

2）G91 方式

G91 方式中，R 值是指从初始平面到 R 点平面的增量值，而 Z 值是指从 R 点平面到孔底平面的增量值。如图 4-27 所示，R 值与 Z 值（G87 例外）均为负值，如下例：

```
G91 G99 G83 X__ Y__ Z-25.0 R-30.0 Q5.0 F__ K__ ;
```

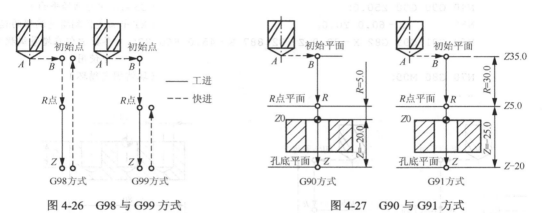

图 4-26 G98 与 G99 方式

图 4-27 G90 与 G91 方式

4.6.2 钻孔循环 G81 与锪孔循环 G82

1. 指令格式

```
G81 X__ Y__ Z__ R__ F__;
G82 X__ Y__ Z__ R__ P__ F__;
```

2. 指令动作

G81 指令常用于普通钻孔，其加工动作如图 4-28 所示，刀具在初始平面快速（G00 方式）定位到指令中指定的 X、Y 坐标位置，再在 Z 向快速定位到 R 点平面，然后执行切削进给到孔底平面，刀具从孔底平面快速 Z 向退回到 R 点平面或初始平面。

G82 指令在孔底增加了进给后的暂停动作，以提高孔底表面粗糙度质量，如果指令中不指定暂停参数 P，则该指令和 G81 指令完全相同。该指令常用于锪孔或台阶孔的加工。

【例 4-11】 试用 G81 或 G82 指令编写如图 4-29 所示的孔的数控铣床加工程序。

```
O0001;
N10 G17 G90 G94 G40 G80 G21 G54;
N20 G91 G28 Z0;
N30 M03 S600 M08;
N40 G90 G00 Z50.0;                              （Z50.0 即为初始平面）
N50 G99 G82 X-30.0 Y0 Z-27.887 R5.0 P2000 F60; （Z 向超越量为钻尖高度 2.887mm）
N60        X0.0;                                 （加工第二个孔）
N70 G98 X30.0;                                   （加工第三个孔，返回初始平面）
N80 G80 M09;                                     （取消固定循环）
```

```
N90 G91 G28 Z0;
N100 M30
```

以上指令，如要改成 G81 指令进行加工，则只须将指令中的 N50 程序段改成"N050 G99 G81 X-30.0 Y0 Z-27.887 R5.0 F60；"即可。而如果要以 G91 方式编程，则其程序修改如下：

```
O0001;
……
N40 G90 G00 Z50.0;                        （Z50.0即为初始平面）
N50        X-60.0 Y0.0;                   （XY平面定位到增量编程的起点）
N60 G91 G99 G82 X-30.0 Z-32.887 R-45.0 F60 K3;  （参数 K 仅在增量编程方式
                                                 中使用）
N70 G80 M09;                              （取消固定循环）
……
```

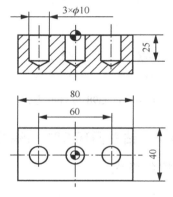

图 4-28　G81 与 G82 指令动作图

图 4-29　G81 与 G82 编程实例

4.6.3　高速深孔钻循环 G73 与深孔钻循环 G83

所谓深孔，是指孔深与孔直径之比大于 5 而小于 10 的孔。加工深孔时，加工中散热差，排屑困难，钻杆刚性差，易使刀具损坏和引起孔的轴线偏斜，从而影响加工精度和生产率。

1．指令格式

```
G73 X__ Y__ Z__ R__ Q__ F__;
G83 X__ Y__ Z__ R__ Q__ F__;
```

2．指令动作

如图 4-30 所示，G73 指令通过刀具 Z 轴方向的间歇进给实现断屑动作。指令中的 Q 值是指每一次的加工深度（均为正值且为带小数点的值）。图 4-30 中的 d 值由系统指定，无须用户指定。

G83 指令通过 Z 轴方向的间歇进给实现断屑与排屑的动作。该指令与 G73 指令的不同之处在于：刀具间歇进给后快速回退到 R 点，再快速进给到 Z 向距上次切削孔底平面 d 处。从该点处，快进变成工进，工进距离为 Q+d。

G73 指令与 G83 指令多用于深孔加工的编程。

【例 4-12】 试用 G73 或 G83 指令编写如图 4-31 所示的孔的数控铣床加工程序。

```
O0002;
G90 G94 G80 G40 G21 G54;
G91 G28 Z0;
G90 G00 Z50.0;
M03 S600 M08;
G99 G73 X-50.0 Y-30.0 Z-55.0 R3.0 Q10.0 F60;   (每次切深10mm)
      X50.0;
      Y35.0;
G98 X-50.0;
G80 M09;
G91G28 Z0;
M30;
```

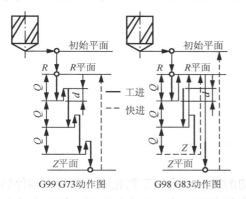

图 4-30 G73 与 G83 指令动作图

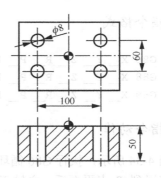

图 4-31 G73 与 G83 编程实例

4.6.4 铰孔循环 G85

1. 指令格式

```
G85 X__ Y__ Z__ R__ F__;
```

2. 指令动作

如图 4-32 所示,执行 G85 固定循环时,刀具以切削进给方式加工到孔底,然后以切削进给方式返回到 R 点平面。该指令常用于铰孔和扩孔加工,也可用于粗镗孔加工。

【例 4-13】 试用 G85 指令编写如图 4-33 所示的孔的数控铣床加工程序。

```
O0003;
……
M03 S200 M08;
G99 G85 X-30.0 Y0 Z-35.0 R3.0 F100;   (注意铰孔时切削用量的选择)
      X30.0;
G80;
```

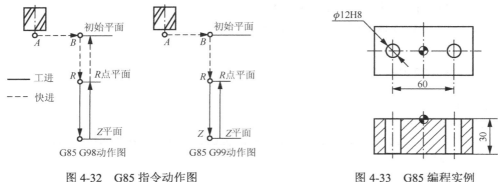

图 4-32　G85 指令动作图　　　　图 4-33　G85 编程实例

4.6.5　粗镗孔循环（G86、G88 和 G89）

粗镗孔指令除前节介绍的 G85 指令外，通常还有 G86、G88、G89 等，其指令格式与铰孔固定循环 G85 的指令格式相类似。

1. 指令格式

```
G86 X__ Y__ Z__ R__ P__ F__;
G88 X__ Y__ Z__ R__ P__ F__;
G89 X__ Y__ Z__ R__ P__ F__;
```

2. 指令动作

如图 4-34 所示，执行 G86 循环时，刀具以切削进给方式加工到孔底，然后主轴停转，刀具快速退到 R 点平面后，主轴正转。采用这种方式退刀时，刀具在退回过程中容易在工件表面划出条痕。因此，该指令常用于精度及粗糙度要求不高的镗孔加工。

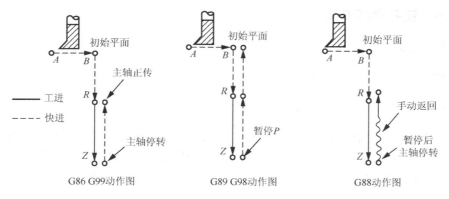

图 4-34　粗镗孔指令动作图

G89 动作与前节介绍的 G85 动作类似，不同的是 G89 动作在孔底增加了暂停，因此该指令常用于阶梯孔的加工。

G88 循环指令较为特殊，刀具以切削进给方式加工到孔底，然后刀具在孔底暂停后主轴停转，这时可通过手动方式从孔中安全退出刀具。这种加工方式虽能提高孔的加工精度，但加工效率较低。因此，该指令常在单件加工中采用。

【**例4-14**】试用粗镗孔指令编写如图4-35所示的2个ϕ30mm孔的数控铣床加工程序。

```
O0003;
……
M03 S600 M08;
G98 G89 X0 Y-60.0 Z-105.0 R-27.0 F60;        （通孔，超越量为5mm）
G98 G89 X0 Y60.0 Z-60.0 R-27.0 P1 000 F60;   （台阶孔增加孔底暂停动作）
G80 M09;
……
```

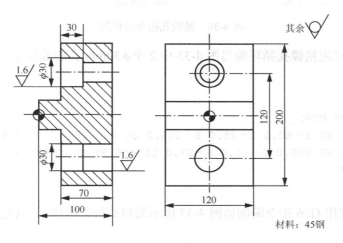

图4-35 粗镗孔指令编程实例

4.6.6 精镗孔循环G76与反镗孔循环G87

1. 指令格式

```
G76 X__ Y__ Z__ R__ Q__ P__ F__;
G87 X__ Y__ Z__ R__ Q__ F__;
```

2. 指令动作

如图4-36所示，执行G76循环时，刀具以切削进给方式加工到孔底，实现主轴准停，刀具向刀尖相反方向移动Q，使刀具脱离工件表面，保证刀具不擦伤工件表面，然后快速退刀至R点平面或初始平面，刀具正转。G76指令主要用于精密镗孔加工。

执行G87循环时，刀具在G17平面内快速定位后，主轴准停，刀具向刀尖相反方向偏移Q，然后快速移动到孔底（R点），在这个位置刀具按原偏移量反向移动相同的Q值，主轴正转并以切削进给方式加工到Z平面，主轴再次准停，并沿刀尖相反方向偏移Q，快速提刀至初始平面并按原偏移量返回到G17平面的定位点，主轴开始正转，循环结束。由于G87循环刀尖无须在孔中经工件表面退出，故加工表面质量较好，该循环常用于精密孔的镗削加工。

注意：G87循环不能用G99进行编程。

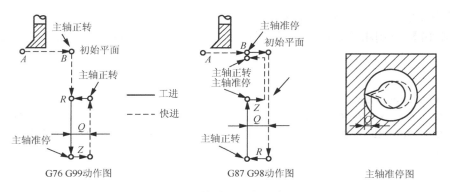

图 4-36　精镗孔指令动作图

【例 4-15】　试用精镗孔循环编写图 4-35 中 2 个 ϕ30mm 孔的数控铣床加工程序。

```
O0004;
……
M03 S600 M08;
G98 G87 X0 Y-60.0 Z-25.0 R-105.0 Q1 000 F60;      （通孔用 G87 指令）
G98 G76 X0 Y60.0 Z-60.0 R-27.0 Q1 000 P1 000 F60; （台阶孔用 G76 指令）
G80 M09;
M30;
```

【例 4-16】　使用 G76 指令编制如图 4-37 所示的精镗加工程序。刀具起点为（0，0，100），安全高度为 5mm。

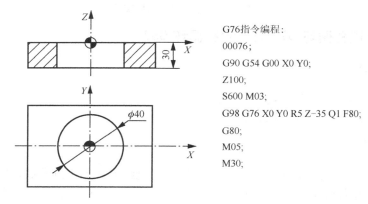

G76指令编程：
```
00076;
G90 G54 G00 X0 Y0;
Z100;
S600 M03;
G98 G76 X0 Y0 R5 Z-35 Q1 F80;
G80;
M05;
M30;
```

图 4-37　G76 编程实例

4.6.7　刚性攻右旋螺纹 G84 与攻左旋螺纹 G74

1. 指令格式

```
G84 X__ Y__ Z__ R__ P__ F__ ;
G74 X__ Y__ Z__ R__ P__ F__ ;
```

注意：指令中的 F 是指螺纹的导程，单线螺纹则为螺纹的螺距。

2. 指令动作

如图 4-38 所示，G74 循环为左旋螺纹攻丝循环，用于加工左旋螺纹。执行该循环时，主轴反转，在 G17 平面快速定位后快速移动到 R 点，执行攻丝到达孔底后，主轴正转退回到 R 点，主轴恢复反转，完成攻丝动作。

G84 动作与 G74 基本类似，只是 G84 用于加工右旋螺纹。执行该循环时，主轴正转，在 G17 平面快速定位后快速移动到 R 点，执行攻丝到达孔底后，主轴反转退回到 R 点，主轴恢复正转，完成攻丝动作。

在指定 G74 前，应先进行换刀并使主轴反转。另外，在 G74 与 G84 攻丝期间，进给倍率、进给保持均被忽略。

刚性攻丝指定方式有以下三种：

（1）在攻丝指令段之前指定"M29 S___ ;"；

（2）在包含攻丝指令的程序段中指定"M29 S___ ;"；

（3）将系统参数"No. 5200#0"设为 1。

注意：如果在 M29 和 G84/G74 之间指定 S 和轴移动指令，将产生系统报警；而如果在 G84/G74 中仅指定 M29 指令，也会产生系统报警。因此，本任务及以后任务均采用第三种方式指定刚性攻丝方式。

【例 4-17】 试用攻丝循环编写图 4-39 中 2 个螺纹孔的加工程序。

```
O0004;
……
M03 S100 M08;
G99 G84 X-25.0 Y0 Z-15.0  R3.0  F175;    （M12 粗牙螺纹的螺距为 1.75mm）
……                                        （换左旋螺纹丝锥，换刀程序后叙）
M04 S100;                                  （攻左螺纹时，主轴反转）
G98 G74 X25.0 Y0 Z-15.0 R3.0 F175;
G80 M09;
M30;
```

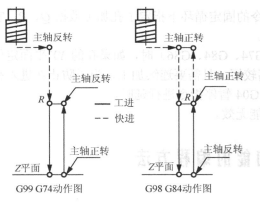

图 4-38 G74 指令与 G84 指令动作图

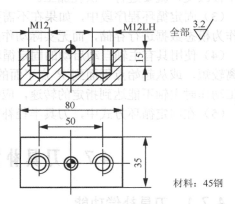

图 4-39 G74 指令与 G84 指令加工实例

4.6.8　深孔攻丝断屑或排屑循环

1. 指令格式

```
G84 X__ Y__ Z__ R__ P__ Q__ F__;
G74 X__ Y__ Z__ R__ P__ Q__ F__;
```

2. 指令动作

如图 4-40 所示，深孔攻丝的断屑与排屑动作与深孔钻动作类似，不同之处在于刀具在 R 点平面以下的动作均为切削加工动作。深孔攻丝的断屑与排屑动作的选择是通过修改系统攻丝参数来实现的。将系统参数"No. 5200#5"设为 0 时，可实现深孔断屑攻丝；而将系统参数"No. 5200#5"设为 1 时，可实现深孔排屑攻丝。

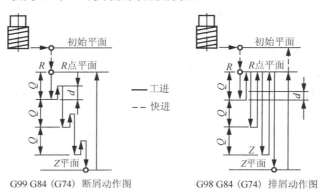

G99 G84 (G74) 断屑动作图　　　　G98 G84 (G74) 排屑动作图

图 4-40　深孔攻丝断屑或排屑循环动作图

3. 固定循环编程的注意事项

（1）为了提高加工效率，在指令固定循环前，应事先使主轴旋转。

（2）由于固定循环是模态指令，所以在固定循环有效期间，如果 X、Y、Z、R 中的任意一个被改变，就要进行一次孔加工。

（3）固定循环程序段中，如果在不需要指令的固定循环下指定了孔加工数据 Q、P，它只作为模态数据进行存储，而无实际动作产生。

（4）使用具有主轴自动启动的固定循环（G74、G84、G86）时，如果孔的 XY 平面定位距离较短，或从起始点平面到 R 点平面的距离较短，且需要连续加工，为了防止在进入孔加工动作时主轴不能达到指定的转速，应使用 G04 暂停指令进行延时。

（5）在固定循环方式中，刀具半径补偿功能无效。

4.7　刀具补偿功能的编程方法

4.7.1　刀具补偿功能

1. 刀具补偿功能的概念

在数控编程过程中，为了编程人员编程方便，通常将数控刀具假想成一个点。在编程时，一般不考虑刀具的长度与半径，而只考虑刀位点与编程轨迹重合。但在实际加工过程中，由于刀具半径与刀具长度各不相同，在加工中势必造成很大的加工误差。因此，实际加工时必须通过刀具补偿指令，使数控机床根据实际使用的刀具尺寸，自动调整各坐标轴的移动量，确保实际加工轮廓和编程轨迹完全一致。数控机床的这种根据实际刀具尺寸，自动改变坐标轴位置，使实际加工轮廓和编程轨迹完全一致的功能，称为刀具补偿功能。

数控铣床的刀具补偿功能分成刀具半径补偿功能和刀具长度补偿功能两种。

2．刀位点的概念

所谓刀位点（如图 4-41 所示），是指加工和编制程序时，用于表示刀具特征的点，也是对刀和加工的基准点。车刀与镗刀的刀位点，通常是指刀具的刀尖；钻头的刀位点通常指钻尖；立铣刀、端面铣刀的刀位点指刀具底面的中心；而球头铣刀的刀位点指球头中心。

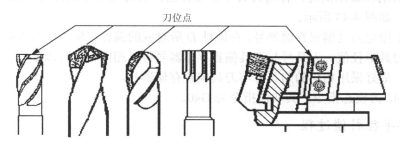

图 4-41 数控刀具的刀位点

4.7.2 刀具半径补偿

1．刀具半径补偿功能的概念

在编制数控铣床轮廓铣削加工程序的场合，一般以工件的轮廓尺寸作为刀具轨迹进行编程，而实际的刀具运动轨迹则与工件轮廓有一偏移量（即刀具半径），在编程中这一功能是通过刀具半径补偿功能来实现的。因此，运用刀具补偿功能来编程可以达到简化编程的目的。根据刀具半径补偿在工件拐角处过渡方式的不同，刀具半径补偿可分为 B 型刀补和 C 型刀补两种。

B 型刀补在工件轮廓的拐角处采用圆弧过渡，如图 4-42（a）中的圆弧 *DE*。这样在外拐角处，刀具切削刃始终与工件尖角接触，刀具的刀尖始终处于切削状态。采用此种刀补方式会使工件上尖角变钝、刀具磨损加剧，甚至在工件的内拐角处还会引起过切现象。

C 型刀补采用了较为复杂的刀偏计算，计算出拐角处的交点（如图 4-42（b）中 *B* 点），使刀具在工件轮廓拐角处的过渡采用直线过渡的方式，如图 4-42（b）中的直线 *AB* 与 *BC*，从而彻底解决了 B 型刀补存在的不足。FANUC 系统默认的刀补形式为 C 型刀补。因此，下面讨论的刀具半径补偿都是指 C 型刀补的刀具半径补偿。

2．刀具半径补偿指令格式

1）指令格式

```
G41 G01/G00 X__ Y__ F__ D__ ;        （刀具半径左补偿）
G42 G01/G00 X__ Y__ F__ D__ ;        （刀具半径右补偿）
G40 G01/G00 X__ Y__ ;                （刀具半径补偿取消）
```

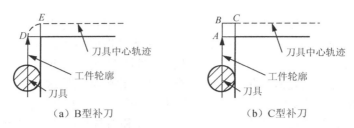

图 4-42　刀具半径补偿的拐角过渡方式

G41 为刀具半径左补偿，G42 为刀具半径右补偿。

2）指令说明

G41 与 G42 的判断方法是：处在补偿平面外另一根轴的正向，沿刀具的移动方向看，当刀具处在切削轮廓左侧时，称为刀具半径左补偿；当刀具处在工件的右侧时，称为刀具半径右补偿，如图 4-43 所示。

D 值用于指定刀具偏置存储器号。在地址 D 所对应的偏置存储器中存入相应的偏置值，其值通常为刀具半径值。刀具号与刀具偏置存储器号可以相同，也可以不同。一般情况下，为防止出错，最好采用相同的刀具号与刀具偏置存储器号。

G41、G42 为模态指令，其取消指令为 G40。

3. 刀具半径补偿过程

刀具半径补偿的过程分三步，即刀补建立、刀补进行和刀补取消，如图 4-44 及如下程序所示。

```
O0010;                                  （程序名）
……
N10 G41 G01 X100.0 Y100.0 D01 F100;     （刀补建立）
N20            Y200.0;
N30       X200.0;
N40              Y100.0;                 （刀补进行）
N50       X100.0;
N60 G40 G00 X0       Y0;                 （刀补取消）
……
```

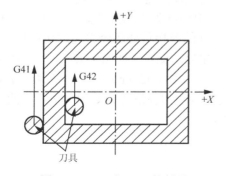

图 4-43　G41 与 G42 的判别

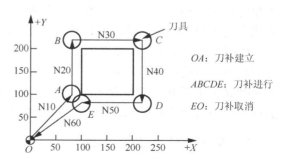

图 4-44　刀具半径补偿过程

1）刀补建立

刀补建立是指刀具从起点接近工件时，刀具中心从与编程轨迹重合过渡到与编程轨迹偏离一个偏置量的过程。该过程的实现必须有 G00 或 G01 功能才有效。

如图 4-44 所示，刀具补偿过程通过 N10 程序段建立。当执行 N10 程序段时，机床刀具的坐标位置由以下方法确定：将包含 G41 语句的下边两个程序段（N20、N30）预读，连接在补偿平面内最近两移动语句的终点坐标（如图 4-44 中的 AB 连线），其连线的垂直方向为偏置方向，根据 G41 或 G42 来确定偏向哪一边，偏置的大小由偏置存储器号 D01 地址中的数值决定。经补偿后，刀具中心位于图 4-44 中 A 点处，即坐标点[(100-刀具半径)，100]处。

2）刀补进行

在 G41 或 G42 程序段后，程序进入补偿模式，此时刀具中心与编程轨迹始终相距一个偏置量，直到刀具半径补偿取消。

在补偿模式下，机床同样要预读两段程序，找出当前程序段刀具轨迹与以下程序段偏置刀具轨迹的交点，以确保机床把下一个工件轮廓向外补偿一个偏置量，如图 4-44 中的 B 点、C 点等。

3）刀补取消

刀具离开工件，刀具中心轨迹过渡到与编程轨迹重合的过程称为刀补取消，如图 4-44 中的 EO 程序段。

刀补的取消用 G40 或 D00 来执行。要特别注意的是，G40 必须与 G41 或 G42 成对使用。

4. 刀具半径补偿注意事项

在刀具半径补偿过程中要注意以下几方面的问题。

（1）半径补偿模式的建立与取消程序段只有在 G00 或 G01 移动指令模式下才有效。当然，现在有部分系统也支持 G02、G03 模式，但为防止出现差错，在半径补偿建立与取消程序段最好不使用 G02、G03 指令。

（2）为保证刀补建立与刀补取消时刀具与工件的安全，通常采用 G01 运动方式来建立或取消刀补。如果采用 G00 运动方式来建立或取消刀补，则应先建立刀补再下刀和先退刀再取消刀补。

（3）为了便于计算坐标，采用切线切入方式或法线切入方式来建立或取消刀补。对于不便于沿工件轮廓线方向切向或法向切入切出时，可根据情况增加一个辅助程序段。

（4）刀具半径补偿建立与取消程序段的起始位置与终点位置最好与补偿方向在同一侧（图 4-45 中的 OA），以防止在半径补偿建立与取消过程中刀具产生过切现象（图 4-45 中的 OM）。

（5）在刀具补偿模式下，一般不允许存在连续两段以上的非补偿平面内移动指令，否则刀具也会出现过切等危险动作。非补偿平面移动指令通常指：只有 G、M、S、F、T 代码的程序段（如 G90，M05 等）、程序暂停程序段（如 G04 X10.0）和 G17 平面加工中的 Z 轴移动指令等。

5. 刀具半径补偿的应用

刀具半径补偿功能除了使编程人员直接按轮廓编程、简化编程工作外，在实际加工中还有许多其他方面的应用。

（1）用同一个程序，对零件进行粗、精加工。如图 4-46（a）所示，编程时按实际轮廓 ABCD 编程，在粗加工中时，将偏置量设为 $D=R+\Delta$（其中，R 为刀具的半径；Δ 为精加工余量）。这样在粗加工完成后，形成的工件轮廓的加工尺寸要比实际轮廓 *ABCD* 每边都大 Δ。在精加工时，将偏置量设为 *D＝R*，这样，零件加工完成后，即得到实际加工轮廓 *ABCD*。同理，当工件加工后，如果测量尺寸比图纸要求尺寸大时，也可用同样的办法修整解决。

（2）用同一个程序，加工同一公称尺寸的凹、凸型面。如图 4-46（b）所示，内、外轮廓编写成同一程序，在加工外轮廓时，将偏置值设为 +*D*，刀具中心将沿轮廓的外侧切削；当加工内轮廓时，将偏置值设为 -*D*，这时刀具中心将沿轮廓的内侧切削。这种方法在模具加工中运用较多。

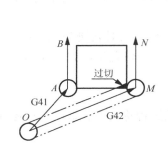

图 4-45 刀补建立时的起始与终点位置

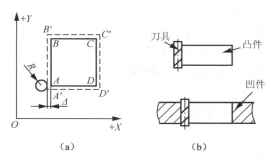

（a）　　　　　　　　（b）

图 4-46 刀具半径补偿的应用

6. 刀具补偿加工实例

【例 4-18】 选用 φ16mm 键槽铣刀在 80mm×80mm×20mm 的毛坯上加工 60mm×60mm× 5mm 的外形轮廓，试编写其数控铣加工程序。

其数控铣加工程序如下：

```
O0010;                                  （程序名）
G90 G94 G40 G21 G17 G54;                （程序初始化，设定工件坐标系）
G91 G28 Z0;                             （刀具回 Z 向零点）
G90 G00 X-60.0 Y-60.0;                  （刀具快速点定位到工件外侧）
Z30.0;                                  （Z 向快速点定位）
M03 S600 M08;                           （主轴正转，开切削液）
G01 Z-5.0 F50;                          （刀具切削进给至切削层深度）
G41 G01 X-30.0 Y-50.0 F100 D01;         （建立刀具半径补偿，切向切入）
Y30.0;                                  （G17 平面切削加工）
X30.0;                                  （G17 平面切削加工）
Y-30.0;                                 （G17 平面切削加工）
X-50.0;                                 （G17 平面切削加工）
G40 G01 X-60.0 Y-60.0;                  （取消刀具半径补偿）
G00 Z50.0;                              （刀具 Z 向退刀）
M30;                                    （主轴停转，程序结束）
```

7. 使用刀具半径补偿常见的过切现象

（1）在指定平面 G54～G59（如 *XY* 平面）内的半径补偿，若有另一坐标轴（*Z* 轴）移动，将会出现过切现象。如图 4-47 所示，刀具起始点为 *O* 点，高度为 100mm 处，加工轮廓深度为 10mm，刀具半径补偿在起始点处开始，若接近工件及切削工件时有 *Z* 轴移动，会产生过切现象。以下为过切程序实例。

```
O0003;                                    (程序名)
N10 G90 G54 G17 G00 Z100.0 S1000 M03;
N20 X0. Y0.;
N30 G41 X40.0 Y20.0 D31;
N40 Z5.0;
N50 G01 Z-10.0 F100;
N60 Y80.0;
N70 X80.0;
N80 Y40.0;
N90 X20.0;
N100 G00 Z100.0;
N110 G40 X0 Y0;
N120 M05;
N130 M30;                                 (程序结束)
```

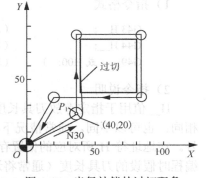

图4-47 半径补偿的过切现象

说明：在补偿模式下，机床只能预读两句以确定目的位置，程序中N40、N50连续两句Z轴移动，没有XY轴移动，机床没法判断下一步补偿的矢量方向，这时机床不会报警，补偿照常进行，只是N30目的点发生变化。刀具中心将会运动到P_1点，其位置是N30目的点与原点连线垂直方向左偏置D31值，于是发生过切现象。

措施：

（1）只需把N30程序段放置在N50程序段之后，就能避免过切现象。

（2）加工半径小于刀具半径补偿的内圆弧：当程序给定的内圆弧半径小于刀具半径补偿时，向圆弧圆心方向的半径补偿将会导致过切，这时机床报警并停止在将要过切语句的起始点上，如图 4-48（a）所示，所以只有"过渡内圆角R>刀具半径+加工余量（或修正量）"的情况下才可正常切削。

（3）被铣削槽底宽小于刀具直径。如果刀具半径补偿使刀具中心向编程路径反方向运动，将会导致过切。在这种情况下，机床会报警并停留在该程序段的起始点，如图4-48（b）所示。

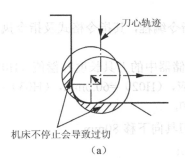

（a）

（b）

图4-48 过切现象

（4）无移动类指令。在补偿模式下使用无坐标轴移动类指令有可能导致两个或两个以上语句没有坐标移动，出现过切现象。

4.7.3 刀具长度补偿

在自动换刀加工零件的过程中，刀具在安装后的长短各不相同。为了实现采用不同长度的刀具并在同一工件坐标加工零件的目的，通常在加工中心的编程中采用刀具长度补偿指令。

1. 刀具长度补偿的定义

刀具长度补偿是用来补偿假定的刀具长度与实际的刀具长度之间的差值的指令。系统规定所有轴都可采用刀具长度补偿，但同时规定刀具长度补偿只能加在一个轴上，要对补偿轴进行切换，必须先取消前面轴的刀具长度补偿。

2. 刀具长度补偿指令

1）指令格式

G43 H__;　　　　　　（刀具长度补偿"+"）
G44 H__;　　　　　　（刀具长度补偿"–"）
G49;（或 H00;）　　（取消刀具长度补偿）

2）指令说明

H__值用于指定存放刀具长度补偿值的偏置存储器号。刀具号与刀具偏置存储器号可以相同，也可以不同。通常情况下，为防止出错，最好采用相同的刀具号与刀具偏置存储器号。在地址符 H 所对应的偏置存储器号中存入的刀具长度补偿值，其值为实际刀具长度与编程时假设的刀具长度（通常将这一长度设定为 0）的差值。

G43 与 G44 均为刀具长度补偿指令，但指令的偏移方向却相反。G43 表示刀具长度+补偿，G43 偏置存储器中的刀具长度补偿值=实际刀具长度-编程假设的刀具长度。G44 表示刀具长度-补偿，G44 偏置存储器中的刀具长度补偿值=编程假设的刀具长度-实际刀具长度。因此，存储器中的刀具长度补偿值既可以是正值，也可以是负值。

G49 或 H00 均为取消刀具长度补偿指令。

3）指令执行过程

执行刀具长度补偿指令时，系统首先根据 G43 和 G44 指令将指令要求的 Z 向移动量与偏置存储器中的刀具长度补偿值做相应的"+"（G43）或"–"（G44）运算，计算出刀具的实际移动值，然后命令刀具做相应的运动。

【**例 4-19**】 如图 4-49 所示，采用 G43 指令编程，其指令格式及指令执行过程中刀具和实际移动量如下。

采用 G43 编程时，输入 1 号刀具偏置存储器中的刀具长度补偿值（H01）=实际刀具长度-编程假设刀具长度=20.0mm；与此相对应，（H02）=60.0mm，（H03）=40.0mm。

```
刀具 1: G43 G01 Z-100.0 H01 F100;
```

刀具的实际移动量=-100+20=-80mm，刀具向下移 80mm。

```
刀具 2: G43 G01 Z-100.0 H02 F100;
```

刀具的实际移动量=-100+60=-40mm，刀具向下移 40mm。

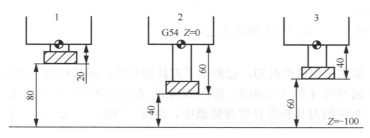

图 4-49 刀具长度补偿

刀具 3 如果采用 G44 编程，(H03)=编程假设刀具长度-实际刀具长度=-40.0mm，其指令及对应的刀具实际移动量如下：

刀具 3: G44 G01 Z-100.0 H03 F100;

刀具的实际移动量=-100- (- 40)=-60mm，刀具向下移 60mm。

注意：在实际编程过程中，为避免发生编程差错，常采用 G43 的指令格式，其刀具长度补偿值通常为正值，表示实际的刀具长度比编程假想刀具长度长。

G43、G44 为模态指令，可以在程序中保持连续有效。

3．刀具长度补偿的应用

立式加工中心中，刀具长度补偿功能常被辅助用于工件坐标系零点偏置的设定。即用 G54 设定工件坐标系时，仅在 XY 平面内进行零点偏移，而 Z 方向不偏移，Z 方向刀具刀位点与工件坐标系 ZO 平面之间的差值全部通过刀具长度补偿值来解决，如图 4-50 所示。

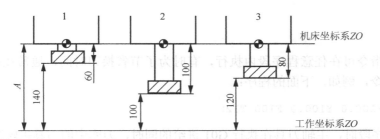

图 4-50 刀具长度补偿的应用

G54 设定工件坐标系时，Z 向偏移值为 0。刀具对刀时，将刀具的刀位点 Z 向移动到工件坐标系的 Z0 处，将屏幕显示的机床坐标系 Z 向坐标值直接输入该刀具的长度补偿存储器中。这时，1 号刀具长度补偿存储器中的长度补偿值（H01）=-140.0mm，相应地，（H02）=-100.0mm，（H03）=-120.0mm。其编程格式如下：

……
T01 M06
G43 G00 Z__ H01 F100 M03 S___;
……

……
G49 G53 G00 Z0;

```
T02 M06;
G43 G00 Z__ H02 F100 M03 S___;
……
```

以上指令，如果采用机外对刀，已测出了刀具的长度，则其对刀与设定工件坐标系时，通常直接将图中测得的 *A* 值（-200.0）输入 G54 的 *Z* 向偏移值中，而将实际测出的刀具长度（正值）输入对应的刀具长度补偿存储器中。这时，（H01）=60mm，（H02）=100mm，（H03）=80mm。

4.8　数控加工中心的刀具交换功能

在零件的加工过程中，有时需要用到几种不同的刀具来加工同一种零件，这时，如果为单件生产或较少批量（通常指少于 10 件）生产，则采用手动换刀较为合适；而如果是批量较大的生产，则采用加工中心自动换刀的方式较为合适。

4.8.1　换刀动作

在通常情况下，不同数控系统的加工中心，其换刀程序各不相同，但换刀的动作却基本相同，通常分刀具的选择和刀具的交换两个基本动作。

1. 刀具的选择

刀具选择是将刀库上某个刀位的刀具转到换刀的位置，为下次换刀做好准备。其指令格式为：

```
T__;
```

刀具选择指令可在任意程序段内执行，有时为了节省换刀时间，通常在加工过程中就同时执行 T 指令，例如，下面的程序：

```
G01 X100.0 Y100.0 F100 T12;
```

执行该程序段时，主轴刀具在执行 G01 进给的同时，刀库中的刀具也转到换刀位置。

2. 刀具换刀前的准备

在执行换刀指令前，通常要做好以下几项换刀准备工作。

（1）主轴回到换刀点。立式加工中心的换刀点 *XY* 方向上是任意的。在 *Z* 方向上，由于刀库的 *Z* 向高度是固定的，所以其 *Z* 向换刀点位置也是固定的，该换刀点通常位于靠近 *Z* 向机床原点的位置。为了在换刀前接近该换刀点，通常采用以下指令来实现：

```
G91 G28 Z0;       （返回 Z 向参考点）
G49 G53 G00 Z0;   （取消刀具长度补偿，并返回机床坐标系 Z 向原点）
```

（2）主轴准停。在进行换刀前，必须实现主轴准停，以使主轴上的两个凸起对准刀柄的两个卡槽。FANUC 系统主轴准停通常通过指令"M19"来实现。

（3）切削液关闭。换刀前通常需用"M09"指令关闭冷却液。

3. 刀具交换

刀具交换是指刀库中正位于换刀位置的刀具与主轴上的刀具进行自动换刀的过程。其指令格式为：

    M06;

在 FANUC 系统中，"M06"指令中不仅包括了刀具交换的过程，还包含了刀具换刀前的所有准备动作，即返回换刀点、切削液关、主轴准停。

4.8.2 加工中心常用换刀程序

1. 带机械手的换刀程序

带机械手的换刀程序格式如下：

    T×× M06;

该指令格式中，T 指令在前，表示选择刀具；M06 指令在后，表示通过机械手执行主轴中刀具与刀库中刀具的交换。

例如：

```
……
G40 G01 X20.0 Y30.0;          （XY平面内取消刀补）
G49 G53 G00 Z0;               （刀具返回机床坐标系 Z 向原点）
T05 M06;                      （选择 5 号刀具，主轴准停，冷却液关，刀具交换）
M03 S600 G54;                 （开启主轴转速，选择工件坐标系）
……
```

在执行该程序时，刀具先在 XY 平面取消刀补；再执行返回 Z 向机床原点命令；主轴准停并 Z 向移动至换刀点；刀库转位寻刀，将 5 号刀转到换刀位置；执行 M06 指令进行换刀。换刀结束后，若需进行下一次加工，则需开启机床转速。

2. 不带机械手的换刀程序

当加工中心的刀库为转盘式刀库且不带有机械手时，其换刀程序如下：

    M06 T07;

注意：该指令格式中的 M06 指令在前，T 指令在后，且 M06 指令和 T 指令不可以前后调换位置。如果调换位置，则在指令执行过程中产生程序出错报警。

执行该指令时，同样先自动完成换刀前的准备动作，再执行 M06 指令，主轴上的刀具放入当前刀库中处于换刀位置的空刀位；然后刀库转位寻刀，将 7 号刀具转换到当前换刀位置，再次执行 M06 指令，将 7 号刀具装入主轴。因此，这种方式的换刀，每次换刀过程要执行两次刀具交换。

3. 子程序换刀

FANUC 系统中，为了方便编写换刀程序，防止自动换刀过程中出错，系统常自带有换刀子程序，子程序号通常为 O8999，其程序内容为

```
O8999;          （立式加工中心换刀子程序）
M05 M09;        （主轴停转，切削液关）
G80;            （取消固定循环）
G91 G28 Z0;     （Z轴返回机床原点）
```

例如：

```
T06 M98 P8999;
```

思考与练习

1. 数控手工编程的内容与步骤是什么？手工编程与自动编程分别适合什么样的场合？

2. 数控铣床、加工中心编程的特点是什么？

3. 什么是机床坐标系？什么是机床原点、机床参考点？什么是工件坐标系？

4. 一个完整的程序由哪几个部分组成？

5. 什么是模态指令？什么是非模态指令？

6. M02、M05、M30指令的功能是什么？它们相互间有何联系？

7. 何谓刀具半径补偿？刀具半径补偿通常分成哪两种形式？

8. FANUC系统常用的返回参考点指令有哪些？这些指令各有何不同？

9. 试写出一个完整的数控程序段，并说明各部分的组成。

10. 什么叫代码分组？什么叫模态代码？什么叫开机默认代码？

11. 何谓初始平面、R点平面和孔底平面？如何定义这几个平面的Z向高度？

12. 执行固定循环时，刀具从孔底平面的返回方式有哪几种？在程序中如何进行定义？

13. 试写出G83指令的指令格式，并简要说明其动作的执行过程。

14. 如何确定孔加工过程中的导入量和超越量？

15. 如何进行孔的尺寸精度和孔距的测量？

16. 镗孔过程中需解决的关键问题是什么？如何解决？

17. 如何确定攻螺纹时的底孔直径？

18. 影响镗孔质量的因素有哪些？如何提高镗孔质量？

19. 完成如图 4-51 所示工件加工，材料为硬铝。

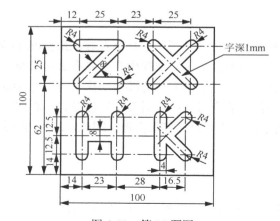

图 4-51　第 19 题图

第5章 数控铣床中级工考核实例

学习目录

❖ 了解国家职业技能鉴定标准中应知应会要求，结合实例进行综合训练，达到中级工考核标准的要求。

❖ 通过分析实例的加工工艺及编程技巧，巩固数控系统常用指令的编程与加工工艺。

❖ 巩固数控铣床加工中心操作能力、综合工件程序编写能力和工件质量检测能力。

教学导读

本章教学内容为数控铣床操作职业技能考核综合训练，以数控铣床为主，适当介绍加工中心操作内容。通过本章的学习，可以使读者具备数控铣削加工技术的综合应用能力，达到数控铣床中级工要求并顺利通过职业技能鉴定。按照数控铣床中级工技能鉴定要求，本章安排6个中级职业技能综合训练实例，下面6个图形为本章考核实例的三维造型。

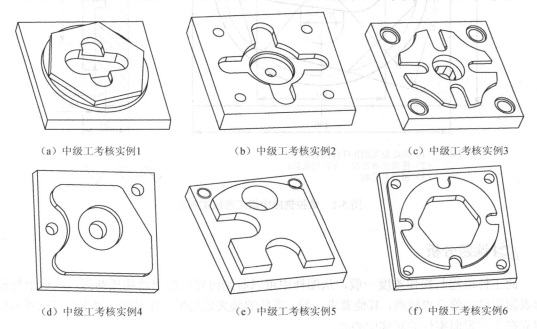

(a) 中级工考核实例1　　　　(b) 中级工考核实例2　　　　(c) 中级工考核实例3

(d) 中级工考核实例4　　　　(e) 中级工考核实例5　　　　(f) 中级工考核实例6

教学建议

（1）在实际操作训练过程中应增加中级工课题的实战练习题，提高学生编程与操作的技能技巧。

（2）本章教学的目的就是提高学生解决实际问题的能力，因此要多联系实际问题进行课题的训练与操作。

（3）良好的设备保养习惯是靠平时的实践逐渐形成的，所以要在平时的实践中逐步强化。

5.1 数控铣床中级工考核实例 1

课题描述与课题图

加工如图 5-1 所示的工件，试分析其加工步骤并编写数控铣床加工程序。已知毛坯尺寸为 120mm×120mm×21mm。

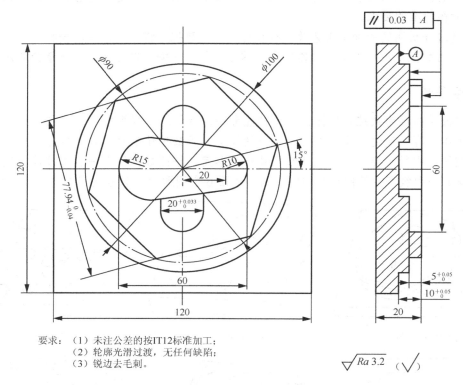

要求： （1）未注公差的按IT12标准加工；
　　　（2）轮廓光滑过渡，无任何缺陷；
　　　（3）锐边去毛刺。

图 5-1　数控铣床中级工考核实例 1

课题分析

此工件编程与操作难度一般，从图样中可以看到内轮廓的周边曲线圆弧、六边形外轮廓表面粗糙度值要求较高，其他要求一般，零件的装夹采用平口钳装夹。将工件坐标系 G54 建立在工件表面零件的对称中心处。

1. 工艺分析

本课题采用工序集中的原则，划分的加工工序为：工序一为粗、精加工轮廓表面及孔；工序二为钳工加工去毛刺并倒棱。

2. 数控工序卡编制

编写数控工序卡时，首先确定该工序加工的工步内容；然后根据每个工步内容选择刀具；最后根据所选择的刀具、刀具材料以及工件材料来确定其切削用量。本例加工工序卡见表 5-1。

表 5-1　数控铣床中级工考核实例 1 加工工序卡

数控实训中心	数控加工工序卡片		零件名称			零件图号
			中级工实例 1			5-1
工艺序号	程序编号	夹具名称	夹具编号		使用设备	车　间
5-1	O5011 O5012 O5013	平口钳			XH713A XD-40A VDL-600A	数控铣床车间 加工中心车间
工步号	工步内容		刀具号	刀具规格	主轴转速 (r/min)	进给速度 (mm/min)	备注
---	---	---	---	---	---	---	---
1	通过垫铁组合，保证工件上表面伸出平口钳的距离为 12mm，并找正						
2	铣工件上表面，保证高度尺寸 20mm			φ80mm 可转位面铣刀	600	200	
3	粗铣六边形轮廓			φ25mm 立铣刀	400	150	
4	精铣六边形轮廓			φ16mm 立铣刀	1500	100	
5	中心钻定位			B2.5mm 中心钻	2000	50	
6	钻孔			φ9.8mm 钻头	800	120	
7	粗铣长直槽			φ18mm 立铣刀	400	150	
8	精铣长直槽			φ12mm 立铣刀	1500	100	
9	粗铣圆弧形槽			φ18mm 立铣刀	400	150	
10	精铣圆弧形槽			φ12mm 立铣刀	1500	100	
11	工件表面去毛刺倒棱						
12	自检后交验						
编制		审　核		批　准		共 1 页　第 1 页	

📖 课题实施

1. 参考程序

六边形外轮廓可以采用 G68 坐标系旋转来加工，两种槽的加工相对来说比较容易，并且粗精加工采用同一程序，请读者自己更改刀具补偿。参考程序见表 5-2。

表 5-2　数控铣床中级工考核实例 1 参考程序

程　序　号	加　工　程　序	程　序　说　明
	O5011;	铣六边形凸台
N010	G90 G94 G80 G21 G17 G54 F150;	程序开始
N020	M03 S400 G00 Z30;	
N030	X0 Y0;	

续表

程 序 号	加工程序	程序说明
N040	G68 R15；	坐标系旋转
N050	G01 Z-5；	工进下刀
N060	G01 G41 X-70 Y-70 D01；	建立刀具半径补偿
N070	G01 Y-38.97；	
N080	X-22.5；	
N090	X-45 Y0；	
N0100	X-22.5 Y38.97；	铣六边形凸台轮廓
N110	X22.5；	
N120	X45 Y0；	
N130	X22.5 Y-38.97；	
N140	X-60；	
N150	G40 G01 X-70 Y-45；	刀具半径补偿取消
N160	G69；	坐标系旋转取消
N170	G00 Z30；	抬刀至安全距离
N180	M30；	程序结束
	O5012；	长方形槽
N010	G90 G94 G80 G21 G17 G54 F150；	程序开始
N020	M03 S400 G00 Z30；	
N030	X0 Y0；	
N040	G01 Z-5；	工进下刀
N050	G41 G01 X-9 Y-2 F150 D01；	建立刀具半径补偿
N060	G03 X10 Y-20 R10；	
N070	G01 Y20；	
N080	G03 X-10 R10；	铣长方形直槽
N090	G01 Y-20；	
N0100	G03 X0 Y-30 R10；	
N110	G03 X9 Y-21 R9；	
N120	G01 G40 X0 Y0；	刀具半径补偿取消
N130	G00 Z30；	抬刀至安全距离
N140	M30；	程序结束
	O5013；	圆弧槽
N010	G90 G94 G80 G21 G17 G54 F150；	程序开始
N020	M03 S400 G00 Z30；	
N030	G01 Z-4；	工进下刀
N040	G41 G01 X-20 Y10 D01；	建立刀具半径补偿
N050	G03 X-30 Y0 R10；	
N060	G03 X-15 Y-15 R15；	
N070	G01 X20 Y-10；	
N080	G03 Y10 R10；	铣圆弧槽
N090	G01 X-15 Y15；	
N0100	G03 X-30 Y0 R15；	
N110	G03 X-20 Y-10 R10；	
N120	G01 G40 X0 Y0；	刀具半径补偿取消
N130	G00 Z30；	抬刀至安全距离
N140	M30；	程序结束

2. 检测与评价（表 5-3）

表 5-3　数控铣床中级工考核实例 1 检测与评价表

序号	考核项目	考核内容及要求		评 分 标 准	配分	检测结果	扣分	得分	备注
1	凹形槽	$R15$mm	IT	超差 0.01mm 扣 0.5 分	6				
		$R10$mm	IT	超差 0.01mm 扣 0.5 分	6				
		$\phi20^{+0.033}_{0}$ mm	IT	超差 0.01mm 扣 0.5 分	6				
		$5^{+0.05}_{0}$ mm	IT	超差 0.01mm 扣 0.5 分	6				
		$10^{+0.05}_{0}$ mm	IT	超差 0.01mm 扣 0.5 分	6				
		60mm	IT	超差 0.01mm 扣 0.5 分	4				
		60mm	IT	超差 0.01mm 扣 0.5 分	4				
		Ra		降一处扣 0.5 分	6				
		形状轮廓加工		完成形状轮廓得分	6				
2	正六边形凸台	$\phi90$mm	IT	超差 0.01mm 扣 0.5 分	6				
		对基准 A 平行度公差 0.03mm	IT	超差 0.01mm 扣 0.5 分	6				
		$77.94^{0}_{-0.04}$ mm	IT	超差 0.01mm 扣 0.5 分	6				
		$15°$	IT	超差 0.01mm 扣 0.5 分	6				
		Ra		降一处扣 0.5 分	6				
		形状轮廓加工		完成形状轮廓得分	6				
3	外形	120mm	IT	超差 0.01mm 扣 1 分	3				
		120mm	IT	超差 0.01mm 扣 1 分	3				
		$\phi100$mm	IT	超差 0.01mm 扣 1 分	4				
		20mm	IT	超差 0.01mm 扣 1 分	4				
4	残料清角	外轮廓加工后的残料必须切除		每留一个残料岛屿扣 1 分，扣完 5 分为止					
		内轮廓必须清角		没清角每处扣 1 分，扣完 5 分为止					
5	安全文明生产	(1) 遵守机床安全操作规程				酌情扣 1～5 分			
		(2) 刀具、工具、量具放置规范							
		(3) 设备保养，场地整洁							
6	工艺合理	(1) 工件定位、夹紧及刀具选择合理				酌情扣 1～5 分			
		(2) 加工顺序及刀具轨迹路线合理							
7	程序编制	(1) 指令正确，程序完整				酌情扣 1～5 分			
		(2) 数值计算正确，程序编写精简							
		(3) 刀具补偿功能运用正确、合理							
		(4) 切削参数、坐标系选择正确、合理							
8	其他项目	(1) 毛坯未做扣 2～5 分				酌情扣 2～5 分			
		(2) 违反操作规程扣 2～5 分							
		(3) 未注尺寸公差按照 IT12 标准加工							

📖 **课题小结**

在本课题中，要理解数控编程步骤中分析零件图样、确定加工工艺、数值计算、编写加工程序、制作控制介质、程序校验各个步骤的含义、具体操作方法和操作内容；G00、G01、G02、G03、G68 指令格式和编程注意事项。熟练使用百分表找正钳口，应用平口钳和垫铁正确装夹工件；应用试切法对刀并设立工件坐标系；编写工件加工程序；运用单段方式对工件进行试切加工；对工件和工作过程进行正确的检测和评价。

5.2 数控铣床中级工考核实例 2

📖 **课题描述与课题图**

加工如图 5-2 所示的工件，试分析其加工步骤并编写数控铣床加工程序。已知毛坯尺寸为 120mm×120mm×21mm。

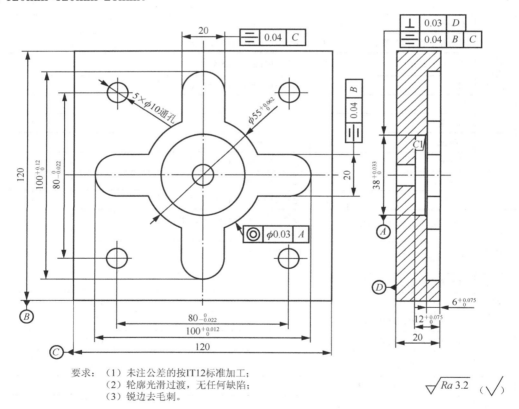

图 5-2 数控铣床中级工考核实例 2

📖 **课题分析**

在本课题的加工过程中，需采用多把刀具进行加工。因此，可以在加工中心上采用自动换刀方式来完成该课题。此外，为了提高加工速度和加工效率，在本课题的加工过程中应合理安排好加工顺序。当加工中心采用自动换刀加工零件时，通常将系统中工件坐标的 Z 参数值设定为 0，而将每一把刀对刀所得到的机床坐标系 Z 坐标值输入刀具长度补偿参数之中。

1. 工艺分析

该零件属于规则对称型零件，上面有一些均匀分布的型台。编程时可以考虑采用坐标旋转指令，调用子程序完成加工。零件应进行粗、精加工。加工时各坐标点的确定尤为重要。加工型台时，刀具的选择受到了型面的限制。5-ϕ10mm 孔采用钻、铰完成；ϕ38mm 孔采用铣、粗镗、精镗完成。用平口钳装夹工件，伸出钳口 8mm 左右，用百分表找正。安装寻边器，确定工件零点为坯料上表面的中心，设定零点偏置。

2. 数控工序卡编制

本课题仍采用工序集中的原则，划分的加工工序为：工序一为加工中心粗、精加工轮廓表面及孔；工序二为钳工加工去毛刺并倒棱。具体工序见表 5-4。

表 5-4 数控铣床中级工考核实例 2 加工工序卡

数控实训中心		数控加工工序卡片		零件名称		零件图号
				中级工实例 2		5-2
工艺序号	程序编号	夹具名称	夹具编号		使用设备	车间
5-2	O5021 O5022 O5023 O5024 O5025	平口钳			XH713A XD—40A VDL—600A	数控铣床车间 加工中心车间
工步号	工步内容（加工面）		刀具号	刀具规格	主轴转速 （r/min）	进给速度 （mm/min）	备注
1	通过垫铁组合，保证工件上表面伸出平口钳的距离为 12mm，并找正						
2	铣工件上表面，保证高度尺寸 20mm			ϕ80mm 可转位面铣刀	600	200	
3	钻五定位孔			ϕ2.5mm 中心钻	1500	200	
4	钻头扩孔			ϕ9.8mm 钻头扩孔	1000	200	
5	铰刀铰孔			ϕ10.0mm 铰刀	300	50	
6	粗加工内外轮廓表面			ϕ16mm 高速钢立铣刀	800	200	
7	精加工内外轮廓表面			ϕ16mm 硬质合金立铣刀	1500	100	
8	锪孔			ϕ40mm 锪孔刀	200	100	
9	镗内孔			微调镗刀	1500	60	
10	工件表面去毛刺倒棱						
11	自检后交验						
编制		审核		批准		共 1 页 第 1 页

📖 课题实施

1. 参考程序（表 5-5）

表 5-5　数控铣床中级工考核实例 2 参考程序

程 序 号	加 工 程 序	程 序 说 明
	O5021;	铣圆弧槽和十字形槽主程序
N010	G90 G94 G80 G21 G17 G54 F100;	程序开始
N020	M03 S800 G00 Z30;	
N030	X0 Y0;	
N040	G01 Z−6;	铣圆形槽至 6mm 深，单边留 0.5mm 余量做镗孔加工
N050	G41 G01 X27.5 D01;	
N060	G03 I−27.5 J0;	
N070	G00 Z10;	
N080	G00 G40 X10 Y10;	
N090	M98 P5022;	铣十字形槽至 6mm 深
N0100	G68 X0 Y0 R90;	
N110	M98 P5022;	
N120	G69;	
N130	G68 X0 Y0 R180;	
N140	M98 P5022;	
N150	G69;	
N160	G68 X0 Y0 R270;	
N170	M98 P5022;	
N180	G69;	
N190	G00 Z5;	
N0200	G00 X0 Y0;	铣圆形槽至 12mm 深
N210	G01 Z−12;	
N220	G41 G01 X19 D01;	
N230	G03 I−19 J0;	
N240	G40 G01 X0;	
N250	G00 Z30;	抬刀至安全距离
N260	M30;	程序结束
	O5022;	铣十字形槽子程序
N010	G00 X0 Y0;	快速定位
N020	G01 Z−6;	工进下刀
N030	G41 G01 X25.617 Y−10;	建立刀具半径补偿
N040	G01 X40;	程序内容
N050	G03 X40 Y10 R10;	
N060	G01 X25.617;	
N070	G01 G40 X0 Y0;	

续表

程　序　号	加　工　程　序	程　序　说　明
N080	G00 Z30;	程序内容
N090	M99;	子程序结束
	O5023;	锪 C1 孔
N010	G90 G94 G80 G21 G17 G54 F100;	选用锪刀加工
N020	M03 S200 G00 Z30;	从坐标原点进刀至-1mm，锪孔，暂停 1s 后抬起
N030	X0 Y0;	
N040	Z5;	
N050	G01 Z1;	
N060	Z-1;	
N070	G4 X1;	
N080	G00 Z30;	
N090	M30;	程序结束
	O5024;	铰孔程序
N010	G90 G94 G80 G21 G17 G54 F50;	程序开始
N020	M03 S200 G00 Z30;	
N030	G85 X-40.0 Y-40.0 Z-25.0 R5.0 F100;	铰孔循环
N040	X40;	孔的四个位置
N050	Y40;	
N060	X-40;	
N070	X0 Y0;	
N080	G80;	
N090	G00 Z30;	
N0100	M30;	程序结束
	O5025;	镗 ϕ38mm 孔程序
N010	G90 G94 G80 G21 G17 G54 F60;	程序开始
N020	M03 S1500 G00 Z30;	
N030	G76 X0 Y0 Z-14.0 R-1.0 Q1000 P1000 F60;	G76 精镗孔循环
N040	G80;	循环取消
N050	G00 Z30;	抬刀至安全距离
N060	M30;	程序结束

在工件进行自动加工前，请再次确认长度补偿值输入位置的正确性，以及 G54 零点偏移中的 Z 值为零。中心钻定位和钻孔采用 G81 指令编程，请自行编制其加工子程序。

2. 检测与评价（表 5-6）

表 5-6　数控铣床中级工考核实例 2 检测与评价表

序号	考核项目	考核内容及要求		评分标准	配分	检测结果	扣分	得分	备注
1	十字形槽	20mm，20mm	IT	超差 0.01mm 扣 0.5 分	4				
		$\phi100^{+0.12}_{0}$ mm	IT	超差 0.01mm 扣 0.5 分	4				
		对基准 B 对称度公差 0.04mm	IT	超差 0.01mm 扣 0.5 分	4				
		对基准 C 对称度公差 0.04mm	IT	超差 0.01mm 扣 0.5 分	4				
		$6^{+0.075}_{0}$ mm		超差不得分	4				
		Ra		降一处扣 0.5 分	3				
		形状轮廓加工		完成形状轮廓得分	4				
2		$\phi38^{+0.033}_{0}$ mm	IT	超差 0.01mm 扣 0.5 分	4				
		对基准 B 对称度公差 0.04mm	IT	超差 0.01mm 扣 0.5 分	4				
		对基准 C 对称度公差 0.04mm	IT	超差 0.01mm 扣 0.5 分	4				
		对基准 D 垂直度公差 0.03mm	IT	超差 0.01mm 扣 0.5 分	4				
		$C1$	IT	超差 0.01mm 扣 0.5 分	4				
		Ra		降一处扣 0.5 分	3				
		形状轮廓加工		完成形状轮廓得分	3				
3	圆形槽	对基准 A 同轴度公差 0.03mm	IT	超差 0.01mm 扣 0.5 分	4				
		$\phi55^{+0.062}_{0}$ mm	IT	超差 0.01mm 扣 0.5 分	4				
		$6^{+0.075}_{0}$ mm		超差不得分	4				
		Ra		降一处扣 0.5 分	3				
		形状轮廓加工		完成形状轮廓得分	4				
4	销孔	$5-\phi10$mm通孔	IT	超差 0.01mm 扣 0.5 分	5				
		Ra		降一处扣 0.5 分	3				
		$100^{+0.12}_{0}$ mm	IT	超差 0.01mm 扣 0.5 分	4				
		$100^{+0.12}_{0}$ mm	IT	超差 0.01mm 扣 0.5 分	4				
		Ra		降一处扣 0.5 分	3				
		形状轮廓加工		完成形状轮廓得分	3				
5	外形	120mm	IT	超差 0.01mm 扣 1 分	2				
		120mm	IT	超差 0.01mm 扣 1 分	2				
		20mm	IT	超差 0.01mm 扣 1 分	2				
6	残料清角	外轮廓加工后的残料必须切除		每留一个残料岛屿扣 1 分，扣完 5 分为止					
		内轮廓必须清角		没清角每处扣 1 分，扣完 5 分为止					
7	安全文明生产	（1）遵守机床安全操作规程					酌情扣 1～5 分		
		（2）刀具、工具、量具放置规范							
		（3）设备保养，场地整洁							
8	工艺合理	（1）工件定位、夹紧及刀具选择合理					酌情扣 1～5 分		
		（2）加工顺序及刀具轨迹路线合理							
9	程序编制	（1）指令正确，程序完整					酌情扣 1～5 分		
		（2）数值计算正确，程序编写精简							
		（3）刀具补偿功能运用正确、合理							
		（4）切削参数、坐标系选用正确、合理							
10	其他项目	（1）毛坯未做扣 2～5 分					酌情扣 2～5 分		
		（2）违反操作规程扣 2～5 分							
		（3）未注尺寸公差按照 IT12 标准加工							

检测时尺寸公差（包括外形尺寸公差、深度尺寸公差）分别进行三点检测，如果其中有一点公差超差，此项配分全扣。

📖 **课题小结**

数控铣床能完成钻、铰、扩、镗、螺纹等加工。对于位置精度或尺寸精度要求较高的零件，在钻孔之前都要打中心孔来提高钻孔的稳定性。而对于孔径较大，且孔的精度要求较高的孔，一般精加工采用镗孔的加工方式来加工。

5.3 数控铣床中级工考核实例3

📖 **课题描述与课题图**

加工如图5-3所示的工件，试分析其加工步骤并编写数控铣床加工程序。已知毛坯尺寸为120mm×120mm×21mm。

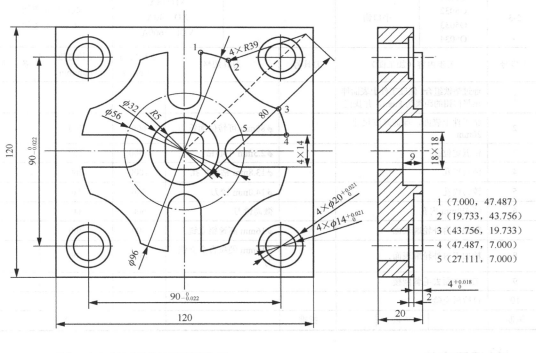

要求： （1）未注公差的按IT12标准加工；
（2）轮廓光滑过渡，无任何缺陷；
（3）锐边去毛刺。

$\sqrt{Ra\,3.2}$ （$\sqrt{}$）

图5-3 数控铣床中级工考核实例3

📖 **课题分析**

1. **工艺分析**

（1）技术要求：毛坯四周、底面、顶面应该预先加工。

（2）加工工艺的确定：工件装夹定位的确定，采用平口钳装夹。

（3）工艺路线的确定：该零件属于规则对称形零件，上面有一些均匀分布的型台。编程时可以考虑采用坐标旋转指令，调用子程序完成加工，也可以根据图上给出的点的坐标直接编程加工。零件应进行粗、精加工。加工时各坐标点的确定尤为重要。

加工外轮廓时，刀具的选择受到了型面的限制，因此刀具直径要小于最窄处 14mm。4-ϕ14mm 孔采用钻、铰完成；ϕ20mm 及 ϕ32mm 的孔采用铣、粗镗、精镗完成。用平口钳装夹工件，伸出钳 8mm 左右，用百分表找正。安装寻边器，确定工件零点为坯料上表面的中心，设定零点偏置。

2. 数控工序卡编制（表 5-7）

表 5-7　数控铣床中级工考核实例 3 加工工序卡

数控实训中心	数控加工工序卡片	零件名称			零件图号
		中级工实例 3			5-3
工艺序号	程序编号	夹具名称	夹具编号	使用设备	车间
5-3	O5031 O5032 O5033 O5034	平口钳		XH713A XD－40A VDL－600A	数控铣床车间 加工中心车间
工步号	工步内容（加工面）	刀具号	刀具规格	主轴转速（r/min）	进给速度（mm/min）	备注
---	---	---	---	---	---	---
1	通过垫铁组合，保证工件上表面伸出平口钳的距离为 8mm，并找正					
2	铣工件上表面，保证高度尺寸 20mm		ϕ80mm 可转位面铣刀	600	200	
3	钻五定位孔		ϕ2.5mm 中心钻	1500	200	
4	钻头扩孔		ϕ13.8mm 钻头扩孔	1000	200	
5	铰刀铰孔		ϕ14.0mm 铰刀	300	50	
6	镗ϕ20mm 内孔		微调镗刀	600	60	
7	粗加工内外轮廓表面		ϕ16mm 高速钢立铣刀	800	200	
8	精加工内外轮廓表面		ϕ16mm 硬质合金立铣刀	1500	100	
9	工件表面去毛刺倒棱					
10	自检后交验					
编制		审核		批准	共 1 页　第 1 页	

📖 课题实施

1. 参考程序（表 5-8）

表 5-8　数控铣床中级工考核实例 3 参考程序

程　序　号	加工程序	程序说明
	O5031；	铣内外轮廓主程序
N010	G90 G94 G80 G21 G17 G54；	
N020	G00 Z30；	

续表

程 序 号	加 工 程 序	程 序 说 明
N030	M03 S800;	
N040	G00 X0 Y0;	
N050	G00 Z2;	
N060	G01 Z0 F200;	
N070	M98 P5032 L2;	调用子程序加工ϕ32mm 内轮廓
N080	G00 Z20;	
N090	X0 Y0;	
N0100	G01 Z−9 F50;	
N110	M98 P5033 L2;	调用子程序加工 18mm×18mm 内轮廓
N120	G00 Z30;	
N130	X0 Y0;	
N140	M98 P5034;	调用子程序加工外轮廓
N150	G00 Z30;	
N160	M30;	程序结束
	O5032;	铣ϕ32mm 轮廓子程序
N010	G00 G42 X70 Y−7 D01;	延长线上建立刀补
N020	G01 Z−4 F200;	下刀至加工深度
N030	G01 X27.111 Y−7 F80;	
N040	G02 Y7 R7;	
N050	G01 X47.487;	
N060	G03 X43.756 Y19.733 R48;	
N070	G02 X19.733 Y43.756 R39;	
N080	G03 X7 Y47.487 R48;	
N090	G01 Y27.111;	
N0100	G02 X−7 R7;	
N110	G01 Y47.487;	
N120	G03 X−19.733 Y43.756 R48;	
N130	G02 X−43.756 Y19.733 R39;	
N140	G03 X−47.487 Y7 R48;	
N150	G01 X−27.111;	内轮廓加工
N160	G02 Y−7 R7;	
N170	G01 X−47.487;	
N180	G03 X−43.756 Y−19.733 R48;	
N190	G02 X−19.733 Y−43.756 R39;	
N0200	G03 X−7 Y−47.487 R48;	
N210	G01 Y−27.111;	
N220	G02 X7 R7;	
N230	G01 Y−47.487;	
N240	G03 X19.733 Y−43.756 R48;	
N250	G02 X43.756 Y−19.733 R39;	
N260	G03 X48 Y0 R48;	

程 序 号	加 工 程 序	程 序 说 明
N270	G40 G01 X70 Y0;	取消刀具半径补偿
N280	G00 X70 Y−17;	
N290	M99;	子程序结束
	O5033;	铣 18mm×18mm 轮廓子程序
N010	G91 G01 Z−5.5 F200;	增量方式下刀
N020	G90 G41 G01 X9 Y0 D01;	内轮廓子程序
N030	X9 Y9 R5;	
N040	X−9 Y9 R5;	
N050	X−9 Y−9 R5;	
N060	X9 Y−9 R5;	
N070	Y0;	
N080	G40 G01 X0 Y0;	取消刀具半径补偿
N090	M99;	子程序结束
	O5034;	铣外轮廓子程序
N010	G91 G01 Z−4.5 F50;	增量方式下刀
N020	G90 G41 G01 X16 D01;	外轮廓子程序
N030	G03 I−16 J0;	
N040	G40 G01 X0;	取消刀具半径补偿
N050	M99;	子程序结束

2. 检测与评价（表 5-9）

表 5-9　数控铣床中级工考核实例 3 检测与评价表

序号	考核项目	考核内容及要求		评 分 标 准	配分	检测结果	扣分	得分	备注
1	方形孔	18mm	IT	超差 0.01mm 扣 0.5 分	4				
		18mm	IT	超差 0.01mm 扣 0.5 分	4				
		R5mm		超差不得分	2				
		Ra		降一处扣 0.5 分	4				
		形状轮廓加工		完成形状轮廓得分	4				
2	圆孔	ϕ32mm	IT	超差 0.01mm 扣 0.5 分	4				
		9mm	IT	超差 0.01mm 扣 0.5 分	4				
		Ra		降一处扣 0.5 分	2				
		形状轮廓加工		完成形状轮廓得分	4				
3	轮廓凸台	ϕ96mm	IT	超差 0.01mm 扣 0.5 分	4				
		ϕ56mm	IT	超差 0.01mm 扣 0.5 分	4				
		4−14mm	IT	超差 0.01mm 扣 0.5 分	4				
		4×R39mm	IT	超差 0.01mm 扣 0.5 分	4				
		80mm	IT	超差 0.01mm 扣 0.5 分	4				
		$4^{+0.018}_{0}$ mm	IT	超差 0.01mm 扣 0.5 分	4				
		Ra		降一处扣 0.5 分	2				
		形状轮廓加工		完成形状轮廓得分	4				

续表

序号	考核项目	考核内容及要求		评 分 标 准	配分	检测结果	扣分	得分	备注
4	销孔	$4-\phi20_{0}^{+0.021}$ mm	IT	超差0.01mm扣0.5分	8				
		$4-\phi14_{0}^{+0.021}$ mm	IT	超差0.01mm扣0.5分	4				
		2mm	IT	超差0.01mm扣0.5分	4				
		$90_{-0.022}^{0}$ mm	IT	超差0.01mm扣0.5分	4				
		$90_{-0.022}^{0}$ mm	IT	超差0.01mm扣0.5分	4				
		Ra		降一处扣0.5分	2				
		形状轮廓加工		完成形状轮廓得分	6				
5	外形	120mm	IT	超差0.01mm扣1分	2				
		120mm	IT	超差0.01mm扣1分	2				
		20mm	IT	超差0.01mm扣1分	2				
6	残料清角	外轮廓加工后的残料必须切除		每留一个残料岛屿扣1分，扣完5分为止					
		内轮廓必须清角		没清角每处扣1分，扣完5分为止					
7	安全文明生产	(1) 遵守机床安全操作规程				酌情扣1～5分			
		(2) 刀具、工具、量具放置规范							
		(3) 设备保养，场地整洁							
8	工艺合理	(1) 工件定位、夹紧及刀具选择合理				酌情扣1～5分			
		(2) 加工顺序及刀具轨迹路线合理							
9	程序编制	(1) 指令正确，程序完整				酌情扣1～5分			
		(2) 数值计算正确，程序编写精简							
		(3) 刀具补偿功能运用正确、合理							
		(4) 切削参数、坐标系选择正确、合理							
10	其他项目	(1) 毛坯未做扣2～5分				酌情扣2～5分			
		(2) 违反操作规程扣2～5分							
		(3) 未注尺寸公差按照IT12标准加工							

　　检测时尺寸公差（包括外形尺寸公差、深度尺寸公差）分别进行三点检测，如果其中有一点公差超差，此项配分全扣。

课题小结

　　在数控加工过程中，尽可能选用少的刀具完成轮廓的加工，这样可以大大提高加工效率，减少换刀等辅助时间。但也不能一概而论，有时选用的刀具过小，会造成走刀次数增多、底面加工质量差等现象，得不偿失。岛屿铣削加工，应注意综合考虑下刀点位置，尤其是走刀空间较小的情况下，更要考虑走刀路径，防止轮廓过切。

5.4 数控铣床中级工考核实例 4

课题描述与课题图

加工如图 5-4 所示的工件，试分析其加工步骤并编写数控铣床加工程序。已知毛坯尺寸为 120mm×120mm×26mm。

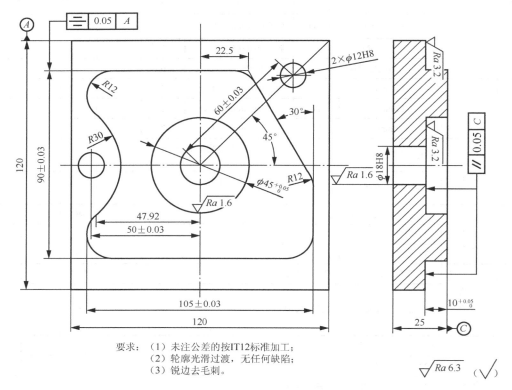

要求： （1）未注公差的按IT12标准加工；
（2）轮廓光滑过渡，无任何缺陷；
（3）锐边去毛刺。

图 5-4 数控铣床中级工考核实例 4

课题分析

该课题是中级数控铣/加工中心职业技能鉴定课题。在该课题的加工过程中，需采用多把刀具进行加工。因此，建议在加工中心上采用自动换刀方式来完成该课题。此外，为了提高加工速度和加工效率，在该课题的加工过程中应合理安排好加工顺序。

加工中心采用自动换刀加工零件时，通常将系统中工件坐标的 Z 参数值设定为 0，而将每一把刀对刀所得到的机床坐标系 Z 坐标值输入刀具长度补偿参数之中。

1. 工艺分析

根据编程原点的确定原则，为了方便编程过程中的计算，选取 ϕ30mm 孔中心作为编程原点。对于表面粗糙度要求为 Ra1.6μm 的轮廓，主要通过选用正确的粗、精加工路线，选用合适的切削用量和正确使用切削液等措施来保证。

2. 数控工序卡编制（5-10）

表 5-10　数控铣床中级工考核实例 4 加工工序卡

数控实训中心		数控加工工序卡片		零件名称		零件图号	
				中级工实例 4		5-4	
工艺序号	程序编号	夹具名称	夹具编号	使用设备		车间	
5-4	O5041 O5042 O5043	平口钳		XH713A XD-40A VDL-600A		数控铣床车间 加工中心车间	
工步号	工步内容（加工面）		刀具号	刀具规格	主轴转速 （r/min）	进给速度 （mm/min）	备注
1	工件装夹与校正						
2	粗加工内外轮廓表面			φ16mm 高速钢立铣刀	800	200	
3	精加工内外轮廓表面			φ16mm 硬质合金立铣刀	1500	100	
4	钻三定位孔			φ2.5mm 中心钻	1500	200	
5	钻头扩孔			φ9.8mm 钻头扩孔	1000	200	
6	铰刀铰孔			φ10.0mm 铰刀	300	50	
7	工件表面去毛倒棱						
8	自检后交验						
编制		审核		批准		共 1 页　第 1 页	

课题实施

1. 参考程序

本课题编程过程中在 *XY* 平面内的基点坐标，采用三角函数法或 CAD 软件画图找点法，本课题采用加工中心自动换刀的方式进行编程，其加工程序见表 5-11。

表 5-11　数控铣床中级工考核实例 4 参考程序

程序号	加工程序	程序说明
	O5041；	主程序
N010	G90 G94 G80 G21 G17 G54 G40；	程序初始化
N020	M03 S400 G00 Z30；	主轴正转，抬刀至安全距离
N030	X80.0 Y-50.0；	定位
N040	G01 Z-10.0 F100；	工进下刀
N050	G41 G01 70.0 Y-45.0 D01；	建立刀具半径补偿
N060	X-40.5；	加工外轮廓
N070	G02 X-47.92 Y-23.57 R12；	加工外轮廓
N080	G03 Y23.57 R30；	加工外轮廓
N090	G02 X-40.5 Y45 R12；	加工外轮廓

续表

程 序 号	加 工 程 序	程 序 说 明
N0100	G01 X15.57;	加工外轮廓
N110	G02 X25.96 Y39 R12;	
N120	G01 X50.89 Y-4.18;	
N130	G02 X52.5 Y-10.18 R12;	
N140	G01 Y-33;	
N150	G02 X40.5 Y-45 R12;	
N160	G40 G01 X70.0 Y-70.0;	取消刀具半径补偿
N170	G00 Z30;	抬刀至安全距离
N180	M30;	程序结束
	O5042;	粗铣ϕ30mm 的孔
N010	G90 G94 G80 G21 G17 G54 G40;	程序初始化
N020	M03 S800 G00 Z30;	主轴正转，抬刀至安全距离
N030	X0 Y30;	定位至坐标原点
N040	G01 Z-10 F200;	Z 向工进
N050	G41 G01 X15.0 D01 F150;	建立刀具半径补偿
N060	G03 I-15.0 J0;	逆时针铣削圆孔
N070	G40 G01 X0;	取消刀具半径补偿
N080	G00 Z30;	抬刀至安全距离
N090	M30;	程序结束
	O5043;	镗孔程序
N010	G90 G94 G80 G21 G17 G54 F100;	程序开始
N020	M03 S300 G00 Z30;	主轴正转，抬刀至安全距离
N030	G85 X-40.0 Y0.0 Z-30.0 R-5.0 F50;	G85 镗第一个孔
N040	X0 Y0;	镗第二个孔
N050	X28.28 Y28.28;	镗第三个孔
N060	X40.0;	定位
N070	G80;	取消固定循环
N080	G00 Z30;	抬刀至安全距离
N090	M30;	程序结束

在工件进行自动加工前，请再次确认长度补偿值输入位置的正确性，以及 G54 零点偏移中的 Z 值为零。中心钻定位和钻孔采用 G81 指令编程，编程指令与 "例 4-11" 类似。请自行编制其加工子程序。

2. 检测与评价（表 5-12）

表 5-12　数控铣床中级工考核实例 4 检测与评价表

序号	考核项目	考核内容及要求		评 分 标 准	配分	检测结果	扣分	得分	备注
1	轮廓	凸台宽 90±0.03mm		超差全扣	6				
		凸台长 105±0.03mm		超差全扣	6				
		铣孔 $\phi 45^{+0.05}_{0}$ mm		超差全扣	6				
		凸台高 $10^{+0.05}_{0}$ mm		超差全扣	6				
		对基准 A 对称度 0.05mm		超差 0.01mm 扣 1 分	6				
		对基准 C 平行度 0.05mm		超差 0.01mm 扣 1 分	6				
		Ra1.6μm		超差 0.01mm 扣 1 分	6				
		Ra3.2μm		超差 0.01mm 扣 1 分	5				
		R12mm、R30mm		超差 0.01mm 扣 1 分	8				
		30°		每降一级扣 1 分	5				
		形状轮廓加工		完成形状轮廓得分	6				
2	孔	孔径 ϕ12H8mm，ϕ18H8mm		超差 0.01mm 扣 1 分	8				
		孔距 60±0.03mm		超差 0.01mm 扣 1 分	6				
		Ra1.6μm		每降一级扣 1 分	6				
		形状轮廓加工		完成形状轮廓得分	6				
3	外形	120mm	IT	超差 0.01mm 扣 0.5 分	4				
		120mm	IT	超差 0.01mm 扣 0.5 分	4				
4	残料清角	外轮廓加工后的残料必须切除		每留一个残料岛屿扣 1 分，扣完 5 分为止					
		内轮廓必须清角		没清角每处扣 1 分，扣完 5 分为止					
5	安全文明生产	（1）遵守机床安全操作规程			酌情扣 1～5 分				
		（2）刀具、工具、量具放置规范							
		（3）设备保养，场地整洁							
6	工艺合理	（1）工件定位、夹紧及刀具选择合理			酌情扣 1～5 分				
		（2）加工顺序及刀具轨迹路线合理							
7	程序编制	（1）指令正确，程序完整			酌情扣 1～5 分				
		（2）数值计算正确，程序编写精简							
		（3）刀具补偿功能运用正确、合理							
		（4）切削参数、坐标系选择正确、合理							
8	其他项目	（1）毛坯未做扣 2～5 分			酌情扣 2～5 分				
		（2）违反操作规程扣 2～5 分							
		（3）未注尺寸公差按照 IT12 标准加工							

📖 课题小结

　　数控一般具有刀具半径补偿功能，根据零件轮廓编制的程序和预先存放在数控系统内存中的刀具偏置参数，数控系统自动地计算刀具中心轨迹，并控制刀具进行加工。若没有刀具半径补偿功能，刀具因更换或重磨而改变刀具等原因造成刀具中心偏移量时，都要按刀具中心轨迹重新编制加工程序，这将极其烦琐，并且影响生产的正常运行。上述程序中，D01 为数控系统的内存地址。在运行程序进行加工之前，应将刀具中心偏移量输入内存地址 D01 中。如果偏移量改变，则要输入偏移量新值。

5.5　数控铣床中级工考核实例 5

📖 课题描述与课题图

试在数控铣床上完成如图 5-5 所示工件的编程与加工，并完成该工件工序卡的编制。已知毛坯尺寸为 120mm×120mm×26mm。

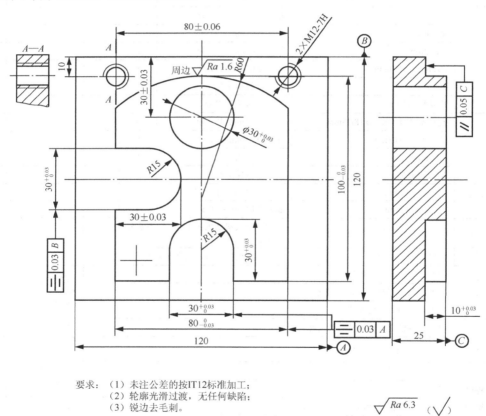

要求：（1）未注公差的按 IT12 标准加工；
（2）轮廓光滑过渡，无任何缺陷；
（3）锐边去毛刺。

图 5-5　数控铣床中级工考核实例 5

📖 课题分析

通过完成该课题，可使学生进一步提高编程和加工的技能和技巧，顺利通过中级职业技能鉴定。为此，学生应了解中级数控铣床国家职业标准，并能编写该工件数控加工的工艺文件。

1. 工艺分析

本课题仍采用工序集中的原则，划分的加工工序为：工序一为加工中心粗、精加工轮廓表面及孔；工序二为钳加工去毛刺并倒棱。

2. 数控工序卡编制（表 5-13）

编写数控工序卡时，首先确定该工序的加工工步内容，再根据每个工步内容选择刀具，最后根据所选择的刀具、刀具材料及工件材料来确定其切削用量。

表 5-13　数控铣床中级工考核实例 5 加工工序卡

数控实训中心		数控加工工序卡片	零件名称		零件图号	
			中级工实例 5		5-5	
工艺序号	程序编号	夹具名称	夹具编号	使用设备	车　间	
5-5	O5051 O5052 O5053 O5054	平口钳		XH713A XD－40A VDL－600A	数控铣床车间 加工中心车间	
工步号	工步内容		刀具号	刀具规格	主轴转速 （r/min）	进给速度 （mm/min）	备注
1	通过垫铁组合，保证工件上表面伸出平口钳的距离为 12mm，并找正						
2	铣工件上表面，保证高度尺寸 25mm			ϕ80mm 可转位面铣刀	600	200	
3	粗铣外形轮廓			ϕ25mm 立铣刀	400	150	
4	中心钻定位			B2.5mm 中心钻	2000	50	
5	钻孔			ϕ10.3mm 钻头	800	120	
6	铣孔			ϕ16mm 铣刀	300	80	
7	精铣外形轮廓			ϕ16mm 立铣刀	1500	100	
8	攻丝			M12 丝锥	100	175	
9	精镗孔			精镗刀	1000	50	
10	工件表面去毛倒棱						
11	自检后交验						
编制		审核		批准	共 1 页　第 1 页		

课题实施

1. 参考程序

选择工件上表面对称中心作为编程原点。本课题在 XY 平面内的基点计算较为简单，请自行计算。参考程序见表 5-14。

表 5-14　数控铣床中级工考核实例 5 参考程序

程　序　号	加 工 程 序	程 序 说 明
	O5051；	主程序
N010	G90 G94 G80 G21 G17 G54 G40；	程序初始化
N020	M03 S400 G00 Z30；	主轴正转，抬刀至安全距离
N030	X-70.0 Y-80.0；	定位

续表

程 序 号	加 工 程 序	程 序 说 明
N040	G01 Z-10.0 F150;	工进下刀
N050	G41 G01 X-40.0 Y-80.0 D01;	建立刀具半径补偿
N060	Y-15.0;	
N070	X-25.0;	
N080	G03 Y15 R15;	
N090	G01 X-40;	
N0100	Y34.72;	
N110	G02 X40 R60;	加工外轮廓
N120	G01 Y-50;	
N130	X15;	
N140	Y-35;	
N150	G03 X-15 R15;	
N160	G01 Y-50;	
N170	X-60;	
N180	G40 G01 X-80 Y-80.0;	取消刀具半径补偿
N190	G00 Z30;	抬刀至安全距离
N0200	M30;	程序结束
	O5052;	粗铣 ϕ30mm 的孔
N010	G90 G94 G80 G21 G17 G54 G40;	程序初始化
N020	M03 S300 G00 Z30;	主轴正转，抬刀至安全距离
N030	X0 Y30;	定位至坐标原点
N040	G01 Z-10 F80;	Z 向工进
N050	G41 G01 X15.0 D01 F150;	建立刀具半径补偿
N060	G03 I-15.0 J0;	逆时针铣削圆孔
N070	G40 G01 X0;	取消刀具半径补偿
N080	G00 Z30;	抬刀至安全距离
N090	M30;	程序结束
	O5053;	攻丝子程序
N010	G90 G94 G80 G21 G17 G54 F100;	程序开始
N020	M03 S100 G00 Z30;	主轴正转，抬刀至安全距离
N020	G84 X-40.0 Y50.0 Z-30.0 R-5.0 F175;	注意攻螺纹的导入量与导出量
N030	X40.0;	定位
N040	G80;	取消固定循环
N050	G00 Z30;	抬刀至安全距离
N060	M30;	程序结束
	O5054;	精镗孔程序
N010	G90 G94 G80 G21 G17 G54 F50;	程序开始
N020	M03 S1000 G00 Z30;	主轴正转，抬刀至安全距离
N020	G76 X0 Y30.0 Z-30.0 R5.0 Q1000 P1000;	精镗孔指令
N030	G80;	取消固定循环
N040	G00 Z30;	抬刀至安全距离
N050	M30;	程序结束

本课题钻孔程序较为简单，程序中没有给出，请读者自己编写。另外为了便于手动调整镗刀刀尖处的回转直径，建议将本课题的镗孔程序编写成单独的主程序。

2. 检测与评价（表5-15）

表5-15　数控铣床中级工考核实例5检测与评价表

序号	考核项目	考核内容及要求		评 分 标 准	配分	检测结果	扣分	得分	备注
1	轮廓	$80_{-0.03}^{0}$ mm		超差全扣	5				
		$100_{-0.03}^{0}$ mm		超差全扣	5				
		$30_{0}^{+0.03}$ mm		超差全扣	5				
		凸台高 $10_{0}^{+0.03}$ mm		超差全扣	5				
		对基准 AB 对称度 0.03mm		超差 0.01mm 扣 0.5 分	5				
		对基准 C 平行度 0.05mm		超差 0.01mm 扣 0.5 分	5				
		Ra1.6μm		降一处扣 1 分	5				
		Ra3.2μm		降一处扣 1 分	5				
		R15mm、R60mm		降一处扣 1 分	8				
		形状轮廓加工		完成形状轮廓得分	6				
2	孔与螺纹	孔径ϕ30$_{0}^{+0.03}$mm		超差 0.01mm 扣 0.5 分	8				
		孔距 30±0.03mm		超差 0.01mm 扣 0.5 分	8				
		Ra1.6μm		每降一级扣 1 分	4				
		M12-7H		超差 0.01mm 扣 0.5 分	4				
		孔距 80±0.06mm		超差 0.01mm 扣 0.5 分	8				
		Ra6.3μm		降一处扣 1 分	4				
		形状轮廓加工		完成形状轮廓得分	4				
3	外形	120mm	IT	超差 0.01mm 扣 0.5 分	3				
		25mm	IT	超差 0.01mm 扣 0.5 分	3				
4	残料清角	外轮廓加工后的残料必须切除		每留一个残料岛屿扣 1 分，扣完 5 分为止					
		内轮廓必须清角		没清角每处扣 1 分，扣完 5 分为止					
5	安全文明生产	（1）遵守机床安全操作规程				酌情扣1～5分			
		（2）刀具、工具、量具放置规范							
		（3）设备保养、场地整洁							
6	工艺合理	（1）工件定位、夹紧及刀具选择合理				酌情扣1～5分			
		（2）加工顺序及刀具轨迹路线合理							
7	程序编制	（1）指令正确，程序完整				酌情扣1～5分			
		（2）数值计算正确、程序编写精简							
		（3）刀具补偿功能运用正确、合理							
		（4）切削参数、坐标系选择正确、合理							
8	其他项目	（1）毛坯未做扣 2～5 分				酌情扣2～5分			
		（2）违反操作规程扣 2～5 分							
		（3）未注尺寸公差按照 IT12 标准加工							

📖 **课题小结**

在本课题中，数控机床工件坐标系的找正，直接影响工件加工质量的好坏。不同的加工零工件坐标系的设置也不同，应合理地选择，便于对刀和程序的编制。

5.6　数控铣床中级工考核实例 6

📖 **课题描述与课题图**

加工如图 5-6 所示的工件，试分析其加工步骤并编写数控铣床加工程序。已知毛坯尺寸为 120mm×120mm×21mm。

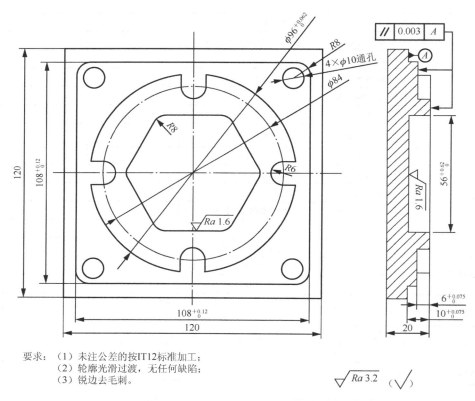

要求：　（1）未注公差的按 IT12 标准加工；
　　　　（2）轮廓光滑过渡，无任何缺陷；
　　　　（3）锐边去毛刺。

图 5-6　数控铣床中级工考核实例 6

📖 **课题分析**

此工件编程与操作难度一般，从图样中可以看到六边形状内轮廓的周边曲线圆弧及底面表面粗糙度值要求较高，其他要求一般，零件的装夹采用平口钳装夹。将工件坐标系 G54 建立在工件表面零件的对称中心处。

1. 工艺分析

本课题采用工序集中的原则，划分的加工工序为：工序一为粗、精加工轮廓表面及孔；

工序二为钳工加工去毛刺并倒棱。

2. 数控工序卡编制

编写数控工序卡时，首先确定该工序加工的工步内容，然后根据每个工步内容选择刀具，最后根据所选择的刀具、刀具材料及工件材料来确定其切削用量。本例加工工序卡见表 5-16。

表 5-16 数控铣床中级工考核实例 6 加工工序卡

数控实训中心	数控加工工序卡片		零件名称			零件图号
			中级工实例 6			5-6
工艺序号	程序编号	夹具名称	夹具编号		使用设备	车 间
5-6	O5061 O5062 O5063 O5064	平口钳			XH713A XD－40A VDL－600A	数控铣床车间 加工中心车间
工步号	工步内容		刀具号	刀具规格	主轴转速 (r/min)	进给速度 (mm/min)	备注
---	---	---	---	---	---	---	---
1	通过垫铁组合，保证工件上表面伸出平口钳的距离为 12mm，并找正						
2	铣工件上表面，保证高度尺寸为 20mm			φ80mm 可转位面铣刀	600	200	
3	中心钻定位			B2.5mm 中心钻	1500	50	
4	钻孔			φ9.8mm 钻头	800	120	
5	铰刀铰孔			φ10mm 铰刀	300	50	
6	粗加工内轮廓表面			φ12mm 高速钢立铣刀	800	200	
7	精加工内轮廓表面			φ12mm 硬质合金立铣刀	1500	100	
9	粗加工外轮廓表面			φ10mm 高速钢立铣刀	800	200	
10	精加工外轮廓表面			φ10mm 硬质合金立铣刀	1500	100	
11	工件表面去毛刺倒棱						
12	自检后交验						
编制		审 核		批 准		共 1 页 第 1 页	

课题实施

1. 参考程序

六边形内轮廓直接采用找点坐标来编程加工，子程序调用两次且粗精加工采用同一程序，请读者自己更改刀具补偿。外形轮廓及四个孔的加工相对来说比较容易，参考程序见表 5-17。

表 5-17 数控铣床中级工考核实例 6 参考程序

程序号	加工程序	程序说明
	O5061;	铣内外轮廓主程序
N010	G90 G94 G80 G21 G17 G54 ;	程序初始化

续表

程 序 号	加 工 程 序	程 序 说 明
N020	G00 Z30；	
N030	M03 S600；	
N040	G00 X0 Y0；	
N050	G00 Z2；	
N060	G01 Z0 F50；	
N070	M98 P5062 L2；	调用子程序加工六边形内轮廓
N080	G00 Z20；	
N090	X70 Y-70；	
N100	G00 Z0；	
N110	M98 P5063 L2；	调用子程序加工 108mm×108mm 外轮廓
N120	G00 Z30；	
N130	X0 Y70；	
N140	M98 P5064；	调用子程序加工外轮廓
N150	G00 Z30；	
N160	M30；	程序结束
	O5062；	六边形内轮廓
N010	G91 G01 Z-5 F50；	增量方式下刀
N020	G41 G01 X30.02 Y4 D01；	建立刀具半径补偿
N030	X18.48 Y24；	内轮廓加工程序
N040	G03 X11.55 Y28 R8；	
N050	G01 X-11.55；	
N060	G03 X-18.48 Y24 R8；	
N070	G01 X-30.02 Y4；	
N080	G03 Y-4 R8；	
N090	G01 X-18.48 Y-24；	
N100	G03 X-11.55 Y-28 R8；	
N110	G01 X11.55；	
N120	G03 X18.48 Y-24 R8；	
N130	G01 X30.02 Y-4；	
N140	G03 Y4 R8；	
N150	G40 G01 X0 Y0；	取消刀具半径补偿
N160	M99；	子程序结束
	O5063；	108mm×108mm 外轮廓
N010	G91 G01 Z-5 F50；	增量方式下刀
N020	G41 G01 X70 Y-54 D01；	建立刀具半径补偿
N030	X-46；	内轮廓加工程序
N040	G02 X54 Y-46 R8；	
N050	G01 X-11.38；	
N060	G02 X-54 Y-46 R8；	
N070	G01 Y46；	
N080	G02 X-46 Y54 R8；	
N090	G01 X46；	
N100	G02 X54 Y46 R8；	
N110	G01 Y-46；	
N120	G02 X46 Y-54 R8；	

续表

程序号	加 工 程 序	程 序 说 明
N130	G40 G01 X0 Y-70；	取消刀具半径补偿
N140	M99；	子程序结束
	O5064；	加工外轮廓
N010	G01 Z-6 F50；	绝对值方式下刀
N020	G41 G01 X47.62 Y6 D01；	建立刀具半径补偿
N030	X42；	
N040	G03 Y-6 R6；	
N050	G01 X47.62；	
N060	G02 X6 Y-47.62 R48；	外轮廓加工程序
N070	G01 Y-42；	
N080	G03 X-6 R6；	
N090	G01 Y-47.62；	
N100	G02 X-47.62 Y-6 R48；	
N110	G01 X-42；	
N120	G03 Y6 R6；	
N130	G01 X-47.62；	
N140	G02 X-6 Y47.62 R48；	
N150	G01 Y42；	
N160	G03 X6 R6；	
N170	G01 Y47.62；	
N180	G02 X47.62 Y6 R48；	
N190	G40 G01 X70 Y0；	取消刀具半径补偿
N200	M99；	子程序结束

2. 检测与评价（表 5-18）

表 5-18　数控铣床中级工考核实例 6 检测与评价表

序号	考核项目	考核内容及要求		评 分 标 准	配分	检测结果	扣分	得分	备注
1	六边形轮廓	$R8mm$	IT	超差 0.01mm 扣 0.5 分	4				
		$56_0^{+0.062}$ mm	IT	超差 0.01mm 扣 0.5 分	6				
		$10_0^{+0.075}$ mm	IT	超差 0.01mm 扣 0.5 分	6				
		底面 Ra		降一处扣 0.5 分	3				
		侧面 Ra		降一处扣 0.5 分	3				
		形状轮廓加工		完成形状轮廓得分	5				
2	圆形凸台	$\phi 96_0^{+0.062}$ mm	IT	超差 0.01mm 扣 0.5 分	6				
		$\phi 84$ mm	IT	超差 0.01mm 扣 0.5 分	4				
		$R6mm$	IT	超差 0.01mm 扣 0.5 分	3				

续表

序号	考核项目	考核内容及要求		评 分 标 准	配分	检测结果	扣分	得分	备注
2	圆形凸台	$6^{+0.075}_{0}$ mm	IT	超差 0.01mm 扣 0.5 分	6				
		对基准 A 平行度公差 0.03mm	IT	超差 0.01mm 扣 0.5 分	4				
		顶面 Ra		降一处扣 0.5 分	4				
		侧面 Ra		降一处扣 0.5 分	4				
		形状轮廓加工		完成形状轮廓得分	5				
3	外形	120mm	IT	超差 0.01mm 扣 1 分	3				
		120mm	IT	超差 0.01mm 扣 1 分	3				
		20mm	IT	超差 0.01mm 扣 1 分	3				
		$108^{+0.12}_{0}$ mm 两处	IT	超差 0.01mm 扣 1 分	8				
		$10^{+0.075}_{0}$ mm	IT	超差 0.01mm 扣 1 分	6				
		对基准 A 平行度公差 0.03mm	IT	超差 0.01mm 扣 1 分	4				
		底面 Ra		降一处扣 0.5 分	3				
		侧面 Ra		降一处扣 0.5 分	3				
		形状轮廓加工		完成形状轮廓得分	4				
4	残料清角	外轮廓加工后的残料必须切除		每留一个残料岛屿扣 1 分，扣完 5 分为止					
		内轮廓必须清角		没清角每处扣 1 分，扣完 5 分为止					
5	安全文明生产	(1) 遵守机床安全操作规程					酌情扣 1~5 分		
		(2) 刀具、工具、量具放置规范							
		(3) 设备保养，场地整洁							
6	工艺合理	(1) 工件定位、夹紧及刀具选择合理					酌情扣 1~5 分		
		(2) 加工顺序及刀具轨迹路线合理							
7	程序编制	(1) 指令正确，程序完整					酌情扣 1~5 分		
		(2) 数值计算正确，程序编写精简							
		(3) 刀具补偿功能运用正确、合理							
		(4) 切削参数、坐标系选择正确、合理							
8	其他项目	(1) 毛坯未做扣 2~5 分					酌情扣 2~5 分		
		(2) 违反操作规程扣 2~5 分							
		(3) 未注尺寸公差按照 IT12 标准加工							

📖 课题小结

本课题重点考查学生编制对称类零件程序的能力。图中对称部分既可以采用有旋转、镜像等编程指令，也可以采用 G01 直线插补指令，图中的六边形状内轮廓的周边曲线圆弧及底面表面粗糙度值要求较高，在加工过程中采用高转速、小进给的原则，提高工作表面质量。

思考与练习

1. 试编写如图 5-7 所示工件的加工程序（毛坯尺寸为 120mm×100mm×26mm，材料为硬铝），并在数控铣床上进行加工。

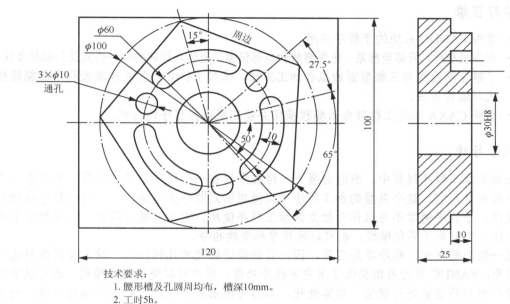

技术要求：

1. 腰形槽及孔圆周均布，槽深10mm。
2. 工时5h。

图 5-7 第 1 题图

2. 试编写如图 5-8 所示工件的加工程序（毛坯尺寸为 φ100mm×31mm，材料为硬铝），并在数控铣床上进行加工。

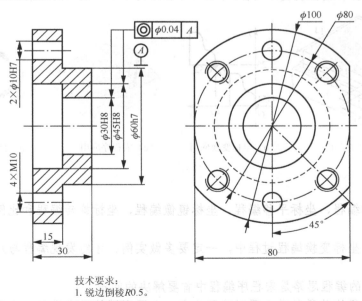

技术要求：

1. 锐边倒棱R0.5。
2. 工时定额3h。

图 5-8 第 2 题图

第6章 数控高级编程的应用

学习目录

❖ 掌握 FANUC 系统的子程序应用。

❖ 掌握极坐标、局部坐标系、比例缩放和坐标镜像、坐标系旋转的指令格式及其编程方法。

❖ 了解非圆曲线与三维型面的拟合加工方法，掌握 FANUC 系统 B 类宏程序的编程格式与编程方法。

❖ 掌握 CAXA 制造工程师自动编程操作并能完成数控程序的传输。

教学导读

在编制加工程序过程中，有时会遇到一组程序段在一个程序中多次出现，或者在几个程序中都要使用它。这个典型的加工程序可以做成固定程序并单独命名，这组程序段就称为子程序。子程序通常不可以作为独立的加工程序使用，它只能通过调用，实现加工中的局部动作。有时为了简化编程，也可以采用坐标变换指令。

在一般的程序中，程序字是常量，因此只能描述固定的几何形状，缺乏灵活性与通用性。因此，FANUC 数控系统提供了用户宏程序功能，用户可以使用变量编程，还可以用宏程序指令对这些变量进行赋值、运算处理，从而可使宏程序执行一些有规律的动作。对于形状复杂的零件，特别是具有非圆曲线、列表曲线及曲面的零件，采用手工编程比较困难，最好采用自动编程。自动编程是指通过计算机自动编制数控加工程序的过程。自动编程的优点是效率高，程序正确性好，可以解决手工编程难以完成的复杂零件的编程难题；但其缺点是必须具备自动编程软硬件设备。下面 4 个图形为本章节数控高级编程学习的重点内容。

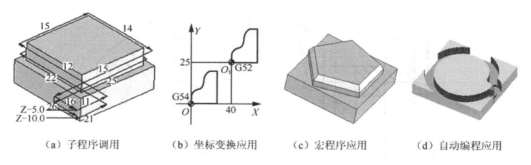

| (a) 子程序调用 | (b) 坐标变换应用 | (c) 宏程序应用 | (d) 自动编程应用 |

教学建议

（1）极坐标编程、坐标平移编程、坐标镜像编程、坐标旋转编程和比例缩放编程是本章的学习重点。

（2）在学习坐标变换编程过程中，一定要多做实例，才能发现编程与加工过程中的实际问题。

（3）宏程序的编程思路是宏程序编程中首要解决的问题。

（4）自动编程的前段教学主要以造型为主，主要在数控机房进行；而后段教学以生成刀具轨迹、后置处理及实际加工为主，最好在数控机房与实习车间同时进行。

6.1 FANUC 系统的子程序应用

在使用子程序编程时，应注意主、子程序使用不同的编程方式。一般主程序中使用 G90 指令，而子程序使用 G91 指令，避免刀具在同一位置加工。当子程序中使用 M99 指令指定顺序号时，子程序结束时并不返回到调用子程序程序段的下一程序段，而是返回到 M99 指令指定的顺序号的程序段，并执行该程序段。

编程举例如下：

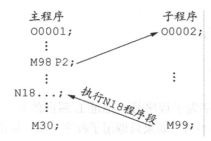

子程序执行完以后，执行主程序顺序号为 18 的程序段。

6.1.1 子程序的定义

机床的加工程序可以分为主程序和子程序两种。

所谓主程序，是指一个完整的零件加工程序，或是零件加工程序的主体部分，它和被加工零件或加工要求一一对应，不同的零件或不同的加工要求，都只有唯一的主程序。

在编制加工程序中，有时会遇到一组程序段在一个程序中多次出现，或者在几个程序中都要使用它。这个典型的加工程序可以做成固定程序，并单独加以命名，这组程序段就称为子程序。

子程序通常不可以作为独立的加工程序使用，它只能通过调用，实现加工中的局部动作。子程序执行结束后，能自动返回到调用的程序中。

6.1.2 子程序的格式

在大多数数控系统中，子程序和主程序并无本质区别，它们在程序号及程序内容方面基本相同。一般主程序中使用 G90 指令，而子程序使用 G91 指令，避免刀具在同一位置加工。但子程序和主程序结束标记不同，主程序用 M02 或 M30 表示主程序结束，而子程序则用 M99 表示子程序结束，并实现自动返回主程序功能。

编程举例如下：

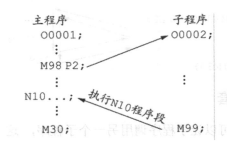

子程序执行完以后，执行主程序顺序号为 18 的程序段。对于子程序结束指令 M99，不一定要单独书写一行。

6.1.3 子程序的调用

在 FANUC 系统中，子程序的调用可通过辅助功能代码 M98 指令进行，且在调用格式中将子程序的程序号地址改为 P，其常用的子程序调用格式有两种。

1. 子程序调用格式一

```
M98 P×××× L××××;
```

【例6-1】 某子程序如下：

```
M98 P100 L5;
M98 P100;
```

其中，地址 P 后面的 4 位数字为子程序号，地址 L 后面的数字表示重复调用的次数，子程序号及调用次数前的 0 可省略不写。如果只调用子程序一次，则地址 L 及其后的数字可省略。例如，第 1 个例子表示调用子程序"O100"共 5 次，而第 2 个例子表示调用子程序一次。

2. 子程序调用格式二

```
M98 P××××××××;
```

【例6-2】 某子程序如下：

```
M98 P50010;
M98 P510;
```

地址 P 后面的 8 位数字中，前 4 位表示调用次数，后 4 位表示子程序号，采用这种调用格式时，调用次数前的 0 可以省略不写，但子程序号前的 0 不可省略。例如，第 1 个例子表示调用子程序"O10"5 次，而第 2 个例子则表示调用子程序"O510"一次。

子程序的执行过程如下程序所示。

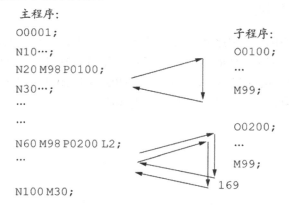

6.1.4 子程序的嵌套

为了进一步简化程序，可以让子程序调用另一个子程序，这一功能称为子程序的嵌套。

当主程序调用子程序时，该子程序被认为是一级子程序。系统不同，其子程序的嵌套级数也不相同，FANUC 系统可实现子程序四级嵌套，如图 6-1 所示。

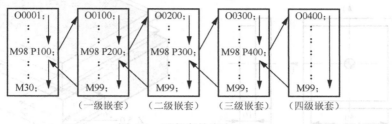

图 6-1　子程序的嵌套

6.1.5　子程序调用的特殊用法

子程序除了上述用法外，还有下列用法。

1. 子程序返回到主程序某一程序段

如果在子程序的返回程序段中加上 Pn，则子程序在返回主程序时将返回到主程序中顺序号为"N"的那个程序段。其程序格式如下：

```
M99 Pn;
M99 P100;      （返回到 N100 程序段）
```

2. 自动返回到程序头

如果在主程序中执行 M99，则程序将返回到主程序的开头并继续执行程序。也可以在主程序中插入"M99 Pn;"用于返回到指定的程序段。为了能够执行后面的程序，通常在该指令前加"/"，以便在不需要返回执行时，跳过该程序段。

3. 强制改变子程序重复执行的次数

用"M99 L××;"指令可强制改变子程序重复执行的次数。其中，"L××"表示子程序调用的次数。例如，如果主程序用"M98 P×× L99;"调用，而子程序采用"M99 L2;"返回，则子程序重复执行的次数为 2 次。

6.1.6　子程序的应用

1. 实现零件的分层切削

当零件在某个方向上的总切削深度比较大时，可通过调用该子程序采用分层切削的方式来编写该轮廓的加工程序。

【例 6-3】　在立式加工中心上加工如图 6-2（a）所示的凸台外形轮廓，Z 向采用分层切削的方式进行，每次 Z 向背吃刀量为 5.0 mm，试编写其数控铣加工程序。

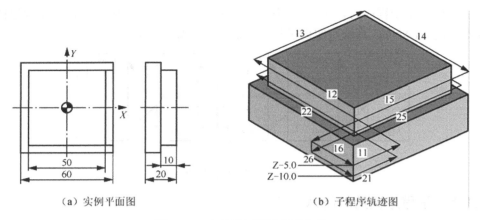

（a）实例平面图　　　　　　　　　　　　（b）子程序轨迹图

图 6-2　Z 向分层切削子程序实例

其加工程序如下：

```
O0001;                              （主程序）
G90 G94 G40 G21 G17 G54;
G91 G28 Z0;
G90 G00 X-40.0 Y-40.0;              （XY平面快速点定位）
Z20.0;
M03 S1000 M08;
Z0.0 F50;                           （刀具下降到子程序 Z 向起始点）
M98 P1000 L2;                       （调用子程序 2 次）
G00 Z50.0 M09;
M30;                                （主程序结束）
O1000;                              （子程序）
G91 G01 Z-5.0;                      （刀具从 Z0 或 Z-5.0 位置增量向下移动 5mm）
G90 G41 G01 X-20.0 D01 F100;        （建立左刀补，并从轮廓切线方向切入，轨迹 11
                                      或 21 等）
        Y25.0;                      （轨迹 12 或 22）
        X25.0;                      （轨迹 13 或 23）
        Y-25.0;                     （轨迹 14 或 24）
        X-40.0;                     （切线切出，轨迹 15 或 25）
G40 Y-40.0;                         （取消刀补，轨迹 16 或 26）
M99;                                （子程序结束，返回主程序）
```

2. 同平面内多个相同轮廓形状工件的加工

在实际加工中，相同轮廓的重复加工主要有两种情况：

（1）同一零件上相同轮廓在不同位置出现多次；

（2）在连续板料上加工多个零件。

实现相同轮廓重复加工的方法如下：

（1）用增量方式定制轮廓加工子程序，在主程序中用绝对方式对轮廓进行定位，再调用子程序完成加工；

（2）用绝对方式定制轮廓加工子程序，并解决坐标系平移的问题来完成加工；

（3）用宏程序来完成加工，这部分内容在 6.3 节介绍。

在数控编程时，只编写其中一个轮廓形状加工程序，然后用主程序来调用。

【例 6-4】 加工如图 6-3 所示外形轮廓的零件，三角形凸台高为 5mm，试编写该外形轮廓的数控铣精加工程序。

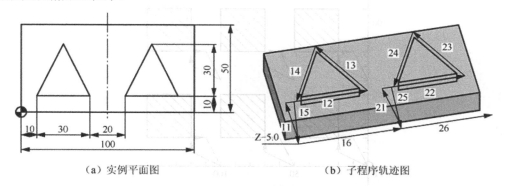

（a）实例平面图　　　　　　　　　　（b）子程序轨迹图

图 6-3　同平面多轮廓子程序加工实例

```
O0001;                      （主程序）
G90 G94 G40 G21 G17 G54;
G91 G28 Z0;
G90 G00 X0 Y-10.0;          （XY平面快速点定位）
Z20.0;
M03 S1000 M08;
G01 Z-5.0 F50;              （刀具Z向下降至凸台底平面）
M98 P100 L2;                （调用子程序2次）
G90 G00 Z50.0 M09;
M30;                        （主程序结束）
```

其精加工程序如下：

```
O100;                （子程序）
G91 G42 G01 Y20.0 D01 F100; （建立右刀补，并从轮廓切线方向切入，轨迹11或21）
    X40.0;               （轨迹12或22）
    X-15.0 Y30.0;        （轨迹13或23）
    X-15.0 Y-30.0;       （轨迹14或24）
G40 X-10.0 Y-20.0;       （取消刀补，轨迹15或25）
X50.0;                   （刀具移动到子程序第二次循环的起始点轨迹16或轨迹26）
M99;                     （子程序结束，返回主程序）
```

3. 实现程序的优化

数控铣床/加工中心的程序往往包含有许多独立的工序，编程时，把每一个独立的工序编成一个子程序，主程序只有换刀和调用子程序的命令，从而实现优化程序的目的。

4. 综合举例

【例 6-5】 已知刀具起始位置为（0，0，100），切深为 10mm，试编制程序。

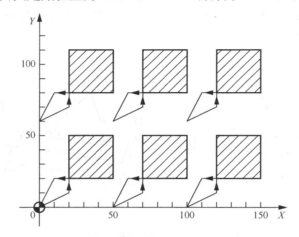

图 6-4 同平面多轮廓子程序加工实例

```
O1000;                           (主程序)
G90 G54 G00 Z100.0 S800 M03     (加工前准备指令)
M08;                             (冷却液开)
X0.Y0.;                          (快速定位到工件零点位置)
M98 P2000 L3;                    (调用子程序（O2000），并连续调用 3 次，完成 3
                                  个方形轮廓的加工)

G90 G00 X0. Y60.0;               (快速定位到加工另 3 个方形轮廓的起始点位置)
M98 P2000 L3;                    (调用子程序（O2000），并连续调用 3 次，完成 3
                                  个方形轮廓的加工)

G90 G00 Z100.0;
X0.Y0.;                          (快速定位到工件零点位置)
M09;                             (冷却液关)
M05;                             (主轴停)
M30;                             (程序结束)


O2000;                           (子程序，加工一个方形轮廓的轨迹路径)
G91 Z-95.0;                      (相对坐标编程)
G41 X20.0 Y10.0 D1;              (建立刀补)
G01 Z-10.0 F100;                 (铣削深度)
Y40.0;                           (直线插补)
X30.0;                           (直线插补)
Y-30.0;                          (直线插补)
X-40.0;                          (直线插补)
G00 Z110.0;                      (快速退刀)
G40 X-10.0 Y-20.0;               (取消刀补)
X50.0;                           (为铣削另一方形轮廓做好准备)
M99;                             (子程序结束)
```

【例6-6】加工图6-5所示的工件，取零件中心为编程零点，选用φ12mm键槽铣刀加工。子程序用中心轨迹编程。

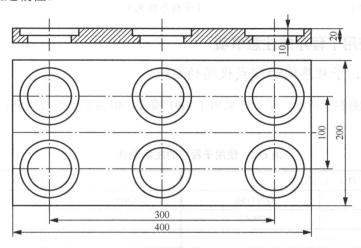

图6-5 同平面多轮廓子程序加工实例

本例与例6-5的不同点在于，它是一个阶梯孔，只要铣孔类的刀具选取好即可，其他与例6-5一致，采用增量方式完成相同轮廓的重复加工。

```
O0000;                    （主程序）
G54 G90 G17 G40 M03;      （加工前准备指令）
G0  Z50 S2000;            （加工前准备指令）
    X-150 Y-50;           （快速定位）
    Z5;                   （快速定位）
M98 P0010;                （调用子程序O0010）
G0 X-150 Y50;             （快速定位到加工圆形轮廓的起始点位置）
M98 P0010;                （调用子程序O0010）
G0 X0 Y50;                （快速定位到加工圆形轮廓的起始点位置）
M98 P0010;                （调用子程序O0010）
G0 X0 Y-50;               （快速定位到加工圆形轮廓的起始点位置）
M98 P0010;                （调用子程序O0010）
G0 X-150 Y-50;            （快速定位到加工圆形轮廓的起始点位置）
M98 P0010;                （调用子程序O0010）
G0 X-150 Y50;             （快速定位到加工圆形轮廓的起始点位置）
M98 P0010;                （调用子程序O0100）
G0 Z100;                  （快速抬刀）
M30;                      （程序结束）

O0010;                    （子程序，加工一个圆形轮廓的轨迹路径）
G91 G0 X24;               （相对坐标编程）
G1 Z-27 F60;              （直线插补）
G3 I-24 F200;             （圆弧插补）
G0 Z12;                   （快速抬刀）
G1 X10;                   （直线插补）
```

```
G3 I-34;                    （圆弧插补）
G0 Z15;                     （快速抬刀）
G90 M99;                    （子程序结束）
```

6.1.7 使用子程序的注意事项

1. 注意主、子程序间的模式代码的变换

如表 6-1 中的例子所示，子程序采用了 G91 模式，但需要注意及时进行 G90 与 G91 模式的变换。

表 6-1 使用子程序的注意事项（一）

O1；（主程序）		O2；（子程序）	
G90 模式	G90 G54；	G91……；	G91 模式
G91 模式	M98 P2；	……；	
……；		M99；	
G90 模式	G90……；		
M30			

2. 在半径补偿模式中的程序不能被分支

如表 6-2 中的例 1 程序所示，刀具半径补偿模式在主程序及子程序中被分支执行，当采用这种形式编程加工时，系统将出现程序出错报警。正确的书写格式如表 6-2 中的例 2 所示。

表 6-2 使用子程序的注意事项（二）

例 1		例 2	
O1；（主程序）	O2；（子程序）	O1；（主程序）	O2；（子程序）
G91……；	……；	G90……；	G41……；
G41……；	M99；	……；	……；
M98 P2；		M98 P2；	G40……；
G40……；		M30；	M99；
M30；			

6.2 FANUC 系统的坐标变换指令应用

6.2.1 极坐标编程

1. 极坐标指令

G16 是极坐标系生效指令。G15 是极坐标系取消指令。

2. 指令说明

当使用极坐标指令后，坐标值以极坐标方式指定，即以极坐标半径和极坐标角度来确

定点的位置。

（1）极坐标半径。当使用 G17、G18、G19 选择好加工平面后，用所选平面的第一轴地址来指定，该值用正值表示。

（2）极坐标角度。用所选平面的第二坐标地址来指定极坐标角度，极坐标的零度方向为第一坐标轴的正方向，逆时针方向为角度方向的正向。

【例 6-7】 如图 6-6 所示 A 点与 B 点的坐标，采用极坐标方式可描述如下。

A 点: X40.0 Y0;　　　（极坐标半径为 40mm，极坐标角度为 0°）

B 点: X40.0 Y60.0;　　（极坐标半径为 40mm，极坐标角度为 60°）

刀具从 A 点到 B 点采用极坐标系编程如下：

```
……
G00 X40.0 Y0;          （直角坐标系）
G90 G17 G16;           （选择 XY 平面，极坐标生效）
G01 X40.0 Y60.0;       （终点极坐标半径为 40mm，终点极坐标角度为 60°）
G15;                   （取消极坐标）
……
```

3. 极坐标系原点

极坐标原点指定方式有两种：一种是以工件坐标系的零点作为极坐标原点，另一种是以刀具当前的位置作为极坐标系原点。

（1）以工件坐标系作为极坐标系原点。当以工件坐标系零点作为极坐标系原点时，用绝对值编程方式来指定，如程序段"G90 G17 G16；"。

极坐标半径值是指程序段终点坐标到工件坐标系原点的距离，极坐标角度是指程序段终点坐标与工件坐标系原点的连线与 X 轴的夹角，如图 6-7 所示。

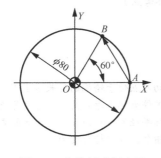

图 6-6　点的极坐标表示

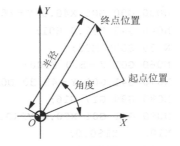

图 6-7　以工件坐标系原点作为极坐标系原点

（2）以刀具当前点作为极坐标系原点。当以刀具当前位置作为极坐标系原点时，用增量值编程方式来指定，如程序段"G91 G17 G16；"。

极坐标半径值是指程序段终点坐标到刀具当前位置的距离，角度值是指前一坐标原点与当前极坐标系原点的连线与当前轨迹的夹角。

【例 6-8】 如图 6-8 所示，当刀具刀位点位于 A 点，并以刀具当前点作为极坐标系原点时，极坐标系之前的坐标系为工件坐标系，原点为 O 点。这时，极坐标半径为当前工件坐标系原点到轨迹终点的距离（图 6-8 中 AB 线段的长度）；极坐标角度为前一坐标原点与当前极坐标系原点的连线与当前轨迹的夹角（图 6-7 中线段 *OA* 与线段 *AB* 的夹角）。*BC* 段编程时，*B* 点为当前极坐标系原点，角度与半径的确定与 *AB* 段类似。

4. 极坐标的应用

采用极坐标系编程，可以大大减少编程时的计算工作量。因此，在数控铣床/加工中心的编程中得到广泛应用。通常情况下，图纸尺寸以半径与角度形式标示的零件（如正多边形外形铣，如图 6-9 所示），以及圆周分布的孔类零件（如法兰类零件，如图 6-10 所示），采用极坐标编程较为合适。

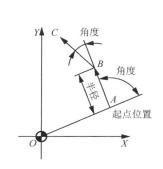 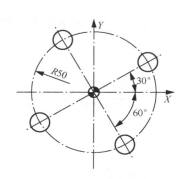

图 6-8　以刀具当前点作为极　　图 6-9　极坐标加工正多边形外形　　图 6-10　极坐标加工孔
　　　　　坐标系原点

【例 6-9】　试用极坐标系编程方式编写如图 6-9 所示的正六边形外形铣削的刀具轨迹，*Z* 向切削深度为 5mm。

```
O0001;                              （程序名）
N010 G90 G94 G15 G17 G40 G80 G54;   （程序初始化）
N020 G91 G28 Z0;                    （Z 回参考点）
N030 G90 G00 X40.0 Y-60.0;
N040 G43 Z30.0 H01;
N050 S500 M03;
N060 G01 Z-5.0 F100;
N070 G41 G01 Y-43.30 D01;           （刀具切入点位于轮廓的延长线上）
N080 G90 G17 G16;                   （设定工件坐标系原点为极坐标系原点）
N090 G41 G01 X50.0 Y240.0 D01;      （极坐标半径为 50.0mm，极坐标角度为 240°）
N100    Y180.0;                     （模态指令，极坐标角度为 180°）
N110    Y120.0;
N120    Y60.0;
N130    Y0;
N140    Y-60.0;
N150 G15;                           （取消极坐标编程）
N160 G90 G40 G01 X 40.0 Y-60.0;     （取消刀补）
N170 G49 G91 G28 Z0;
N180 M30;                           （程序结束）
```

在上例编程过程中，轮廓的角度也可采用增量方式编程，如上例的 **N100** 程序段开始换成以下程序段也是可行的。但应注意，此时的增量坐标编程仅为角度增量，而不是指以刀具当前点作为极坐标系原点进行编程。

```
......
N100 G91 Y-60.0;
N110     Y-60.0;
N120     Y-60.0;
N130     Y-60.0;
N140     Y-60.0;
......
```

如果采用 G91 方式，以刀具当前点作为极坐标系原点，则其编程如下：

```
O0002;              （此程序为不加半径补偿刀具轨迹程序）
......
N080 G01 X25.0 Y-43.30;  （刀具刀位点移至 A 点）
N090 G91 G17 G16;       （设定刀具当前位置 A 点为极坐标系原点）
N100 G01 X50.0 Y120.0;   （极坐标半径等于 AB 长为 50.0mm，极坐标角度为 OA 方
                          向与 AB 方向的夹角为 120°）
N110     Y60.0;          （此时 B 点为极坐标系原点，极坐标半径等于 BC 长为
                          50.0mm）
                        （极坐标角度为 AB 方向与 BC 向的夹角为 60°）
N120     Y60.0;
N130     Y60.0;
N140     Y60.0;
```

注意：以刀具当前点作为极坐标系原点进行编程时，情况较为复杂，且不易采用刀具半径补偿进行编程。所以，编程时请慎用。

【例 6-10】 试用极坐标系编程方式编写如图 6-10 所示孔的加工程序，孔加工深度为 20mm。

```
O0003;
......
N090 G90 G17 G16;                （设定工件坐标系原点为极坐标系原点）
N100 G81 X50.0 Y30.0 Z-20.0 R5.0 F100.0;
N110     Y120;                   （或 N110 G91 Y90.0;）
N120     Y210;        N120 Y90.0;
N130     Y300;        N130 Y90.0;
N140 G15 G80;
......
```

6.2.2 局部坐标系编程

在数控编程中，为了方便编程，有时要给程序选择一个新的参考，通常是将工件坐标系偏移一个距离。在 FANUC 系统中，可通过指令 G52 来实现这一功能。

1. 指令格式

```
G52 X__ Y__ Z__;
G52 X0 Y0 Z0;
```

2. 指令说明

G52 用于设定局部坐标系，该坐标系的参考基准是当前设定的有效工件坐标系原点，即使用 G54～G59 设定的工件坐标系。

X__ Y__ Z__是指局部坐标系的原点在原工作坐标系中的位置，该值用绝对坐标值加以指定。

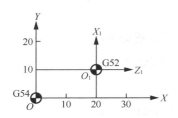

图 6-11 设定局部坐标系

G52 X0 Y0 Z0 表示取消局部坐标，其实质是将局部坐标系仍设定在原工件坐标系原点处。

【例 6-11】 某程序如下：

```
G54;
G52 X20.0 Y10.0;
```

例 6-11 如图 6-11 所示，表示设定一个新的工件坐标系，该坐标系位于原工件坐标系 *XY* 平面的（20.0，10.0）位置。

3. 编程实例

【例 6-12】 试用局部坐标系及子程序调用指令来编写图 6-12 所示工件的加工程序，该轮廓形状的加工子程序为 O2000。

```
O0010;                       (程序名)
G17 G90 G94 G71 G54;         (初始化)
……
S600 M03;
G00 X-10.0 Y-10.0;
M98 P2000;                   (在 G54 坐标系中加工第一个轮廓)
G52 X40.0 Y25.0;             (设定局部坐标系)
G00 X-10.0 Y-10.0;
M98 P200;                    (在局部坐标体系中加工第二个相同轮廓)
G52 X0 Y0;                   (取消局部坐标系)
……
```

【例 6-13】 如图 6-13 所示，刀具从 *A*→*B*→*C* 路线进行，刀具起点在（20，20，0）处。

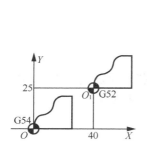

图 6-12 局部坐标系编程实例

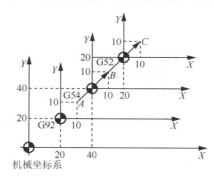

图 6-13 局部坐标系的设定

程序如下：

```
N02 G92 X20 Y20 Z0;            （设定 G92 为当前工作坐标系）
N04 G90 G00 X10 Y10;           （快速定位到 G92 工作坐标系中的 A 点）
N06 G54;                       （将 G54 置为当前坐标系）
N08 G90 G00 X10 Y10;           （快速定位到 G54 工作坐标系中的 B 点）
N10 G52 X20 Y20;               （在当前工作坐标系 G54 中建立局部坐标系 G52）
N12 G90 G00 X10 Y10;           （定位到 G52 中的 C 点）
```

G52 指令为非模态指令。在缩放及旋转功能下，不能使用 G52 指令，但在 G52 下能进行缩放及坐标系旋转。

【例 6-14】 在图 6-5 所示的图中，可以采用局部坐标系 G52 完成相同轮廓的重复加工，G54 零点设在零件中心，局部坐标系零点在需加工孔的孔心。G54+G52，用于重复次数不多，且轮廓分布无规律情况。

```
O1000;                         （主程序）
G54 G90 G0 Z50 G17 G40;        （程序初始化）
M03 M07 S1000;                 （主轴正转，转速 1000r/min，冷却液打开）
G52 X-150 Y-50;                （在当前工作坐标系 G54 中建立局部坐标系 G52）
M98 P0020;                     （调用 O0020 子程序）
G52 X-150 Y50;                 （在当前工作坐标系 G54 中建立局部坐标系 G52）
M98 P0020;                     （调用 O0020 子程序）
G52 X0 Y50;                    （在当前工作坐标系 G54 中建立局部坐标系 G52）
M98 P0020;                     （调用 O0020 子程序）
G52 X0 Y-50;                   （在当前工作坐标系 G54 中建立局部坐标系 G52）
M98 P0020;                     （调用 O0020 子程序）
G52 X150 Y-50;                 （在当前工作坐标系 G54 中建立局部坐标系 G52）
M98 P0020;                     （调用 O0020 子程序）
G52 X150 Y50;                  （在当前工作坐标系 G54 中建立局部坐标系 G52）
M98 P0020;                     （调用 O0020 子程序）
G52 X0 Y0;                     （恢复 G54）
G0 Z100;                       （抬刀至安全距离）
M30;                           （程序结束）

O0020;                         （子程序）
G90 G0 X24;                    （工件坐标系设定）
   Z5;
G1 Z-22 F100;
G3 I-24;
G0 Z-10;
G1 X34;
G3 I-34;
G0 Z5;
M99;                           （子程序调用结束）
```

【例 6-15】 在图 6-5 所示的图中，还可以采用 G54+G92 完成相同轮廓的重复加工，G54 零点设在零件中心，子坐标系零点在需加工孔的孔心。G54+G92，用于轮廓分布有规律且重复次数很多的情况。

```
O1000;                        （主程序）
G54 G90 G0 Z50 G17 G40;       （程序初始化）
M03 M07 S1000;                （主轴正转，转速1000r/min，冷却液打开）
     X-150 Y-50;              （快速定位）
M98 P0030 L3;                 （调用 O0030 子程序 3 次）
G54 G0 X-150 Y50;             （将 G54 置为当前坐标系）
M98 P0030 L3;                 （调用 O0030 子程序 3 次）
G54 G0 Z100;                  （将 G54 置为当前坐标系）
M30;                          （程序结束）

O0030;                        （子程序）
G92 X0 Y0;
G90 G0 X24;
      Z5;
G1 Z-22 F100;
G3 I-24;
G0 Z-10;
G1 X34;
G3 I-34;
G0 Z5;
    X150;
M99;                          （子程序调用结束）
```

6.2.3 比例缩放

在数控编程中，有时在对应坐标轴上的值是按固定的比例系数进行放大或缩小的。这时，为了编程方便，可采用比例缩放指令来进行编程。

1. 指令格式

1）格式一

```
G51 I__ J__ K__ P___;
```

【例 6-16】 比例缩放指令程序如下：

```
G51 I0 J10.0 P2000;
```

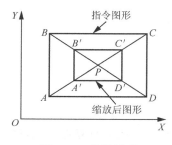

图 6-14 缩放图形

在 G51 后，运动指令的坐标值以（*X*，*Y*，*Z*）为缩放中心，按 P 指定的缩放比例进行计算，如图 6-14 所示。在有刀具补偿的情况下，先进行缩放，然后才进行刀具半径补偿、刀具长度补偿。

I__ J__ K__ 参数的作用有两个：第一，选择要进行比例缩放的轴，其中，I 表示 *X* 轴，J 表示 *Y* 轴，以上例子表示在 *X*、*Y* 轴上进行比例缩放，而在 *Z* 轴上不进行比例缩放；第二，指定比例缩放的中心，"I0 J10.0"表示缩放中心在坐标（0，10.0）

处，如果省略了 I、J、K，则 G51 指定刀具的当前位置作为缩放中心。

P 为进行缩放的比例系数。不能用小数点来指定该值，"P2 000"表示缩放比例为 2 倍。

2）格式二

```
G51 X__ Y__ Z___ P___;
```

【例 6-17】 比例缩放指令程序如下：

```
G51 X10.0 Y20.0 P1500;
```

X__ Y__ Z___ 参数与格式一中的 I、J、K 参数作用相同，不过是由于系统不同，书写格式不同罢了。

3）格式三

```
G51 X__ Y__ Z__ I__ J__ K__;
```

【例 6-18】 比例缩放指令程序如下：

```
G51 X10.0 Y20.0 Z0 I1.5 J2.0 K1.0;
```

X__ Y__ Z__ 用于指定比例缩放的中心。

I__ J__ K__ 用于指定不同坐标方向上的缩放比例，该值用带小数点的数值指定。I、J、K 可以指定不相等的参数，表示该指令允许沿不同的坐标方向进行不等比例缩放。

例 6-18 表示以坐标点（10，20，0）为中心进行比例缩放，在 X 轴方向的缩放倍数为 1.5 倍，在 Y 轴方向上的缩放倍数为 2 倍，在 Z 轴方向则保持原比例不变。

4）取消缩放格式：

```
G50;
```

2. 比例缩放编程实例

【例 6-19】 如图 6-15 所示，将外轮廓轨迹 ABCDE 以原点为中心在 XY 平面内进行等比例缩放，缩放比例为 2.0，试编写其加工程序。

```
O0004;                        （程序名）
G00 X-50.0 Y-50.0;            （刀具位于缩放后工件轮廓外侧）
G01 Z-5.0 F100;
G51 X0 Y0 P2000;              （在 XY 平面内进行缩放，缩放比例相同为 2 倍）
G41 G01 X-20.0 Y-30.0 D01;    （在比例缩放编程中建立刀补）
Y0;                           （以原轮廓进行编程，但刀具轨迹为缩放后轨迹）
G02 X0 Y20.0 R20.0;           （缩放后，圆弧半径为 R40mm）
G01 X20.0;
Y-20.0;
X-30.0;
G40 X-25.0 Y-25.0;            （该点与切入点位置重合）
G50;                          （先取消刀具半径补偿，再取消缩放）
```

【例 6-20】 如图 6-16 所示，将外轮廓轨迹 ABCD 以（-40，-20）为中心在 XY 平面内进行不等比例缩放，X 方向的缩放比例为 1.5，Y 方向的缩放比例为 2.0，试编写其加工程序。

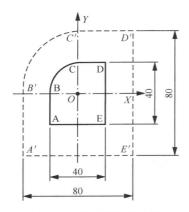

图 6-15 等比例缩放实例

X 轴方向缩放比例：$b/a=1.5$
Y 轴方向缩放比例：$b/C=2$

—— 编程轨迹
---- 缩放后轨迹

缩放点
（-40，-20）

图 6-16 不等比例缩放实例

```
O0005;                              （程序名）
G00 X50.0 Y-50.0;
G01 Z-5.0 F100;
G51 X-40.0 Y-20.0 I1.5 J2.0;       （在 XY 平面内进行不等比例缩放）
G41 G01 X20.0 Y-10.0 D01;          （以原轮廓轨迹进行编程）
……
G40 X50.0 Y-50.0;
G50;                               （取消缩放）
```

【例 6-21】 编制如图 6-17 所示轮廓的加工程序，已知刀具其始点位置为（0，0，100）。

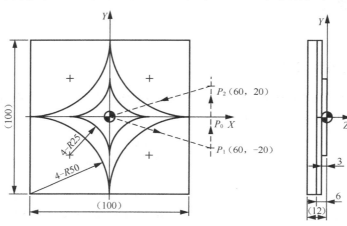

图 6-17 比例缩放加工举例

```
O0024;                （主程序）
G90 G54 G00 Z100;     （加工前准备指令）
X0 Y0;                （快速定位到工件零点位置）
S600 M03              （主轴正转）
X60 Y-20;             （快速定位到起刀点位置）
Z5;                   （快速定位到安全高度）
M08;                  （冷却液开）
M98 P1000;            （加工 4-R50 轮廓）
```

```
G51 X0 Y0 P0.5              （缩放中心为（0，0），缩放因子为0.5）
M98 P1000;                  （加工4-R25轮廓）
G50;                        （缩放功能取消）
M09 M05;                    （冷却液关，主轴停）
M30;                        （程序结束）

O1000;                      （子程序（4-R50轮廓加工轨迹））
G90 G01 Z-5 F120;           （切削进给）
G41 Y0 D01;                 （建立刀补）
X50;                        （直线插补）
G03 X0 Y-50 R50;            （圆弧插补）
X-50 Y0 R50;                （圆弧插补）
X0 Y50 R50;                 （圆弧插补）
X50 Y0 R50;                 （圆弧插补）
G01 X60;                    （直线插补）
G40 Y10;                    （取消刀补）
G00 Z5;                     （快速返回到安全高度）
X0 Y0;                      （返回到程序原点）
M99;                        （子程序结束）
```

3. 比例缩放编程说明

1）比例缩放中的刀具半径补偿问题

在编写比例缩放程序过程中，要特别注意建立刀补程序段的位置。通常，刀补程序段应写在缩放程序段内，如下例：

```
G51 X__ Y__ Z__ P__;
G41 G01 … D01 F100;
```

在执行该程序段过程中，机床能正确运行，而如果执行如下程序则会产生报警：

```
G41 G01… D01 F100;
G51 X__ Y__ Z__ P__;
```

比例缩放对于刀具半径补偿值、刀具长度补偿值及工件坐标系零点偏移值无效。

2）比例缩放中的圆弧插补

在比例缩放中进行圆弧插补，如果进行等比例缩放，则圆弧半径也相应缩放相同的比例；如果指定不同的缩放比例，则刀具不会走出相应的椭圆轨迹，仍将进行圆弧的插补，圆弧的半径根据I、J中的较大值进行缩放，如图6-18及下例所示。

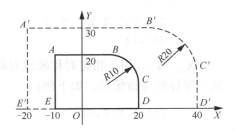

图6-18 圆弧比例缩放

```
O0006;
……
G51 X0 Y0 I2.0 J1.5;
G41 G01 X-10.0 Y20.0 D01;
```

```
X10.0 F100;
G02 X20.0 Y10.0 R10.0;
……
```

圆弧插补的起点与终点坐标，均以 I、K 值进行不等比例缩放，而半径 R 则以 I、K 中的较大值 2.0 进行缩放，缩放后的半径为 R20。此时，圆弧在 B′ 和 C′ 点处不再相切，而是相交，因此要特别注意比例缩放中的圆弧插补。

3）比例缩放中的注意事项

（1）比例缩放的简化形式。例如，将比例缩放程序"G51 X__ Y__ Z__ P__；"或"G51 X__Y__ Z__ I__ J__ K__；"简写成"G51；"，则缩放比例由机床系统参数决定，具体值请查阅机床有关参数表，而缩放中心则指刀具刀位点的当前所处位置。

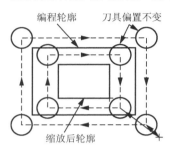

图 6-19　图形缩放与刀具
偏置量的关系

（2）比例缩放对固定循环中 Q 值与 d 值无效。在比例缩放过程中，有时不希望进行 Z 轴方向的比例缩放。这时，可修改系统参数，以禁止在 Z 轴方向上进行比例缩放。

（3）比例缩放对工件坐标系零点偏移值和刀具补偿值无效。

（4）在缩放状态下，不能指定返回参考点的 G 指令（G27～G30），也不能指定坐标系设定指令（G52～G59，G92）。若一定要指定这些 G 指令，应在取消缩放功能后指定。

（5）比例缩放功能不能缩放偏置量，如刀具半径补偿量、刀具长度补偿量等。如图 6-19 所示，图形缩放后，刀具半径补偿量不变。

6.2.4　可编程镜像

使用编程的镜像指令可实现沿某一坐标轴或某一坐标点的对称加工。在一些旧的数控系统中通常采用 M 指令来实现镜像加工，在 FANUC 0i 及更新版本的数控系统中则采用 G51 或 G51.1 来实现镜像加工。

1. 指令格式

1）格式一

```
G17 G51.1 X__ Y__;
G50.1;
```

X__ Y__ 用于指定对称轴或对称点。当 G51.1 指令后仅有一个坐标字时，该镜像是以某一坐标轴为镜像轴，如下例：

```
G51.1 X10.0;
```

上例表示沿某一轴线进行镜像，该轴线与 Y 轴相平行且与 X 轴在 X=10.0 处相交。

当 G51.1 指令中同时有 X 轴和 Y 轴坐标值时，表示该镜像是以某一点作为对称点进行镜像。例如，以点（10，10）作为对称点的镜像指令如下：

```
G51.1 X10.0 Y10.0;
```

其中，G50.1 表示取消镜像。

2）格式二

```
G17 G51 X__ Y__ I__ J__;
    G50;
```

使用这种格式时，指令中的 I、J 值一定是负值，如果其值为正值，则该指令变成了缩放指令。另外，如果 I、J 值虽是负值但不等于-1，则执行该指令时，既进行镜像又进行缩放，如下例：

```
G17 G51 X10.0 Y10.0 I-1.0 J-1.0;
```

执行该指令时，程序以坐标点（10.0，10.0）进行镜像，不进行缩放。

```
G17 G51 X10.0 Y10.0 I-2.0 J-1.5;
```

执行该指令时，程序在以坐标点（10.0，10.0）进行镜像的同时，还要进行比例缩放。其中，X 轴方向的缩放比例为 2.0，而 Y 轴方向的缩放比例为 1.5。

同样，"G50;"表示取消镜像。

2. 镜像编程实例

【例 6-22】 试用镜像指令编写如图 6-20 所示轨迹程序（切深 5mm）。

```
O0007;                          （主程序）
… …
S500 M03;
G01 Z-5.0 F100.0;
M98 P700;                       （调用子程序加工轨迹 A）
G51 X60.0 Y50.0 I1.0 J-1.0;     （调用子程序加工轨迹 B）
M98 P7000;
G50;
G51 X60.0 Y50.0 I-1.0 J-1.0;    （以 $O_1$ 作为对称点）
M98 P700;                       （调用子程序加工轨迹 C）
G50;
G51 X60.0 Y50.0 I-1.0 J1.0;     （调用子程序加工轨迹 D）
M98 P700;
G50;
… …
O7000;                          （子程序）
G41 G01 X60.0 Y60.0 D01;        （建立刀补）
X5.0;                           （程序主体）
Y80.0;
X10.0;
G03 X30.0 R10.0;
G02 X50.0 R10.0;
G01 Y50.0;
G40 G01 X60.0;                  （取消刀补）
M99;                            （子程序结束）
```

【例 6-23】 试编写如图 6-21 所示的镜像与缩放程序，镜像与缩放点为（20，20），X 轴方向的缩放比例为 2.0，Y 轴方向的缩放比例为 1.5。

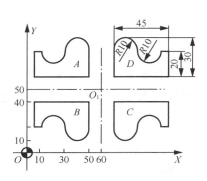

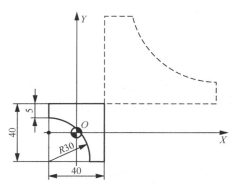

图 6-20 可编程镜像编程实例　　　　　　　图 6-21 可编程镜像与缩放编程实例

```
O0008;
……
G51 X20.0 Y20.0 I-2.0 J-1.5;          （可编程镜像与缩放开始）
G41 G01 X-30.0 Y20.0 F100.0 D01;
X20.0;
Y-20.0;
X10.0;
G03 X-20.0 Y10.0 R30.0;
G01 Y20.0;
G40 G01 X-30.0 Y30.0;
G50;                                 （取消可编程镜像与缩放）
……
```

【例 6-24】 使用镜像功能编制如图 6-22 所示轮廓的加工程序，已知刀具起点为（0，0，100）处。

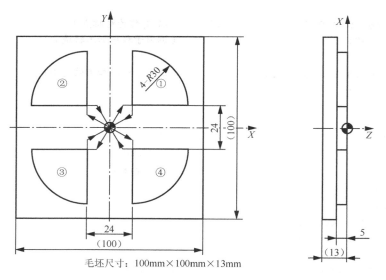

毛坯尺寸：100mm×100mm×13mm

图 6-22 镜像编程举例

```
O24;                                 （主程序）
G90 G54 G00 Z100;                    （加工前准备指令）
```

```
X0 Y0;                          （快速定位到工件零点位置）
S600 M03                        （主轴正转）
M08;                            （冷却液开）
Z5;                             （快速定位到安全高度）
M98 P100;                       （加工①）
G51.1 X0;                       （Y轴镜像）
M98 P100;                       （加工②）
G51.1 Y0                        （X、Y轴镜像）
M98 P100;                       （加工③）
G50.1 X0;                       （Y轴镜像取消，X镜像继续有效）
M98 P100;                       （加工④）
G50.1 Y0;                       （X轴镜像取消）
G00 Z100;                       （快速返回）
M09;                            （冷却液关）
M05;                            （主轴停）
M30;                            （程序结束）

O100;                           （子程序（①轮廓的加工程序））
G90 G01 Z-5 F100;               （切削深度进给）
G41 X12 Y10 D01;                （建立刀补）
Y42;                            （直线插补）
G02 X42 Y12 R30;                （圆弧插补）
G01 X10 ;                       （直线插补）
G40 X0 Y0;                      （取消刀补）
G00 Z5;                         （快速返回到安全高度）
M99;                            （子程序结束）
```

3. 镜像编程的说明

（1）在指定平面内执行镜像指令时，如果程序中有圆弧指令，则圆弧的旋转方向相反，即 G02 变成 G03；相应地，G03 变成 G02。

（2）在指定平面内执行镜像指令时，如果程序中有刀具半径补偿指令，则刀具半径补偿的偏置方向相反，即 G41 变成 G42；相应地，G42 变成 G41。

（3）在可编程镜像方式中，返回参考点指令（G27、G28、G29、G30）和改变坐标系指令（G54～G59，G92）不能指定。如果要指定其中的某一个，则必须在取消可编程镜像后指定。

（4）在使用镜像功能时，由于数控镗铣床的 Z 轴一般安装有刀具，所以 Z 轴一般都不进行镜像加工。

6.2.5　坐标系旋转

对于某些围绕中心旋转得到的特殊的轮廓加工，如果根据旋转后的实际加工轨迹进行编程，就可能使坐标计算的工作量大大增加，而通过图形旋转功能，可以大大简化编程的工作量。

1. 指令格式

```
G17 G68 X__ Y__ R__;
G69;
```

其中，G68 是坐标系旋转生效指令。

G69 是坐标系旋转取消指令。

X__ Y__ 用于指定坐标系旋转的中心。

R_用于指定坐标系旋转的角度，该角度一般取 0°～360°的正值。旋转角度的零度方向为第一坐标轴的正方向，逆时针方向为角度方向的正方向。不足 1°的角度以小数点表示，如 10°54′用 10.9°表示。

【例 6-25】

```
G68 X30.0 Y50.0 R45.0;
```

该指令表示坐标系以坐标点（30，50）作为旋转中心，逆时针旋转 45°。

2. 坐标系旋转编程实例

【例 6-26】 如图 6-23 所示的外形轮廓 *B*，是由外形轮廓 *A* 绕坐标点 *M*（−30，0）旋转 80°所得，试编写轮廓 *B* 的加工程序。

```
O0009;
……
G68 X-30.0 Y0 R80.0;              （绕坐标点 M 进行坐标系旋转，旋转角度为 80°）
G41 G01 X-30.0 Y-10.0 D01 F100;
     Y0;
G02 X30.0 R30.0;
G02 X0 R15.0;
G03 X-30.0 R15.0;
G01 Y-10.0;                        （切线切出）
G40 G01 X-40.0 Y-20.0;
G69;                               （先取消刀补，再取消坐标系旋转）
……
```

3. 坐标系旋转编程说明

（1）在坐标系旋转取消指令（G69）以后的第一个移动指令必须用绝对值指定。如果采用增量值指令，则不执行正确的移动。

（2）CNC 数据处理的顺序：程序镜像>比例缩放>坐标系旋转>刀具半径补偿 C 方式。所以在指定这些指令时，应按顺序指定；取消时，按相反顺序指定。旋转方式或比例缩放方式不能指定镜像指令，但在镜像指令中可以指定比例缩放指令或坐标系旋转指令。

（3）在指定平面内执行镜像指令时，如果在镜像指令中有坐标系旋转指令，则坐标系旋转方向相反，即顺时针变成逆时针；相应地，逆时针变成顺时针。

（4）如果坐标系旋转指令前有比例缩放指令，则坐标系旋转中心也被缩放（如例 6-28 所示），但旋转角度不被比例缩放。

（5）在坐标系旋转方式中，返回参考点指令（G27、G28、G29、G30）和改变坐标系指令（G54～G59，G92）不能指定。如果要指定其中的某一个，则必须取消坐标系旋转指令。

【例6-27】 如图6-24所示的外形轮廓A，先执行比例缩放指令，其中X轴方向的比例为2.0，Y轴方向的比例为1.5，比例缩放后得外形轮廓B。外形轮廓B绕坐标点M旋转70°后得到外形轮廓C，试编写外形轮廓C的刀具轨迹程序。

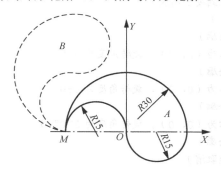

图6-23 坐标系旋转编程实例

图6-24 比例缩放与坐标旋转综合实例

```
O0010;
G51 X10.0 Y10.0 I2.0 J1.5;          （比例缩放，形成外形轮廓B）
G17 G68 X20.0 Y20.0 R70.0;          （坐标系旋转，旋转中心也被缩放，形成图形C）
G41 G01 X-20.0 Y20.0 F100 D01;      （刀具半径补偿模式）
X20.0;
Y-20.0;
X-20.0;
Y0.0;
X0.0 Y20.0;
G40 G69 G51;                        （取消刀补与坐标系旋转，取消比例缩放）
```

在本程序的坐标系旋转指令前有比例缩放指令，故旋转中心也被缩放。因此，实际的旋转中心M点是由缩放前的N点经比例缩放旋转后得到。

【例6-28】 使用旋转功能编制如图6-25所示轮廓的加工程序，设刀具起点为（0，0，100）。

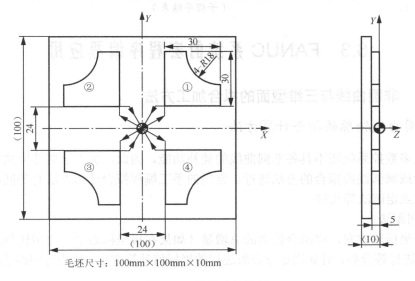

毛坯尺寸：100mm×100mm×10mm

图6-25 旋转功能编制

```
O0024;                          （主程序）
G90 G54 G00 Z100;               （加工前准备指令）
X0 Y0;                          （快速定位到工件零点位置）
S600 M03                        （主轴正转）
Z5;                             （快速定位到安全高度）
M08;                            （冷却液开）
M98 P1000;                      （加工①轮廓）
G68 X0 Y0 R90                   （旋转中心为（0，0），旋转角度为90°）
M98 P100;                       （加工②轮廓）
G68 X0 Y0 R180                  （旋转中心为（0，0），旋转角度为180°）
M98 P1000;                      （加工③轮廓）
G68 X0 Y0 R270;                 （旋转中心为（0，0），旋转角度为270°）
M98 P1000;                      （加工④轮廓）
G69;                            （旋转功能取消）
G00 Z100                        （快速返回到初始位置）
M09;                            （冷却液关）
M05;                            （主轴停）
M30;                            （程序结束）
O1000;                          （子程序（①轮廓加工轨迹））
G90 G01 Z-5 F120;               （切削进给）
G41 X12 Y10 D01 F200;           （建立刀补）
Y42;                            （直线插补）
X24;                            （直线插补）
G03 X42 Y24 R18;                （圆弧插补）
G01 Y12;                        （直线插补）
X10;                            （直线插补）
G40 X0 Y0;                      （取消刀补）
G00 Z5;                         （快速返回到安全高度）
X0 Y0;                          （返回到程序原点）
M99;                            （子程序结束）
```

6.3　FANUC 系统的宏程序编程应用

6.3.1　非圆曲线与三维型面的拟合加工方法

1. 非圆曲线轮廓的拟合计算方法

目前大多数控系统还不具备非圆曲线的插补功能。因此，加工这些非圆曲线时，通常采用直线段或圆弧线段拟合的方法进行。常用的手工编程拟合计算方法有等间距法、等插补段法和三点定圆法等几种。

1）等间距法

在一个坐标轴方向，将拟合轮廓的总增量（如果在极坐标系中，则指转角或径向坐标的总增量）进行等分后，对其设定节点所进行的坐标值计算方法，称为等间距法，如图 6-26 所示。

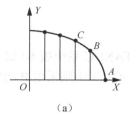 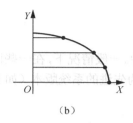 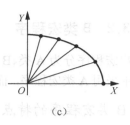

图 6-26 非圆曲线节点的等间距拟合

采用这种方法进行手工编程时，容易控制其非圆曲线或立体型面的节点。因此，宏程序编程普遍采用这种方法。

2）等插补段法

当设定其相邻两节点间的弦长相等时，对该轮廓曲线所进行的节点坐标值计算方法称为等插补段法。

3）三点定圆法

这是一种用圆弧拟合非圆曲线时常用的计算方法，其实质是过已知曲线上的三点（也包括圆心和半径）作一圆。

2. 三维型面母线的拟合方法

宏程序编程行切法加工三维型面（如球面、变斜角平面等）时，型面截面上的母线通常无法直接加工，而采用短直线（如图 6-27 所示）或圆弧线（如图 6-28 所示）来拟合。

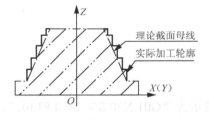 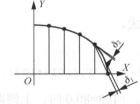

图 6-27 三维型面母线的拟合   图 6-28 拟合误差

3. 拟合误差分析

非圆曲线与三维型面母线的拟合过程中，不可避免会产生拟合误差（如图 6-28 所示），但其误差值不能超出规定值。通常情况下，拟合误差 δ 应小于或等于编程允许误差 $\delta_允$，即 $\delta \leqslant \delta_允$。考虑到工艺系统及计算误差的影响，$\delta_允$ 一般取零件公差的 $\frac{1}{10} \sim \frac{1}{5}$。

在实际编程过程中，主要采用以下几种方法来减小拟合误差。

（1）采用合适的拟合方法。相比较而言，采用圆弧拟合方法的拟合误差要小一些。

（2）减小拟合线段的长度。减小拟合线段的长度可以减小拟合误差，但增加了编程的工作量。

（3）运用计算机进行曲线拟合计算。采用计算机进行曲线的拟合，在拟合过程中自动控制拟合精度，以减小拟合误差。

6.3.2　B类宏程序

用户宏程序分为 A 类、B 类两种。一般情况下，在一些旧的 FANUC 系统版本（如 FANUC 0MD）中采用 A 类宏程序，而在较为先进的系统版本（如 FANUC 0i）中则采用 B 类宏程序。

1. B类宏程序的特点

在 FANUC 0MD 等旧型号的系统面板上没有 "+"、"−"、"*"、"/"、"="、"[ ]" 等符号，故不能进行这些符号输入，也不能用这些符号进行赋值及数学运算。所以，在这类系统中只能按 A 类宏程序进行编程。而在 FANUC 0i 及其后（如 FANUC 18i 等）的系统中，则可以输入这些符号并运用这些符号进行赋值及数学运算，即按 B 类宏程序进行编程。

2. B类宏程序的变量

B 类宏程序的变量与 A 类宏程序的变量基本相似，主要区别有以下几方面。

1）变量的表示

B 类宏程序除可采用 A 类宏程序的变量表示方法外，还可以用表达式表示，但其表达式必须全部写入方括号 "[ ]" 中。

【例 6-29】

```
#[#1+#2+10]
```

当 #1=10，#2=100 时，该变量表示 #120。

2）变量的引用

引用变量也可以采用表达式。

【例 6-30】

```
G01 X[#100-30.0] Y-#101 F[#101+#103];
```

当 #100=100.0，#101=50.0，#103=80.0 时，上例即表示为 "G01 X70.0 Y-50.0 F130；"。

3. 变量的赋值

变量的赋值方法有两种，即直接赋值和引数赋值。

1）直接赋值

变量可以在操作面板上用 "MDI" 方式直接赋值，也可在程序中以等式方式赋值，但等号左边不能用表达式。B 类宏程序的赋值为带小数点的值。在实际编程中，大多采用在程序中以等式方式赋值的方法。

【例 6-31】

```
#100=100.0;
#100=30.0+20.0;
```

2）引数赋值

宏程序以子程序方式出现，所用的变量可在宏程序调用时赋值。

【例 6-32】

```
G65 P1000 X100.0 Y30.0 Z20.0 F100.0;
```

这里的 X、Y、Z 不代表坐标字，F 也不代表进给字，而是对应于宏程序中的变量号，变量的具体数值由引数后的数值决定。引数宏程序体中的变量对应关系有两种，如表 6-3 及表 6-4 所示。这两种方法可以混用，其中 G、L、N、O、P 不能作为引数代替变量赋值。

表 6-3　变量赋值方法Ⅰ

引　数	变　量	引　数	变　量	引　数	变　量	引　数	变　量
A	#1	I_3	#10	I_6	#19	I_9	#28
B	#2	J_3	#11	J_6	#20	J_9	#29
C	#3	K_3	#12	K_6	#21	K_9	#30
I_1	#4	L_4	#13	I_7	#22	I_{10}	#31
J_1	#5	J_4	#14	J_7	#23	J_{10}	#32
K_1	#6	K_4	#15	K_7	#24	K_{10}	#33
I_2	#7	I_5	#16	I_8	#25		
J_2	#8	J_5	#17	J_8	#26		
K_2	#9	K_5	#18	K_8	#27		

表 6-4　变量赋值方法Ⅱ

引　数	变　量	引　数	变　量	引　数	变　量	引　数	变　量
A	#1	H	#11	R	#18	X	#24
B	#2	I	#4	S	#19	Y	#25
C	#3	J	#5	T	#20	Z	#26
D	#7	K	#6	U	#21		
E	#8	M	#13	V	#22		
F	#9	Q	#17	W	#23		

（1）变量赋值方法Ⅰ。

【例 6-33】

```
G65 P0030 A50.0 I40.0 J100.0 K0 I20.0 J10.0 K40.0;
```

经过上面赋值后#1=50.0，#4=40.0，#5=100.0，#6=0，#7=20.0，#8=10.0，#9=40.0。

（2）变量赋值方法Ⅱ。

【例 6-34】

```
G65 P0020 A50.0 X40.0 F100.0;
```

经过上面赋值后#1=50.0，#24=40.0，#9=100.0。

（3）变量赋值方法Ⅰ和Ⅱ混合使用。

【例 6-35】

```
G65 P0030 A50.0 D40.0 I100.0 K0 I20.0;
```

经过上面赋值后，I20.0 与 D40.0 同时分配给变量#7，则后一个#7 有效，所以变量#7=20.0，其余同上。

【例 6-36】　如图 6-29 所示，如果零件的精加工程序中采用变量引数赋值，则其程序如下：

```
O0010;                              （主程序）
……
G65 P0210 X28.0 Z-20.0 A20.0 B0 R20.0;   （赋值后，#24=28.0，#26=-20.0，
                                          #1=20.0，#2=0，#18=20.0）
```

```
O2100;                                        （精加工宏程序）
N100 G01 Z#26;
      X#24;
G02 X#24 Y0 I-#24 J0;
#2=#2+0.1;
#1=SQRT[#18*#18-#2*#2]
#24=#1+8.0;
#26=-20.0+#2;
IF [#26 LE 0] GOTO 100;
G01 X0.0 Y40.0;
M99;
```

实例变量计算如图 6-30 所示。

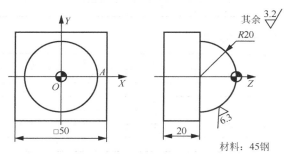

图 6-29　A 类宏程序编程实例

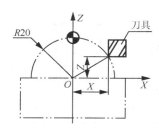

图 6-30　实例变量计算

4. 运算指令

B 类宏程序的运算指令与 A 类宏程序的运算指令有很大的区别，它的运算相似于数学运算，仍用各种数学符号来表示，常用运算指令见表 6-5。

表 6-5　B 类宏程序的变量运算

功　能	格　式	备注与示例
定义、转换	#i=#j	#100=#1，#100=30.0
加法	#i=#j+#k	#100=#1+#2
减法	#i=#j-#k	#100=100.0-#2
乘法	#i=#j*#k	#100=#1*#2
除法	#i=#j/#k	#100=#1/30
正弦	#i=SIN[#j]	#100=SIN[#1]
反正弦	#i=ASIN[#j]	#100=COS[36.3+#2]
余弦	#i=COS[#j]	#100=ATAN[#1]/ [#2]
反余弦	#i=ACOS[#j]	
正切	#i=TAN[#j]	
反正切	#i=ATAN[#j]/[#k]	
平方根	#i=SQRT[#j]	#100=SQRT[#1*#6-1000]
绝对值	#i=ABS[#j]	#100=EXP[#1]

功　能	格　式	备注与示例
含入	#i=ROUND[#j]	
上取整	#i=FUP[#j]	
下取整	#i=FIX[#j]	
自然对数	#i=LN[#j]	
指数函数	#i=EXP[#j]	
或	#i=#j OR #k	
异或	#i=#j XOR #k	逻辑运算一位一位地按二进制执行
与	#i=#j AND #k	
BCD 转 BIN	#i=BIN[#j]	用于与 PMC 的信号交换
BIN 转 BCD	#i=BCD[#j]	

（1）函数 SIN、COS 等的角度单位是度，分和秒要换算成带小数点的度。如 90°30′ 表示 90.5°，30°18′ 表示 30.3°。

（2）宏程序数学计算的次序依次为：函数运算（SIN、COS、ATAN 等），乘和除运算（*、/、AND 等），加和减运算（+、−、OR、XOR 等）。

【例 6-37】

```
#1=#2+#3*SIN[#4];
```

运算次序为：

① 函数 SIN[#4]；

② 乘和除运算 #3*SIN[#4]；

③ 加和减运算 #2+#3*SIN[#4]。

（3）函数中的括号。括号用于改变运算次序，函数中的括号允许嵌套使用，但最多只允许嵌套 5 层。

【例 6-38】

```
#1= SIN[[[#2+#3]*4+#5]/ #6];
```

（4）宏程序中的上、下取整运算 CNC 处理数值运算时，若操作产生的整数大于原数就为上取整，反之则为下取整。

下取整（FIX）：舍去小数点以下部分。

上取整（FUP）：将小数点部分进位到整数部分。

【例 6-39】 设#1=1.2，#2=−1.2。执行#3=FUP[#1]时，2.0 赋给#3；执行#3=FIX[#1]时，1.0 赋给#3；执行#3=FUP[#2]时，−2.0 赋给#3；执行#3=FIX[#2]时，−1.0 赋给#3。

5. 控制指令

控制指令起到控制程序流向的作用。

1）分支语句

格式一

```
GOTO n;
```

【例6-40】

```
GOTO 200;
```

该例为无条件转移。当执行该程序段时，将无条件转移到 N200 程序段执行。

格式二

```
IF[条件表达式]GOTO n;
```

【例6-41】

```
IF[#1GT#100]GOTO 200;
```

该例为有条件转移语句。如果条件成立，则转移到 N200 程序段执行；如果条件不成立，则执行下一程序段。条件表达式的种类见表 6-6。

表 6-6　条件表达式的种类

条　　件	意　　义	示　　例
#I EQ #j	等于（=）	IF [#5 EQ #6] GOTO 300;
#i NE #j	不等于（≠）	IF [#5 NE 100] GOTO 300;
#i GT #j	大于（>）	IF [#6 GT #7] GOTO 100;
#i GE #j	大于或等于（≥）	IF [#8 GE 100] GOTO 100;
#i LT #j	小于（<）	IF [#9 LT #10] GOTO 200;
#i LE #j	小于或等于（≤）	IF [#11 LE 100] GOTO 200;

2）循环指令

```
WHILE[条件表达式] DO m(m=1、2、3…);
……
END m;
```

当条件满足时，就循环执行 WHILE 与 END 之间的程序段 m 次；当条件不满足时，就执行"END m"的下一个程序段。

（1）识别号 1～3 可随意使用且可多次使用。

```
WHILE [...] DO1;
程序
END1;
...
WHILE [...] DO1;
程序
END1;
```

（2）DO 范围不能重叠。

```
WHILE [...] DO1;
程序
WHILE [...] DO2;
...
END1;
程序
END2;
```

（3）DO 循环体最大嵌套深度为三重。

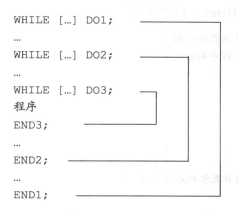

```
WHILE [...] DO1;
…
WHILE [...] DO2;
…
WHILE [...] DO3;
程序
END3;
…
END2;
…
END1;
```

（4）控制不能跳转到循环体外。

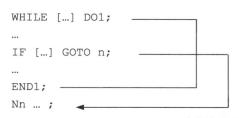

```
WHILE [...] DO1;
…
IF [...] GOTO n;
…
END1;
Nn … ;
```

（5）分支不能直接跳转到循环体内。

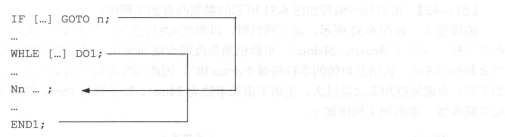

```
IF [...] GOTO n;
…
WHLE [...] DO1;
…
Nn … ;
…
END1;
```

说明：WHILE 语句对条件的处理与 IF 语句类似。在 DO 和 END 后的数字是用于指定处理的范围（称循环体）的识别号，数字可用 1、2、3 表示。当使用 1、2、3 之外的数时，产生 126 号报警。

（6）While 的嵌套。对单重 DO-END 循环体来说，识别号（1～3）可随意使用且可多次使用。但当程序中出现循环交叉（DO 范围重叠）时，产生 124 号报警。

6.3.3 宏程序编程实例

1. 简单平面曲线轮廓加工

对简单平面曲线轮廓进行加工，通常采用小直线段逼近曲线来完成的。具体算法是采用某种规律在曲线上取点，然后用小直线段将这些点连接起来完成加工。

对于椭圆加工，假定椭圆长（X 向）、短轴（Y 向）半长分别为 A 和 B，则椭圆的极坐标方程为 $\begin{cases} x = a.\cos\theta \\ y = b.\sin\theta \end{cases}$，利用此方程便于完成在椭圆上的取点工作。

【例6-42】 编程零点在椭圆中心，$a=50\text{mm}$，$b=30\text{mm}$，椭圆轮廓为外轮廓，下刀点在椭圆右极限点，刀具直径$\phi18\text{mm}$，加工深度10mm。程序如下：

```
O0001;                          （椭圆外轮廓）
N010 G54 G90 G0 G17 G40;        （程序初始化）
N020     Z50 M30 S1000;
N030     X60 Y-15;
N040     Z5 M07;
N050 G01 Z-12 F800;
N060 G42 X50 D1 F100;
N070     Y0;
N080 #1=0.5;                    （θ变量初始值0.5°）
N090 WHILE #1 LE 360 DO1;
N100 #2=50*COS[#1];
N110 #3=30*SIN[#1];
N120 G1 X#2 Y#3;
N130 #1=#1+0.5;
N140 END1;
N150 G1 Y15;
N160 G0 G40 X60;
N170     Z100;
N180 M30;                       （程序结束）
```

【例6-43】 用宏程序编写如图6-31所示的椭圆凸台加工程序。

编程提示 如图6-32所示，加工椭圆时，以角度α为自变量，则在XY平面内，椭圆上各点坐标分别是（$18\cos\alpha$，$24\sin\alpha$），坐标值随角度的变化而变化。对于椭圆的锥度加工，当Z每抬高δ时，长轴及短轴的半径将减小$\delta\times\tan30°$，因此高度方向上用Z值作为自变量。加工时，为避免精加工余量过大，先加工出长半轴为24mm、短半轴为18mm的椭圆柱，再加工椭圆锥。本例加工程序如下：

```
O0020;                          （主程序）
G90 G80 G40 G21 G17 G94 G54;    （程序初始化）
G91 G28 Z0.0;
G90 G00 X40.0 Y0.0;
G43 Z20.0 H01;
S600 M03;
G01 Z0.0 F200;
M98 P1200 L4;                   （去余量，Z向分层切削，每次切深4.5mm）
G90 G01 Z20.0;
M98 P2200;                      （调用宏程序，加工球面）
G91 G28 Z0.0;
M30;

O1200;                          （去余量子程序）
G91G01 Z-4.5;
G90;
```

```
#103=360.0;                              (角度变量赋初值)
N100 #104=18.0*COS[#103];                (X坐标值变量)
#105=24.0*SIN[#103];                     (Y坐标值变量)
G41 G01 X#104 Y#105 D01;

#103=#103-1.0;                           (角度每次增量为-1°)
IF [#103 GE 0] GOTO100;                  (如果角度大于或等于0°，则返回执行循环)
G40 G01 X40.0 Y0;
M99;


O2200;                                   (加工椭圆锥台子程序)
#110=0;                                  (刀位点到底平面高度)
#111=-18.0;                              (刀位点Z坐标值)
#101=18.0;                               (短半轴半径)
#102=24.0;                               (长半轴半径)
N200 #103=360.0;                         (角度变量)
    G01 Z#111 F100;
N300  #104=#101*COS[#103];               (刀尖处X坐标值)
#105=#102*SIN[#103];                     (刀尖处Y坐标值)
G41 G01 X#104 Y#105 D01;
#103=#103-1.0;
IF [#103 GE 0.0] GOTO300;                (循环加工椭圆)
G40 G01 X40.0 Y0;
#110=#110+0.1;
#111=#111+0.1;                           (刀尖Z坐标值)
#101=18.0-#110*TAN[30.0];                (短半轴半径变量)
#102=24.0-#110*TAN[30.0];                (长半轴半径变量)
IF [#111 LE 0] GOTO200;                  (循环加工椭圆锥台)
M99;
```

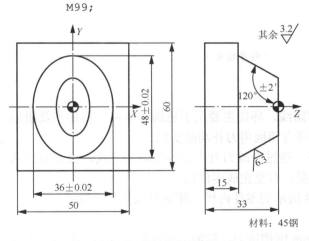

图 6-31　B类宏程序编程实例

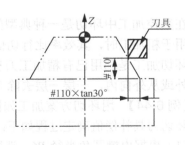

图 6-32　B类宏程序变量运算

2. 相同轮廓的重复加工

在实际加工中，实现相同轮廓重复加工的方法还可以采用宏程序来完成加工，如图 6-5

所示，用一个宏程序完成加工。

```
O1000;                              (程序名)
G54 G90 G17 G40;                    (程序初始化)
G00 Z50 M03 M07 S1000;              (快速抬刀至安全距离，主轴正转，冷却液开)
#1=2;                               (行数)
#2=3;                               (列数)
#3=150;                             (列距)
#4=100;                             (行距)
#5=-150;                            (左下角孔中心坐标(起始孔))
#6=-50;
#10=1;                              (列变量)
WHILE #10 LE #2 DO1;
#11=1;                              (行变量)
#20=#5+[#10-1]*#3;                  (待加工孔的孔心坐标 X)
  WHILE #11 LE #1 DO2;
  #21=#6+[#11-1]*#4;                (孔心坐标 Y)
  G0 X[#20+24] Y#21;
    Z2;
  G1 Z-22 F100;
  G3 I-24;
  G0 Z-10;
  G1 X[#20+34];
  G3 I-34;
  G0 Z5;
  #11=#11+1;
  END2;
#10=#10+1;
END1;
G0 Z100;
M30;                                (程序结束)
```

3. 环切

在数控加工中环切是一种典型的走刀路线。环切主要用于轮廓的半精、精加工及粗加工，用于粗加工时，其效率比行切低，但可方便地用刀补功能实现。

环切加工是利用已有精加工刀补程序，通过修改刀具半径补偿值的方式，控制刀具从内向外或从外向内，一层一层去除工件余量，直至完成零件加工。

【例 6-44】 用环切方案加工如图 6-33 所示的零件内槽，环切路线为从内向外。

环切刀具补偿值确定过程如下：

（1）根据内槽圆角半径 $R6$，选取 $\phi12mm$ 键槽铣刀，精加工余量为 0.5mm，走刀步距取 10mm；

（2）由刀具半径 6mm，可知精加工和半精加工的刀补半径分别为 6mm 和 6.5mm；

（3）如图 6-33 所示，为保证第一刀的左右两条轨迹按步距要求重叠，则两轨迹间距离等于步距，则该刀刀补值=30-10/2=25mm；

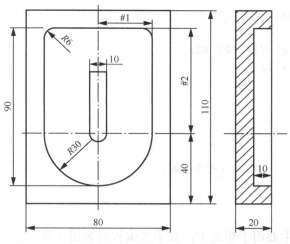

图6-33 内槽

（4）根据步距确定中间各刀刀补值，第二刀刀补值=25-10=15mm，第三刀刀补值=15-10=5mm，该值小于半精加工刀补值，说明此刀不需要刀补。

由上述过程，可知环切总共需要4刀，刀补值分别为25mm、15mm、6.5mm、6mm。

当使用刀具半径补偿来完成环切时，不管我们采用何种方式修改刀具半径补偿值，由于受刀补建、撤的限制，它们都存在走刀路线不够简洁，空刀距离较长的问题。对于如图6-33所示的轮廓，其刀具中心轨迹很好计算，此时若用宏程序直接计算中心轨迹路线，则可简化走刀路线，缩短空刀距离。

在下面O1000的程序中，用#1、#2表示轮廓左右和上边界尺寸，编程零点在R30圆心，加工起始点放在轮廓右上角（可削除接刀痕）。

```
O1000;                   （程序名）
G54 G90 G17 G40;         （初始化）
G0 Z50 M03 S100;
#4=30;                   （左右边界）
#5=60;                   （上边界）
#10=25;                  （粗加工刀具中心相对轮廓偏移量（相当于刀补程序中的刀补值））
#11=9.25;                （步距）
#12=6;                   （精加工刀具中心相对轮廓偏移量（刀具真实半径））
G0 X[#4-#10-2] Y[#5-#10-2];
    Z5;
G1 Z-10 F60;
#20=2;
WHILE [#20 GE 2] DO1;
  WHILE [#10 GE #12] DO2;
    #1=#4-#10;           （左右实际边界）
    #2=#5-#10;           （上边实际边界）
  G1 X[#1-2] Y[#2-2] F200;
  G3 X#1 Y#2 R2;         （圆弧切入到切削起点）
  G1 X[-#1];
      Y0;
```

```
G3 X#1 R#1;
G1 Y#2;
G3 X[#1-2] Y[#2-2] R2;
#10=#10-#11;
END2;
#10=#12;
#20=#20-1;
END1;
G0 Z50;
M30;                            （程序结束）
```

4. 行切

一般来说，行切主要用于粗加工，在手工编程时多用于规则矩形平面、台阶面和矩形下陷加工，对非矩形区域的行切一般用自动编程实现。矩形平面一般采用直刀路线加工，在主切削方向，刀具中心需切削至零件轮廓边，在进刀方向，在起始和终止位置，刀具边沿需伸出工件一定距离，以避免欠切。

对矩形下陷而言，由于行切只用于去除中间部分余量，下陷的轮廓是采用环切获得的，因此其行切区域为半精加工形成的矩形区域，计算方法与矩形平面类似。

如图 6-34 所示，假定下陷尺寸为 100mm×80mm，由圆角 R6 选 ϕ12mm 铣刀，精加工余量为 0.5mm，步距为 10mm，则半精加工形成的矩形为(100-12×2-0.5×2)×(80-12×2-0.5×2)=75mm×55mm。如果行切上、下边界刀具各伸出 1mm，则实际切削区域尺寸=75×(55+2-12)=75mm×45mm。

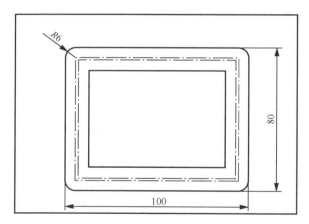

图 6-34 矩形行切

对于行切走刀路线而言，每来回切削一次，其切削动作形成一种重复，如果将来回切削一次做成增量子程序，则利用子程序的重复可完成行切加工。对图 6-34 所示的零件，编程零点设在工件中央，下刀点选在左下角点，加工宏程序如下（本程序未考虑分层下刀问题）：

```
O1000;                                                  （主程序）
G54 G90 G17 G40;                                        （程序初始化）
G00 Z50 M03 S800;
G65 P0010 A100 B80 C0 D6 Q0.5 K10 X0 Y0 Z-10 F150;      （宏程序调用）
```

```
G0  Z50;                                          （快速抬刀）
M30;                                              （程序结束）
```

………………………………………………………………………………………………

宏程序调用参数说明：

A(#1)B(#2)-------矩形下陷的长与宽
C(#3)------ -----粗精加工标志，C=0，完成粗精加工，C=1，只完成精加工
D(#7)-------------刀具半径
Q(#17)-----------精加工余量
K(#6)------------步距
X(#24)Y(#25)-----下陷中心坐标
Z(#26)-----------下陷深度
F(#9)------------走刀速度

………………………………………………………………………………………………

```
O0010;                                            （子程序）
#4=#1/2-#7;                                        （精加工矩形半长）
#5=#2/2-#7;                                        （精加工矩形半宽）
#8=1;                                              （环切次数）
IF [#3 EQ 1] GOTO 100;
#4=#4-#17;                                         （半精加工矩形半长）
#5=#5-#17;                                         （半精加工矩形半宽）
#8=2;
N100 G90 G0 X[#24-#4] Y[#25-#5];
     Z5;
G1 Z#26 F#9;
WHILE [#8 GE 1] DO1;
G1 X[#24-#4] Y[#25-#5];
   X[#24+#4];
   Y[#25+#5];
   X[#24-#4];
   Y[#25-#5];
#4=#4+#17;
#5=#5+#17;
#8=#8-1;
END1;
IF [#3 EQ 1] GOTO 200;                            （只走精加工，程序结束）
#4=#1/2-2*[#7+#17];                               （行切左右极限 X）
#5=#/2-3*#7-2*#17+4;                              （行切上下极限 Y）
#8=-#5;                                           （进刀起始位置）
G1 X[#24-#4] Y[#25+#8];
WHILE [#8 LT #5 DO1];                             （准备进刀的位置不到上极限时加工）
G1 Y[#25+#8];                                     （进刀）
   X[#24+#4];                                     （切削）
#8=#8+#6;                                          （准备下一次进刀位置）
#4=-#4;                                            （准备下一刀终点 X）
END1;
G1 Y[#25+#5];                                     （进刀至上极限，准备补刀）
```

```
    X[#24+#4];                                        (补刀)
    G0 Z5;
    N200 M99;                                         (子程序结束)
```

5. 水平圆柱面加工

水平圆柱面加工可采用行切加工,加工方式分为圆柱面的轴向走刀加工及圆柱面的周向走刀加工两种。

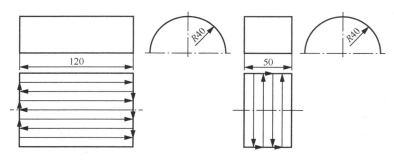

（a）圆柱面的轴向走刀加工　　　　　（b）圆柱面的周向走刀加工

图 6-35　水平圆柱面加工

1）圆柱面的轴向走刀加工

沿圆柱面轴向走刀,沿圆周方向进刀;走刀路线短,加工效率高,加工后圆柱面直线度好;用于模具加工,脱模力较大;程序可用宏程序或自动编程实现。

为简化程序,以完整半圆柱加工为例。为对刀、编程方便,主程序、宏程序零点放在工件左侧最高点,毛坯为方料,立铣刀加工宏程序号为 O6017,球刀加工宏程序号为 O6018。

```
O1000;
G91 G28 Z0;
M06 T01;
G54 G90 G0 G17 G40;
G43 Z50 H1M03 S3000;
G65 P9017 X-6 Y0 A126 D6 I40.5 Q3 F800;
G49 Z100 M05;
G28 Z105;
M06 T02;
G43 Z50 H2 M03 S4000;
G65 P9018 X0 Y0 A120 D6 I40 Q0.5 F1000;
G49 Z100 M05;
G28 Z105;
M30;
```

....

宏程序调用参数说明

```
X(#24)/Y(#25)----圆柱轴线左端点坐标
A(#1)------------圆柱长
D(#7)------------刀具半径
```

```
Q(#17)-----------角度增量, 度
I(#4)-----------圆柱半径
F(#9)-----------走刀速度
```

```
O6017;                            (立铣刀加工宏程序号)
G90 G0 X[#24-2] Y[#25+#4+#7];
    Z5;
G1 Z-#4 F200;
#8=1;                             (立铣刀偏置方向)
#10=0;                            (角度初值)
#11=#24+#1/2;                     (圆柱面轴线中点X值)
#12=#1/2;                         (轴线两端相对中央距离)
WHILE [#10 LE 180] DO1;
#13=#4*[SIN#10-1];                (Z值)
#14=#4*COS#10;                    (Y值)
G1 Z#13 F#9;
    Y[#25+#14+#7*#8];
G1 X[#11+#12];
#10=#10+#17;
IF #10 LE 90 GOTO 10;
#8=-1;
N10 #12=-#12;
END1;
G0 Z5;
M99;                              (子程序结束)


O6018;                            (球刀加工宏程序号)
#4=#4+#7;
G90 G0 X[#24-2] Y[#25+#4];
    Z5;
G1 Z-#4 F200;
#10=0;                            (角度初值)
#11=#24+#1/2;                     (圆柱面轴线中点X值)
#12=#1/2;                         (轴线两端相对中央距离)
WHILE [#10 LE 180] DO1;
#13=#4*[SIN#10-1];                (Z)
#14=#4*COS#10;                    (Y)
G1 Z#13 F#9;
    Y[#25+#14];
G1 X[#11+#12];
#10=#10+#17;
#12=-#12;
END1;
G0 Z5;
M99;                              (子程序结束)
```

2）圆柱面的周向走刀加工

沿圆柱面圆周方向走刀，沿轴向进刀；走刀路线通常比前一方式长，加工效率较低，但用于大直径短圆柱则较好，加工后圆柱面轮廓度较好；用于模具加工，脱模力较小；程序可用子程序重复或宏程序实现，用自动编程实现程序效率太低。

圆柱面的周向走刀加工的宏程序加工方案，立铣刀加工宏程序号为 O6020，球刀加工宏程序号为 O6021。主程序和宏程序调用参数与圆柱面的轴向走刀加工与上例 O1000 基本相同，不再给出。

```
O6020;                            (立铣刀加工宏程序)
#10=#24;                          (进刀起始位置 X)
#11=#24+#1;                       (进刀终止位置 X)
#2=2;                             (G2/G3)
#3=1;                             (切削方向)
G90 G0 X[#10-2] Y[#25-#3*[#4+#7]];
Z5;
G1 Z-#4 F200;
WHILE[ #10 LE #11] DO1;
G1 X#10 F#9;                      (进刀)
G#2 Y[#25-#3*#7] Z0 R#4;          (走1/4 圆弧)
G1 Y[#25+#3*#7];                  (走一个刀具直径的直线)
G#2 Y[#25+#3*[#4+#7]] Z-#4R#4;    (走1/4 圆弧)
#10=#10+#17;                      (计算下一刀位置)
#2=#2+#3;                         (确定下一刀 G2/G3)
#3=-#3;                           (切削方向反向)
END1;
G0 Z5;
M99;


O6021;                            (球刀加工宏程序)
#10=#24;                          (进刀起始位置 X)
#11=#24+#1;                       (进刀终止位置 X)
#2=2;                             (G2/G3)
#3=1;                             (切削方向)
#4=#4+#7;
G90 G0 X[#10-2] Y[#25-#3*#4];
Z5;
G1 Z-#4 F200;
WHILE [#10 LE #11] DO1;
G1 X#10 F#9;                      (进刀)
G#2 Y[#25+#3*#4] Z0 R#4;          (走圆弧)
#10=#10+#17;                      (计算下一刀位置)
#2=#2+#3;                         (确定下一刀 G2/G3)
#3=-#3;                           (切削方向反向)
END1;
G0 Z5;
M99;
```

6. 球面加工

1）球面加工使用的刀具

（1）粗加工可以使用键槽铣刀或立铣刀，也可以使用球头铣刀。

（2）精加工应使用球头铣刀。

2）球面加工的走刀路线

（1）一般使用一系列水平截球面所形成的同心圆来完成走刀。

（2）在进刀控制上有从上向下进刀和从下向上进刀两种，一般应使用从下向上进刀来完成加工，此时主要利用铣刀侧刃切削，表面质量较好，端刃磨损较小，同时切削力将刀具向欠切方向推，有利于控制加工尺寸。

3）进刀控制算法

如图 6-36 所示为进刀控制算法。

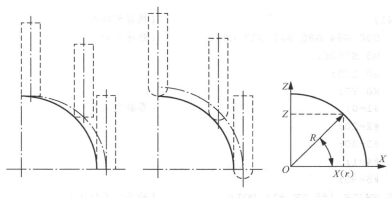

图 6-36　进刀控制算法

（1）进刀点的计算。

① 先根据允许的加工误差和表面粗糙度确定合理的 Z 向进刀量，再根据给定加工深度 Z 计算加工圆的半径，即：

```
r=SQRT[R2-z2]
```

此算法走刀次数较多。

② 先根据允许的加工误差和表面粗糙度确定两相邻进刀点相对球心的角度增量，再根据角度计算进刀点的 r 和 Z 值，即

```
Z=R*sinθ, r=R*cosθ
```

（2）进刀轨迹的处理。

① 对立铣刀加工的曲面加工是刀尖完成的，当刀尖沿圆弧运动时，其刀具中心运动轨迹也是一个圆弧，只是位置相差一个刀具半径。

② 对球头刀加工，曲面加工是球刃完成的，其刀具中心是球面的同心球面，半径相差一个刀具半径。

【例 6-45】 加工如图 6-37 所示的椭圆形的半球曲面，刀具为 $R8mm$ 的球铣刀。利用椭圆的参数方程和圆的参数方程来编写宏程序。

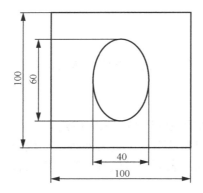

图 6-37 椭圆形的半球曲面加工

编制参考宏程序如下：

```
O0041;                              （椭圆形球面）
N10  G90 G94 G80 G21 G17 G54;       （程序开始）
N20  M3 S1500;
N30  G0 Z30;
N40  X0 Y0;
N50  #1=0;                          （参数定义）
N60  #2=20;
N70  #3=30;
N80  #4=1;
N90  #5=90;
N100 WHILE [#5 GE #1] DO1;          （轮廓加工程序）
N110 #6=#3*COS[#5*3.14/180]+4;
N120 #7=#2*SIN[#5*3.14/180];
N130 G01 X[#6] F800;
N140 Z[#7];
N150 #8=360;
N160 #9=0;
N170 WHILE #9 LE #8 DO2;
N180 #10=#6*COS[#9*3.14/180];
N190 #11=#6*SIN[#9*3.14/180]*2/3;
N200 G01 X[#10] Y[#11] F800;
N210 #9=#9+1;
N220 END1;
N230 #5=#5-#4;
N240 END2;
N250 M30;                           （程序结束）
```

在例 6-45 中可看出，角度每次增加的大小和最后工件的加工表面质量有较大关系，即计数器的每次变化量与加工的表面质量和效率有直接关系。希望读者在实际应用中注意。

【例 6-46】 加工如图 6-38 所示的 R40mm 外球面，刀具为立铣刀，试编写该图加工的程序。

为对刀方便，宏程序编程零点在球面最高点处，采用从下向上进刀方式。立铣刀加工宏程序号为O9013。

图 6-38　外球面加工

```
O1000;
G91 G28 Z0;
M06 T01;
G54 G90 G0 G17 G40;
G43 Z50 H1M03 S3000;
G65 P9013 X0 Y0 Z-30 D6 I40.5 Q3 F800;
G49 Z100 M05;
G28 Z105;
M06 T02;
G43 Z50 H2 M03 S4000;
G65 P9014 X0 Y0 Z-30 D6 I40 Q0.5 F1000;
G49 Z100 M05;
G28 Z105;
M30;
```

···

宏程序调用参数说明

$X(\#24)/Y(\#25)$ ------球心坐标
$Z(\#26)$ -------------球高
$D(\#7)$ --------------刀具半径
$Q(\#17)$ -------------角度增量，度
$I(\#4)$ --------------球径
$F(\#9)$ --------------走刀速度

···

```
O9013;
#1=#4+#26;                              （进刀点相对球心 Z 坐标）
#2=SQRT[#4*#4-#1*#1];                   （切削圆半径）
#3=ATAN#1/#2;                           （角度初值）
#2=#2+#7;
G90 G0 X[#24+#2+#7+2] Y#25;
   Z5;
G1 Z#26 F300;
WHILE [#3 LT 90] DO1;                   （当进刀点相对水平方向夹角小于90°时加工）
G1 Z#1 F#9;
   X[#24+#2];
G2 I-#2;
#3=#3+#17;
#1=#4*[SIN[#3]-1];                      （$Z=-(R-R\sin\theta)$）
#2=#4*COS[#3]+#7;                       （$r=R\cos\theta+r_n$）
END1;
G0 Z5;
M99;
```

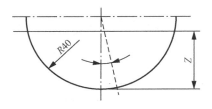

图 6-39　内球面加工

【例 6-47】　加工如图 6-39 所示的 *R*40mm 内球面，刀具为球铣刀，试编写该图加工的程序。

为对刀方便，宏程序编程零点在球面最高处中心，采用从下向上进刀方式。其主程序与上例类似，宏程序调用参数与上例相同，本例不再给出。球刀加工宏程序号 O9016。

```
O9016;                        （球刀加工宏程序）
#6=#4+#26;                    （球心在零点之上的高度）
#8=SQRT[#4*#4-#6*#6];         （中间变量）
#3=90-ATAN[#6]/[#8];          （加工终止角）
G90 G0 X#24 Y#25;             （加工起点）
Z5;
G1 Z#26 F50;
#5=#17;
#4=#4-#7;
WHILE [#5 LE #3] DO1;         （角度小于或等于终止角时加工）
#1=#6-#4*COS[#5];             （Z 值）
#2=#4*SIN[#5];                （X 值）
G1 Z#1 F#9;
X[#24+#2];
G3 I-#2;
#5=#5+#17;
END1;
G0 Z5;
M99;                          （程序结束）
```

7. 倒圆与倒角加工

【例 6-48】　如图 6-40 所示的轮廓，用 φ20mm 立铣刀加工外轮廓，用 *R*6mm 的球形铣刀进行轮廓倒角加工，试编写其加工程序。

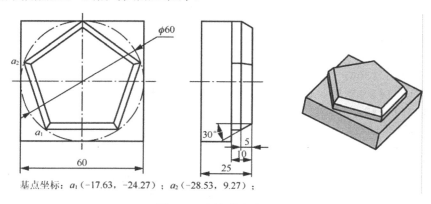

基点坐标：a_1（−17.63，−24.27）；a_2（−28.53，9.27）；

图 6-40　倒角编程实例

加工本例工件时，先采用立铣刀加工出外形轮廓，再用 *R*6mm 的球形铣刀进行倒角加工，加工过程中以球心作为刀位点，编程时以加工高度"#101"作为自变量，刀位点（球心）到上表面的距离"#102"和导入的刀具半径补偿参数"#103"为应变量，通过"G10"指令导入刀具补偿参数，加工出与外轮廓等距的偏移轮廓。

（1）程序导入补偿值指令 G10。工件倒圆或倒角时，从俯视图中观察，其实际的切削轨迹就好像将轮廓不断地做等距偏移，为了实现这种等距偏移，可通过修改刀具半径补偿值来实现。为了在加工过程中实时修改刀具补偿值，可通过编程指令 G10 来导入相应的补偿值参数，刀具每切削一层，便导入一个新的刀具半径补偿值，从而实现切削轨迹的等距偏移。常用刀具补偿程序赋值格式见表 6-7。

表 6-7 刀具补偿程序赋值格式

刀具补偿存储器种类		格 式
刀具长度补偿（H）	几何补偿	G10 L10 P___ R___;
	磨损补偿	G10 L11 P___ R___;
刀具半径补偿（D）	几何补偿	G10 L12 P___ R___;
	磨损补偿	G10 L13 P___ R___;

指令格式中 P 为刀具补偿号，R 为刀具补偿值。当用 G90 绝对值指令方式时，R 后接的数值就是刀具的补偿值；当用 G91 增量值指令方式时，R 后接的数值和指定的刀具补偿值的和就是刀具的补偿值

（2）轮廓倒圆和倒角的宏程序运算。轮廓倒圆与倒角时，通常使用立铣刀或球形铣刀进行加工，宏程序编程过程中的变量运算见表 6-8。

表 6-8 轮廓倒圆和倒角的变量与运算

	图　形	变量与运算
尖刀倒凸圆角		#101——角度变量；R——倒圆半径；r——刀具半径 #102=$R\sin$（#101）-R：刀具切削点到圆角上表面的距离 #103=r-[R-$R\cos$（#101）]：导入数控系统的刀具半径补偿值参数，该值既可为正值，也可为负值
球刀倒凸圆角		#101——角度变量；R——倒圆半径；r——刀具半径 #102=（R+r）$\sin$（#101）-R-r：刀位点到圆角上表面的距离 #103=（r+R）$\cos$（#101）-R：导入数控系统的刀具半径补偿值参数，该值既可为正值，也可为负值
尖刀倒凹圆角		#101——角度变量；R——倒圆半径；r——刀具半径 #102=$R\cos$（#101）：刀具切削点到圆角上表面的距离 #103=r-$R\sin$（#101）：导入数控系统的刀具半径补偿值参数，该值既可为正值，也可为负值

续表

图　形	变量与运算
球刀倒凹圆角	#101——角度变量；R——倒圆半径；r——刀具半径 #102=$(r-R)\cos(\#101)-r$：刀位点到圆角上表面的距离，该值通常为负值 #103=$(r-R)\sin(\#101)$：导入数控系统的刀具半径补偿值参数，该值通常为负值
尖刀倒圆	#101——加工高度变量；θ——角度常量；R——倒圆半径；r——刀具半径 #102=$\#101-H$：刀具切削点到倒角上表面的距离 #103=$r-\#101\times\tan\theta$：导入数控系统的刀具半径补偿值参数
球刀倒角	#101——加工高度变量；θ——角度常量；R——倒圆半径；r——刀具半径 #102=$\#101-H+r\sin\theta-r$：刀位点到倒角上表面的距离 #103=$r\cos\theta-\#101\times\tan\theta$：导入数控系统的刀具半径补偿值参数

（3）图 6-40 中轮廓倒圆与倒角实例参考程序。

```
O0063;                                          （轮廓倒角程序）
G94 G40 G17 G21 G90 G54;                        （程序初始化）
M03 S800;                                        （程序开始部分）
G00 X-30.0 Y-30.0 M08;
    Z20.0;
#101=0.0;
N100 #102= #101-5.0+ 6.0*SIN[30.0]-10.0;        （Z 坐标）
#103=6.0*COS[30.0]-#101*TAN[30.0];              （刀具半径补偿参数）
G01 Z#102 F100;                                 （先 Z 向进给再 X 向进给）
G10 L12 P1 R#103;                               （导入刀具半径补偿值）
M98 P6310;                                       （调用轮廓加工程序）
#101=#101+1.0;                                   （加工高度增量为 1mm）
IF[#101 LE 5.0] GOTO100;                         （条件判断）
G91 G28 Z0;                                      （程序结束部分）
M05 M09;
M30;
O6310;                                           （轮廓加工程序）
    G41 G01 X-17.63 Y-24.27 D01;
        X-28.53 Y9.27;
        X0 Y30.0;
        X28.53 Y9.27;
        X17.63 Y-24.27;
        X-17.63;
```

```
G40 G01 X-30.0 Y-30.0;
M99;
```

8. 孔系零件加工

孔系零件加工可分为矩形阵列孔系零件和环形阵列孔系零件加工两种情况。

1）矩形阵列孔系零件加工

就单孔加工而言，其加工有一次钻削进给和间歇钻削进给之分，为使用方便，定制的宏程序应能完成此两种加工。以图 6-41 所示的工件为例，板厚 20mm，编程零点放在工件左下角。矩形阵列孔系零件宏程序加工的阵列基准为左下角第一个孔。

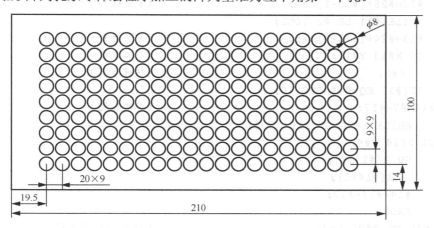

图 6-41 矩形阵列孔系零件

```
O1000;                                         （主程序名）
G91 G28 Z0;
M06 T1;                                         （中心钻）
G54 G90 G0 G17 G40;
G43 Z50 H1 M03 M07 S1000;
G65 P9022 X19.5 Y14 A9 B20 I9 J9 R2 Z-3 Q0 F60;
G0 G49 Z150 M05 M09;
G91 G28 Z0;
M06 T2;                                         （钻头）
G90 G43 Z50 H2 M03 M07 S1200;
G65 P9022 X19.5 Y14 A9 B20 I9 J9 R2 Z-22 Q2 F100;
G0 G49 Z150 M05 M09;
G91 G28 Z0;
M30;
```
··

宏程序调用参数说明

X(#24)------阵列左下角孔位置

Y(#25)

A(#1)-------行数

B(#2)-------列数

I(#4)-------行间距

J(#5)-------列间距

R(#7)-------快速下刀高度

Z(#26)------钻深

Q(#17)------每次钻进量，Q=0，则一次钻进到指定深度

F(#9)-------钻进速度

…… …… …… …… …… …… …… …… …… …… …… …… …… …… …… …… ……

```
O9022;                              （子程序名）
#10=1;                              （行变量）
#11=1;                              （列变量）
WHILE [#10 LE #1] DO1;
  #12=#25+[#10-1]*#4;               （Y坐标）
  WHILE[#11 LE #2 ]DO2;
  #13=#24+[#11-1]*#5;               （X坐标）
  G0 X#13 Y#12;                     （孔心定位）
    Z#7;                            （快速下刀）
  IF[#17 EQ 0 ]GOTO 10;
#14=#7-#17;                         （分次钻进）
    WHILE [#14 GT #26] DO3;
G1 Z#14 F#9;
  G0 Z[#14+2];
    Z[#14+1];
    #14=#14-#17;
    END3;
 N10 G1 Z#26 F#9;                   （一次钻进/或补钻）
G0 Z#7;                             （抬刀至快进点）
 #11=#11+1;                         （列加1）
  END2;
#10=#10+1;                          （行加1）
END1;
M99;                               （子程序结束）
```

2）环形阵列孔系加工

【例6-49】 加工如图6-42所示的工件，板厚40mm，编程零点放在分布圆中心。

```
O1000;                   （主程序）
G91 G28 Z0;
M06 T1;                  （中心钻）
G54 G90 G0 G17 G40;
G43 Z50 H1 M03 M07 S1000;
G65 P9023 X0 Y0 A0 B45 I50 K8 R2 Z-3 Q0 F60;
G65 P9023 X0 Y0 A0 B30 I80K12 R2 Z-3 Q0 F60;
G0 G49 Z120 M05 M09;
G91 G28 Z0;
M06 T2;                  （钻头）
G43 Z50 H2 M03 M07 S800;
G65 P9023 X0 Y0 A0 B45 I50 K8 R2 Z-22 Q2 F60;
G65 P9023 X0 Y0 A0 B30 I80 K12 R2 Z-42 Q2 F60;
```

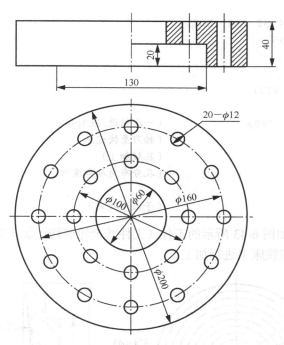

图 6-42　环形阵列孔系零件

```
G0 G49 Z100 M05 M09;
G91 G28 Z0;
M30;
```

宏程序调用参数说明

```
X(#24)------阵列中心位置
Y(#25)
A(#1)-------起始角度
B(#2)-------角度增量(孔间夹角)
I(#4)-------分布圆半径
K(#6)-------孔数
R(#7)-------快速下刀高度
Z(#26)------钻深
Q(#17)------每次钻进量，Q=0，则一次钻进到指定深度
F(#9)-------钻进速度
```

```
O9023;
#10=1;                        (孔计数变量)
WHILE [#10 LE #6] DO1;
#11=#24+#4*COS[#1];           (X)
#12=#25+#4*SIN[#1];           (Y)
G90 G0 X#11 Y#12;             (定位)
Z#7;                          (快速下刀)
IF [#17 EQ 0] GOTO 10;
#14=#7-#17;                   (分次钻进)
```

```
    WHILE [#14 GT #26] DO2;
    G1 Z#14 F#9;
  G0 Z[#14+2];
      Z[#14+1];
      #14=#14-#17;
      END2;
  N10 G1 Z#26 F#9;                    （一次钻进/或补钻）
  G0 Z#7;                             （抬刀至快进点）
  #10=#10+1;                          （孔数加 1）
  #1=#1+#2;                           （孔分布角加角度增量）
  END1;
  M99;                               （子程序结束）
```

【例 6-50】 编写如图 6-43 所示的工件（工件其余轮廓均已加工完成）圆弧表面均布孔的加工程序，并在数控铣床上进行加工。

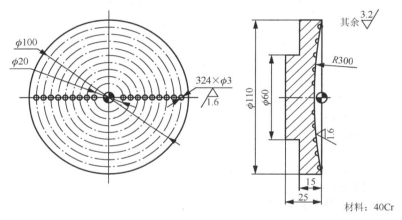

要求：（1）孔均布形式为外圈均布60个，以后每圈直径减小10mm，均布数减少6个；
　　　（2）孔深1.5mm，深浅一致。

图 6-43　圆弧表面均布孔

任务分析　该任务要在圆弧表面加工 324 个均布孔，如果采用一般的编程方法编程，则程序冗长。此外，由于在曲面表面钻孔，孔深的一致性无法保证。如果采用宏程序编程则程序简单明了，且容易保证孔深的一致性。同样，为了适合不同系统的数控机床，该任务采用 B 类宏程序编程。

宏程序编程时，编程思路是关键。自变量的合理选择也非常重要，选择自变量时，应考虑编程过程中计算的方便性和加工路线的合理性。

编程提示　本工件编程的关键是控制孔深度的一致性。为此，要计算出孔的上平面处的 Z 坐标值。如图 6-44 所示，以 P 点为例，各点孔底平面 Z 坐标值（$Z_{p底}$）计算如下：

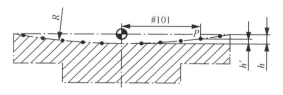

图 6-44　宏程序编程运算图

总矢高

$$h=R-\sqrt{R^2-55^2}=R-294.915$$

孔上平面各点的矢高

$$h'=R-\sqrt{R^2-(\#101)^2}$$

不同的孔上平面 Z 坐标

$$Z_p=h'-h=294.915-\sqrt{R^2-(\#101)^2}$$

不同的孔底平面 Z 坐标

$$Z_{p底}=Z_p-1.5=293.415-\sqrt{R^2-(\#101)^2}$$

编程时，采用以下变量进行运算，加工程序见表6-7。

#101：半径值变量；

#102：均布孔数变量；

#103：角度增量变量；

#104：孔中心角度变量；

#105：孔中心 X 坐标值；

#106：孔中心 Y 坐标值；

#108：孔底平面 Z 坐标值（$Z_{p底}$）。

表 6-7　B 类宏程序编程参考程序表

程序号	加工程序	程序说明
	O0010;	主程序
N10	G90 G94 G50 G17 G54 F100;	程序开始
N20	G91 G28 Z0;	
N30	M06 T01;	
N40	G90 G43 G00 Z20.0 H01;	
N50	S2 000 M03 M08;	
N60	#101=50.0;	变量赋初值
N70	#102=60.0;	
N60	N300 #103=360.0/#102;	
N70	#104=0;	
N80	#108=293.415-SQRT[300*300-#101*#101]；	孔底平面 Z 坐标值
N90	N500 #105=#101*COS[#104];	孔中心位置 X 坐标
N100	#106=#101*SIN[#104];	孔中心位置 Y 坐标
N110	G99 G81 X#105 Y#106 Z#108 R3.0 F50;	孔加工程序
N120	#104=#104+#103;	变量运算
N130	IF[#104 LT 360.0] GOTO500;	条件判断
N140	#101=#101-5.0;	变量运算
N150	#102=#102-6.0;	
N160	IF[#101 GE 20.0]GOTO300;	条件判断
N170	G80 G49 G91 G28 Z0 M09;	程序结束
N180	M30;	

编写宏程序时，自变量不要设置太多，其余变量均通过自变量来计算。

6.4 数控自动编程应用

20 世纪 90 年代以前，市场上销售的 CAD/CAM 软件基本上为国外的软件系统。90 年代以后国内在 CAD/CAM 技术研究和软件开发方面进行了卓有成效的工作，尤其是在以 PC 平台的软件系统方面，其功能已能与国外同类软件相当，并在操作性、本地化服务方面具有优势。一个好的数控编程系统，已经不仅仅用于绘图、作轨迹、出加工代码，还是一种先进的加工工艺的综合，先进加工经验的记录、继承和发展。

北航海尔软件公司经过多年来的不懈努力，推出了 CAXA 制造工程师数控编程系统。这套系统集 CAD、CAM 于一体，功能强大、易学易用、工艺性好、代码质量高，现在已经在全国上千家企业的使用，并受到好评，不但降低了投入成本，而且提高了经济效益。CAXA 制造工程师数编程系统，现正在一个更高的起点上腾飞。

6.4.1 凸轮的造型

根据图 6-45 所示的实体图形，可以看出凸轮的外轮廓边界线是一条凸轮曲线，可通过"公式曲线"功能绘制，中间是一个键槽。此造型整体是一个柱状体，所以通过拉伸功能可以造型，然后利用圆角过渡功能过渡相关边即可。

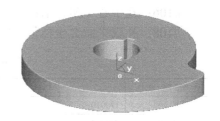

图 6-45 凸轮造型

1. 绘制草图

（1）选择菜单栏【文件】→【新建】命令或者单击"标准工具栏"上的 ▢ 按钮，新建一个文件。按"F5"键，在 *XOY* 平面内绘图。选择菜单栏【应用】→【曲线生成】→【公式曲线】命令或者单击"曲线生成栏"中的图标 f(x)，弹出如图 6-46 所示的对话框，选中"极坐标系"选项并设置相应的参数。

（2）单击"确定"按钮，此时公式曲线图形跟随鼠标，定位曲线端点到原点，如图 6-47 所示。

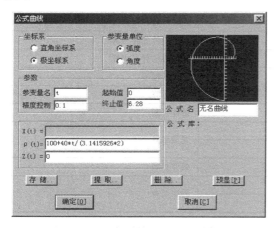

图 6-46 "极坐标系"选项

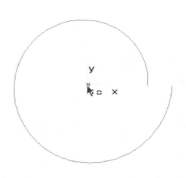

图 6-47 定位曲线端点到原点

（3）单击"曲线生成栏"中的"直线"按钮 <img>，在导航栏上选择"两点线"、"连续"、"非正交"，将公式曲线的两个端点连接起来，如图 6-48 所示。

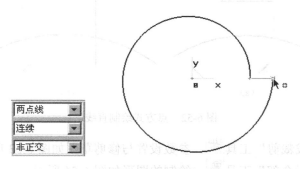

图 6-48 连接曲线

（4）选择"曲线生成栏"中的"整圆"工具 <img>，然后在原点处单击鼠标左键，按"Enter"键，弹出输入半径文本框，如图设置半径为"30"，然后按"Enter"键。画圆如图 6-49 所示。

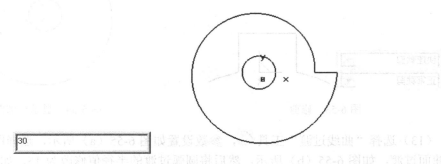

图 6-49 画圆

（5）单击"曲线生成栏"中的"直线"按钮 <img>，在导航栏上选择"两点线"、"连续"、"正交"、"长度方式"，并输入长度为 12。

（6）选择原点，并在其右侧单击鼠标，绘制长度为 12mm 的直线，如图 6-50 所示。

（7）选择"几何变换栏"中的"平移"工具 <img>，设置平移参数如图 6-51（a）所示。选中上述直线，单击鼠标右键，将选中的直线移动到指定的位置。

（8）选择"曲线生成栏"中的"直线"工具 <img>，在导航栏上选择"两点线"、"连续"、"正交"、"点方式"，如图 6-51（b）所示。

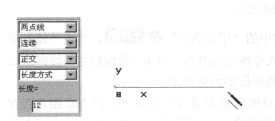

图 6-50 长度方式绘制直线

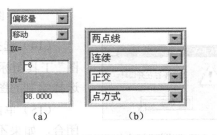

图 6-51 设置"平移"和"直线"参数

（9）选择被移动的直线上一端点，在圆的下方单击鼠标右键，如图 6-52（a）所示。

（10）同步骤（9）操作，在水平直线的另一端点，画垂直线，如图 6-52（b）所示。

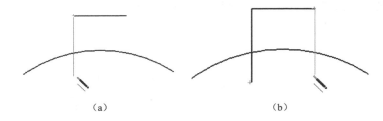

（a）　　　　　　　　　　　　　　（b）

图 6-52　点方式绘制直线

（11）选择"曲线裁剪"工具 ，参数设置与修剪草图如图 6-53 所示。

（12）选择"显示全部"工具 ，绘制的图形如图 6-54 所示。

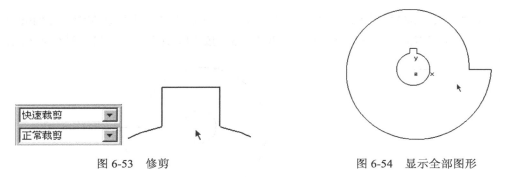

图 6-53　修剪　　　　　　　　　　图 6-54　显示全部图形

（13）选择"曲线过渡"工具 ，参数设置如图 6-55（a）所示，选择图示转折处，进行曲面过渡，如图 6-55（b）所示。然后将圆弧过渡的半径值修改为 15，如图 6-55（c）所示，选择图示转折处，曲面过渡如图 6-55（d）所示。

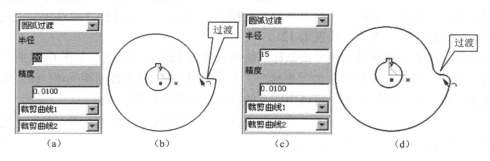

（a）　　　　　　（b）　　　　　　（c）　　　　　　（d）

图 6-55　曲面过渡

图 6-56　草图环闭合提示

（14）选择特征树中的"平面 XY" ，单击"绘制草图"工具图标 ，进入草图绘制状态，单击"曲线投影"按钮 ，选择绘制的图形，把图形投影到草图上。

（15）单击"检查草图环是否闭合"按钮 ，检查草图是否存闭合，如果不闭合就继续修改；如果闭合，将弹出如图 6-66 所示的提示框。

（16）单击图标 ，退出草图绘制。

2. 实体造型

1）拉伸增料

选择"拉伸增料"工具 ，在弹出的"拉伸"对话框中设置参数，如图 6-57 所示。

图 6-57　拉伸增料

2）过渡

单击"特征生成栏"中的"过渡"按钮 ，设置参数如图 6-58（a）所示，选择造型上下两面上的 16 条边，如图 6-58（b）所示，然后单击"确定"按钮。

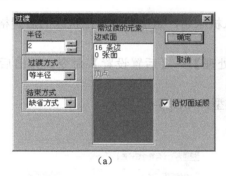
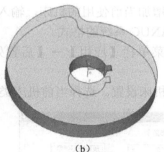

（a）　　　　　　　　　　　　　　　（b）

图 6-58　过渡

6.4.2　凸轮加工

因为凸轮的整体形状就是一个轮廓，所以粗加工和精加工都采用平面轮廓方式。在加工之前应该将凸轮的公式曲线生成的样条轮廓转为圆弧，这样加工生成的代码可以走圆弧插补，从而生成的代码最短，加工的效果最好。

1. 加工前的准备工作

1）设定加工刀具

（1）选择菜单栏【应用】→【轨迹生成】→【刀具库管理】命令，弹出"刀具库管理"对话框，如图 6-59 所示。

（2）增加铣刀。单击"增加铣刀"按钮，在弹出的"增加铣刀"对话框中输入铣刀名称"D20"，增加一个加工需要的平刀，如图 6-60 所示。

刀具名称一般都是以铣刀的直径和刀角半径来表示，尽量和工厂中用刀的习惯一致。刀具名称一般表示形式为"D10，r3"，D 代表刀具直径，r 代表刀角半径。

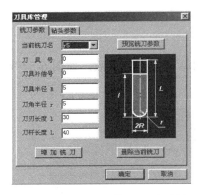

图 6-59 "刀具库管理"对话框   图 6-60 "增加铣刀"对话框

（3）设定增加的铣刀的参数。如图 6-61 所示，在"刀具库管理"对话框中输入刀角半径 r 为 0，刀具半径 R 为 10，其中的刀刃长度和刃杆长度与仿真有关而与实际加工无关，刀具定义即可完成。

（4）单击"预览铣刀参数"按钮，查看增加的铣刀参数，然后单击"确定"按钮。

2）后置设置

用户可以增加当前使用的机床，输入机床名，定义适合自己机床的后置格式。系统默认的格式为 FANUC 系统的格式。

（1）选择菜单栏【应用】→【后置处理】→【后置设置】命令，弹出后置设置的对话框。

（2）增加机床设置。选择当前机床类型，如图 6-62 所示。

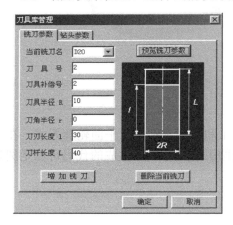

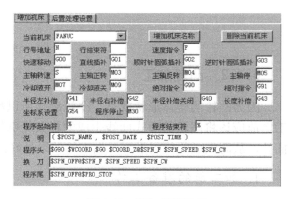

图 6-61 输入刀具参数   图 6-62 增加机床设置

（3）后置处理设置。选择"后置处理设置"选项卡，根据当前使用的机床设置各参数，如图 6-63 所示。

3）设定加工范围

本例的加工范围直接选取凸轮造型上的轮廓线即可，如图 6-64 所示。

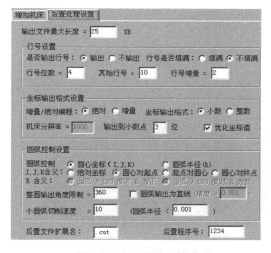

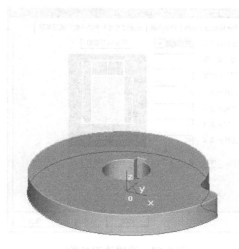

图 6-63　后置处理设置　　　　　　　　　　图 6-64　选择加工范围

2. 粗加工——平面轮廓加工轨迹

（1）在菜单栏选择【应用】→【轨迹生成】→【平面轮廓加工】命令，弹出"平面轮廓加工参数表"对话框。选择"平面轮廓加工参数"选项卡，设置参数如图 6-65 所示。

（2）选择"切削用量"选项卡，设置参数如图 6-66 所示。

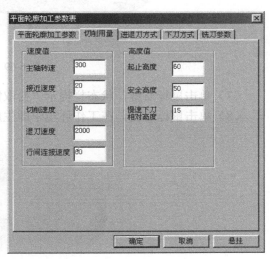

图 6-65　设置平面轮廓加工参数　　　　　　图 6-66　设置切削用量

（3）"进退刀方式"选项卡和"下刀方式"选项卡设置为默认方式。

（4）选择"铣刀参数"选项卡，如图 6-67 所示，选择在刀具库中定义好的 D20 平刀，单击"确定"按钮。

（5）状态栏提示"拾取轮廓和加工方向"，用鼠标选取造型的外轮廓，如图 6-68 所示。

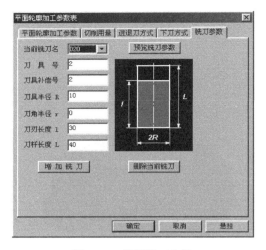

图 6-67　设置铣刀参数

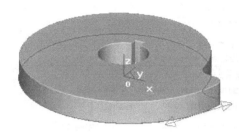

图 6-68　选取造型的外轮廓

（6）状态栏提示"确定链搜索方向"，选择箭头如图 6-69（a）所示。

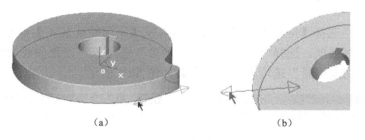

（a）　　　　　　　　　　　　　　　　　（b）

图 6-69　选择箭头

（7）单击鼠标右键，状态栏提示"拾取箭头方向"，选择图 6-69（b）中向外的箭头。

（8）单击鼠标右键，在工作环境中即生成加工轨迹，如图 6-70 所示。

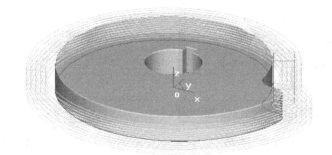

图 6-70　生成加工轨迹

3. 生成精加工轨迹

（1）首先把粗加工的刀具轨迹隐藏掉。

（2）在菜单栏选择【应用】→【加工轨迹】→【平面轮廓加工】命令，弹出"平面轮廓加工参数表"对话框，选择"平面轮廓加工参数"选项卡，将刀次修改为"1"，加工余量设置为"0"，如图 6-71 所示，然后单击"确定"按钮。

（3）其他参数同粗加工的设置一样，选择"放大"工具 ，查看精加工轨迹，如图 6-72 所示。

图 6-71　修改平面轮廓加工参数

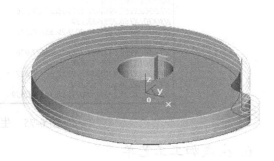

图 6-72　精加工轨迹

4. 轨迹仿真

（1）首先把隐藏掉的粗加工轨迹设为可见。

（2）在菜单栏选择【应用】→【轨迹仿真】命令，选择"自动计算"方式。

（3）状态栏提示"拾取刀具轨迹"，选取生成的粗加工和精加工轨迹，单击鼠标右键，轨迹仿真过程如图 6-73 所示。

5. 生成 G 代码

（1）在菜单栏选择【应用】→【后置处理】→【生成 G 代码】命令，弹出如图 6-74 所示"选择后置文件"的对话框。选择保存代码的路径并设置代码文件的名称，单击"保存"按钮。

图 6-73　加工轨迹仿真过程

图 6-74　"选择后置文件"对话框

（2）状态栏提示"拾取刀具轨迹"，选择前面生成的粗加工和精加工轨迹，单击鼠标右键，弹出记事本文件，内容为生成的 G 代码，如图 6-75 所示。

```
aa.cut - 记事本
文件(F) 编辑(E) 搜索(S) 帮助(H)
%
(aa.cut,2001.11.30,14:22:48.320)
N10G90G54G00Z60.000
N12S300M03
N14X170.425Y-2.404Z60.000
N16Z50.000
N18Z15.000
N20G01Z0.000F20
N22X169.734Y-11.143F60
N24G02X169.531Y-12.995I-30.405J2.404
N26G01X168.310Y-21.660
N28G02X167.990Y-23.517I-30.202J4.256
N30G01X166.226Y-32.139
N32G02X165.783Y-34.002I-29.881J6.113
N34G01X163.498Y-42.436
N36G02X162.933Y-44.288I-29.439J7.976
N38G01X160.142Y-52.488
N40G02X159.460Y-54.299I-28.873J9.827
N42G01X156.156Y-62.304
N44G02X155.359Y-64.073I-28.192J11.639
```

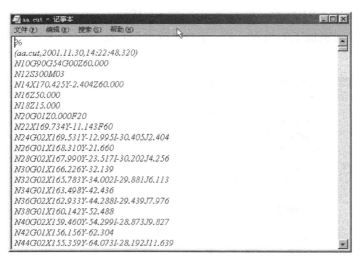

图 6-75 生成 G 代码

6. 生成加工工艺单

（1）选择菜单栏【应用】→【后置处理】→【生成工序单】命令，弹出“选择 HTML 文件名”对话框，输入文件名，单击“保存”按钮。

（2）用屏幕左下角提示拾取加工轨迹，用鼠标选取或用窗口选取或按“W”键，选中全部刀具轨迹，单击鼠标右键确认，立即生成加工工艺单，如图 6-76 所示。

加工轨迹明细单						
序号	代码名称	刀具号	刀具参数	切削速度	加工方式	加工时间
1	凸轮粗加工.cut	2	刀具直径=20.00mm 刀角半径=0.00 刀刃长度=30.000mm	60mm/min	平面轮廓	8min
2	凸轮精加工.cut	2	刀具直径=20.00mm 刀角半径=0.00 刀刃长度=30.000mm	600mm/min	平面轮廓	8min

图 6-76 生成加工轨迹明细单

至此，凸轮的造型、生成加工轨迹、加工轨迹仿真检查、生成 G 代码程序，生成加工工艺单的工作已经全部完成，可以把加工工艺单和 G 代码程序通过工厂的局域网送到车间去。车间在加工之前还可以通过 CAXA 制造工程师中的校核 G 代码功能，再看一下加工代码的轨迹形状，做到加工之前心中有数。把工件用百分表找正，按加工工艺单的要求找好工件零点，再按工序单中的要求装好刀具，找好刀具的 *Z* 轴零点，就可以开始加工了。

6.4.3 数据传输

1. 数控传输线的连接

数控传输线是数控机床与计算机之间的通信线。其连接方式有两种，即 9 针与 9 针相连和 9 针与 25 针相连。其连接插件如图 6-77 所示，连接方式如图 6-78 所示。

图 6-77 传输连接插件

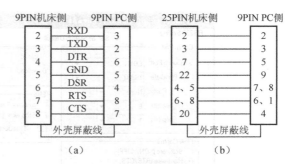

图 6-78 传输线连接

2. 数控程序的传输

虽然用于数控传输的软件较多，但其传输方法却大同小异。现以西门子系统随机光盘中自带的"WIN PCIN"软件为例来说明传输的方法。

1）传输软件参数的设定

（1）在计算机上打开西门子系统传输软件"WIN PCIN"，弹出如图 6-79 所示的操作主界面。

图 6-79 传输软件"WIN PCIN"操作主界面

（2）单击"RS232 Config"按钮进入如图 6-80 所示的传输参数设置界面。

（3）根据机床中设置的参数，在程序中设置如下传输参数值并保存。

- 传输端口（Comm Port）：根据计算机的接线口选择 COM1 或 COM2。
- 波特率（Baudrate）：9600 或 4800。
- 数据位（Data bits）：7。
- 停止位（Stop bits）：2。
- 奇偶校验（Parity）：EVEN。
- 代码类别：ISO。

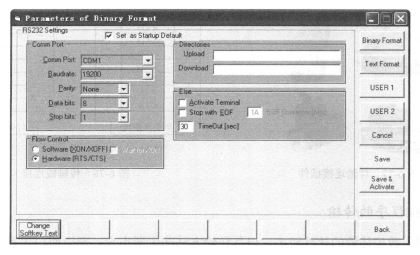

图 6-80　传输参数设置画面

2）程序的输入

在程序传输的过程中，一般是哪一侧要输入程序则哪一侧先操作，具体操作过程如下。

（1）按下机床操作面板的"EDIT"按钮，再按下 MDI 功能按钮 PROG 。

（2）输入地址"O"及赋值给程序的程序号，按下显示屏软键[OPRT]。

（3）按下屏幕软键[READ]和[EXEC]，程序被输入。

（4）在计算机传输软件主界面上单击"Send Data"按钮进入发送界面，找到要传输的文件（如图 6-81 所示）并打开，即开始传输程序。

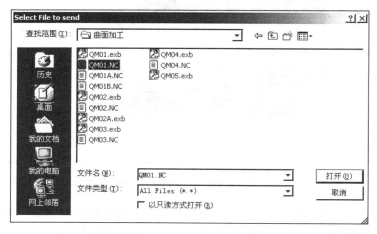

图 6-81　选择传输文件

（5）传输完成后，注意比较一下计算机和机床两端的数据，如果数据大小一致则表明传输成功。

3）程序的输出

程序的输出操作与输入操作相似，操作过程略。

思考与练习

1. 试编写如图 6-82 所示工件的加工程序（毛坯尺寸为 80mm×80mm×31mm，材料为硬铝），并在数控铣床上进行加工。

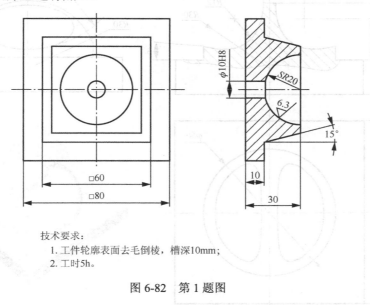

技术要求：
1. 工件轮廓表面去毛倒棱，槽深10mm；
2. 工时5h。

图 6-82　第 1 题图

2. 试编写如图 6-83 所示工件的加工程序（毛坯尺寸为 120mm×100mm×26mm，材料为硬铝），并在数控铣床上进行加工。

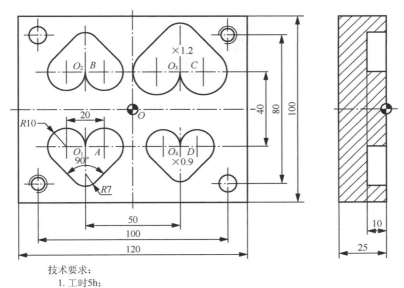

技术要求：
1. 工时5h；
2. 工件表面去毛倒棱。

图 6-83　第 2 题图

3. 试采用自动编程软件编写如图 6-84 所示工件（毛坯尺寸为 80mm×80mm×41mm，材料为硬铝）的数控铣加工程序，并将该程序通过计算机传输的方法传入数控系统，然后加工出该工件。（该任务的轮廓造型由教师提供，曲面未注明过渡圆角为 R1）。

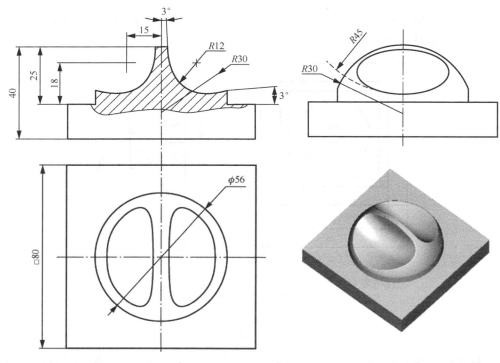

图 6-84　第 3 题图

第 7 章　数控铣床高级工考核实例

📖 **学习目录**

❖ 了解国家职业技能鉴定标准中应知应会要求，结合实例进行综合训练，达到高级工考核标准的要求。

❖ 通过分析该实例的加工工艺及编程技能技巧，巩固数控系统常用指令的编程与加工工艺。

❖ 巩固数控铣床操作能力、综合工件程序编写能力和工件质量检测能力。

📖 **教学导读**

　　本章教学内容为数控铣床操作职业技能考核综合训练，以数控铣床为主，适当介绍加工中心操作内容。通过本章的学习，可以使读者具备数控铣削加工技术的综合应用能力，达到数控铣床高级工的要求并顺利通过职业技能鉴定。

　　按照数控铣床高级工技能鉴定要求，本章安排了 6 个高级职业技能综合训练实例，下面 6 个图形为本章考核实例的三维造型。

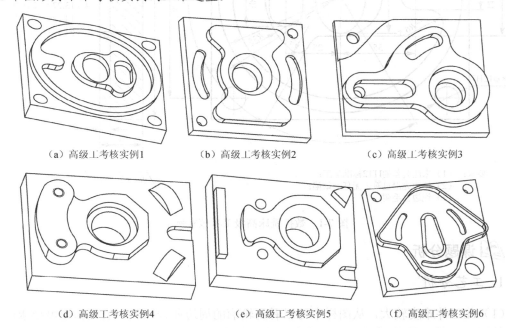

（a）高级工考核实例1　　　　（b）高级工考核实例2　　　　（c）高级工考核实例3

（d）高级工考核实例4　　　　（e）高级工考核实例5　　　　（f）高级工考核实例6

📖 **教学建议**

　　（1）在实际操作训练过程中应增加高级工课题的实战练习题，可不拘泥于课本知识，以提高学生编程与操作的技能技巧。

　　（2）本章教学的目的就是提高学生解决实际问题的能力，因此要多联系实际问题进行课题的训练与操作。

　　（3）良好的设备保养习惯是靠平时的实践中逐渐形成的，所以要在平时的实践中进行强化。

7.1 数控铣床高级工考核实例 1

课题描述与课题图

加工如图 7-1 所示的工件，试分析该图的加工步骤并编写其数控铣床的加工程序。已知毛坯尺寸为 120mm×120mm×21mm。

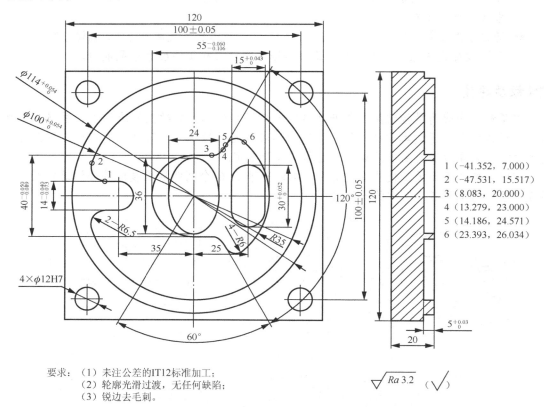

要求： （1）未注公差的IT12标准加工；
（2）轮廓光滑过渡，无任何缺陷；
（3）锐边去毛刺。

图 7-1 数控铣床高级工考核实例 1

课题分析

1. 工艺分析

（1）此工件难度较大，从图样中可以看到轮廓的周边曲线圆弧和表面粗糙度要求较高，而其他要求一般，零件采用平口钳装夹。将工件坐标系 G54 建立在工件上表面的对称中心处。

（2）4-ϕ12H7 的孔采用先钻孔、后铰孔方法来加工。

（3）中间椭圆轮廓采用宏程序加工。

2. 数控工序卡编制

本课题采用工序集中的原则，划分的加工工序：工序一为粗、精加工轮廓表面及孔；

工序二为钳工加工去除毛刺并倒棱，具体工序见表 7-1。

表 7-1 数控铣床高级工考核实例 1 加工工序卡

数控实训中心		数控加工工序卡片	零件名称			零件图号
			高级工考核实例 1			7-1
工艺序号	程序编号	夹具名称	夹具编号		使用设备	车间
7-1	O7011 O7012 O7013 O7014 O7015 O7016 O7017	平口钳			XH713A XD－40A VDL－600A	数控铣床车间 加工中心车间

工步号	工步内容（加工面）	刀具号	刀具规格	主轴转速 (r/min)	进给速度 (mm/min)	备注
1	通过垫铁组合，保证工件上表面伸出平口钳的距离至少为 8mm，并找正					
2	铣工件上表面，保证高度尺寸为 20mm		ϕ80mm 可转位面铣刀	600	200	
3	粗铣削外圆轮廓		ϕ25mm 键槽铣刀	400	150	
4	精铣削外圆轮廓		ϕ16mm 立铣刀	1500	100	
5	中心钻定位		B2.5mm 中心钻	2000	50	
6	钻孔		ϕ9.8mm 钻头	800	100	
7	铰孔		ϕ10mm 铰刀	300	50	
8	粗铣内轮廓及岛屿		ϕ8mm 立铣刀	400	150	
9	精铣内轮廓岛屿		ϕ8mm 立铣刀	1500	100	
10	工件表面去毛刺倒棱					
11	自检后交验					
编制		审核		批准		共 1 页 第 1 页

课题实施

1. 参考程序

本课题中椭圆加工较难，其余加工项目一般，因此建议读者将学习重点放在此处。该椭圆孔的加工采用 B 类的宏程序编写，具体宏程序编程说明可以参考第 6 章宏程序部分。本课题参考程序见表 7-2。

表 7-2 数控铣床高级工考核实例 1 参考程序

程 序 号	加 工 程 序	程 序 说 明
	O7011;	圆外轮廓加工
N010	G90 G94 G80 G21 G17 G54 G40;	程序初始化
N020	M03 S400 G00 Z30.0;	主轴正转，抬刀至安全距离
N030	X－80.0 Y－30;	定位
N040	G01 Z－5 F150;	工进下刀

续表

程　序　号	加　工　程　序	程　序　说　明
N050	G41 G01 X-57 D01 F150;	建立刀具半径补偿
N060	Y0;	
N070	G02 X-57 Y0 I57 J0;	程序内容
N080	G01 Y20;	
N090	G40 G01 X-80 Y30;	取消刀具半径补偿
N100	G00 Z30;	抬刀至安全距离
N110	M30;	程序结束
	O7012;	钻孔加工
N010	G90 G94 G80 G21 G17 G54 G40;	程序初始化
N020	M03 S800 G00 Z30;	主轴正转，抬刀至安全距离
N030	X50 Y50;	孔定位
N040	G81 Z-25 R5 F100;	G81 钻孔循环
N050	Y-50;	孔定位
N060	X-50;	孔定位
N070	Y50;	孔定位
N080	G80;	钻孔循环取消
N090	G00 Z30;	抬刀至安全距离
N100	M30;	程序结束
	O7013;	铰孔加工
N010	G90 G94 G80 G21 G17 G54 G40;	程序初始化
N020	M03 S300 G00 Z30;	主轴正转，抬刀至安全距离
N030	X50 Y50;	孔定位
N040	G85 Z-25 R5 F50;	G85 铰孔循环
N050	Y-50;	孔定位
N060	X-50;	孔定位
N070	Y50;	孔定位
N080	G80;	铰孔循环取消
N090	G00 Z30;	抬刀至安全距离
N100	M30;	程序结束
	O7014;	内轮廓加工
N010	G90 G94 G80 G21 G17 G54 G40;	程序初始化
N020	M03 S400 G00 Z30;	主轴正转，抬刀至安全距离
N030	X5 Y-30;	定位
N040	G01 Z-5 F150;	Z 向下刀
N050	G41 G01 Y-50 D01 F150;	建立刀具半径补偿
N060	G02 X-47.531 Y-15.517 R50;	
N070	G02 X-41.352 Y-7 R6.5;	
N080	G01 X-35;	程序内容
N090	G03 X-35 Y7 R7;	
N100	G01 X-41.352;	

续表

程 序 号	加 工 程 序	程 序 说 明
N110	G02 X-47.531 Y15.517 R6.5;	程序内容
N120	G02 X0 Y-50 I47.531 J-15.517;	
N130	G40 G01 Y-30;	刀具半径补偿取消
N140	G00 Z30;	抬刀至安全距离
N150	M30;	程序结束
	O7015;	岛屿外轮廓加工
N010	G90 G94 G80 G21 G17 G54 G40;	程序初始化
N020	M03 S400 G00 Z30;	主轴正转，抬刀至安全距离
N030	X-20 Y30;	定位
N040	G01 Z-5 F150;	Z 向下刀
N050	G41 G01 Y20 D01 F150;	建立刀具半径补偿
N060	X8.803;	
N070	G03 X13.279 Y23 R6;	
N080	G01 X14.186 Y24.571;	
N090	G02 X23.393 Y26.034 R6;	
N100	G02 X23.393 Y-26.034 R35;	
N110	G02 X14.186 Y-24.571 R6;	程序内容
N120	G01 X13.279 Y-23;	
N130	G03 X8.803 Y-20 R6;	
N140	G01 X0 Y-20;	
N150	G02 X0 Y20 R20;	
N160	G40 G01 Y40;	刀具半径补偿取消
N170	G00 Z30;	抬刀至安全距离
N180	M30;	程序结束
	O7016;	岛屿椭圆轮廓
N010	G90 G94 G80 G21 G17 G54 G40;	程序初始化
N020	M03 S400;	主轴正转
N030	G00 Z30;	抬刀至安全距离
N040	X0 Y0;	定位
N050	G01 Z-5 F150;	工进下刀
N060	G41 G01 X0 Y18 D01 F150;	建立刀具半径补偿
N070	#1=-270;	定义椭圆切削起点
N080	#2=12*COS[#1];	计算椭圆 X 轴的起点
N090	#3=18*SIN[#1];	计算椭圆 Y 轴的起点
N100	G01 X#2 Y#3;	直线逼近加工椭圆
N110	#1=#1+1;	角度递增
N120	IF [#1 LE 90] GOTO80;	判断角度是否到达目的点
N130	G40 G01 X0 Y0;	刀具半径补偿取消
N140	G00 Z30;	抬刀至安全距离
N150	M30;	程序结束
	O7017;	岛屿内孔轮廓加工
N010	G90 G94 G80 G21 G17 G54 G40;	程序初始化
N020	M03 S400 G00 Z30;	主轴正转，抬刀至安全距离

程 序 号	加 工 程 序	程 序 说 明
N030	X25 Y0;	定位
N040	G01 Z-5 F150;	Z 向下刀
N050	G41 G01 X32.5 Y0 D01 F150;	建立刀具半径补偿
N060	G01 Y7.5;	
N070	G03 X17.5 Y7.5 R7.5;	
N080	G01 Y-7.5;	程序内容
N090	G03 X32.5 Y-7.5 R7.5;	
N100	G01 Y0;	
N110	G40 G01 X25;	刀具半径补偿取消
N120	G00 Z30;	抬刀至安全距离
N130	M30;	程序结束

2. 检测与评价（表 7-3）

表 7-3 数控铣床高级工考核实例 1 检测与评价表

序号	考核项目	考核内容及要求		评 分 标 准	配分	检测结果	扣分	得分	备注
1	圆弧薄壁	$\phi114^{+0.054}_{0}$ mm	IT	超差 0.01mm 扣 0.5 分	4				
		$\phi100^{+0.054}_{0}$	IT	超差 0.01mm 扣 0.5 分	4				
		$14^{-0.040}_{-0.073}$ mm	IT	超差 0.01mm 扣 0.5 分	2				
		$5^{+0.03}_{0}$ mm	IT	超差 0.01mm 扣 0.5 分	4				
		2-R6.5mm		超差不得分	2				
		Ra		降一处扣 0.5 分	4				
		形状轮廓加工		完成形状轮廓得分	4				
2	方形凹槽	$30^{+0.052}_{0}$ mm	IT	超差 0.01mm 扣 0.5 分	2				
		$15^{+0.043}_{0}$ mm	IT	超差 0.01mm 扣 0.5 分	2				
		$5^{+0.03}_{0}$ mm	IT	超差 0.01mm 扣 0.5 分	2				
		25mm		超差不得分	4				
		Ra		降一处扣 0.5 分	2				
		形状轮廓加工		完成形状轮廓得分	5				
3	圆弧凸台	$40^{-0.050}_{-0.089}$ mm	IT	超差 0.01mm 扣 0.5 分	2				
		$55^{-0.060}_{-0.106}$ mm	IT	超差 0.01mm 扣 0.5 分	2				
		$5^{+0.03}_{0}$ mm	IT	超差 0.01mm 扣 0.5 分	2				
		4-R6mm、R35mm		超差不得分	2				
		120°		超差不得分	3				
		Ra		降一处扣 0.5 分	2				
		形状轮廓加工		完成形状轮廓得分	5				

续表

序号	考核项目	考核内容及要求		评 分 标 准	配分	检测结果	扣分	得分	备注
4	椭圆形孔	椭圆长轴 36mm	IT	超差 0.01mm 扣 0.5 分	4				
		椭圆短轴 24mm	IT	超差 0.01mm 扣 0.5 分	4				
		$5^{+0.03}_{0}$mm	IT	超差 0.01mm 扣 0.5 分	4				
		Ra		降一处扣 0.5 分	2				
		形状轮廓加工		完成形状轮廓得分	2				
5	销孔	$4-\phi 12H7$mm	IT	超差 0.01mm 扣 0.5 分	4				
			Ra	降一处扣 0.5 分	4				
		100 ± 0.05mm	IT	超差 0.01mm 扣 0.5 分	4				
			IT	超差 0.01mm 扣 0.5 分	4				
		形状轮廓加工		完成形状轮廓得分	5				
6	外形	120mm	IT	超差 0.01mm 扣 1 分	2				
		120mm	IT	超差 0.01mm 扣 1 分	2				
7	残料清角	外轮廓加工后的残料必须切除		每留一个残料岛屿扣 1 分,扣完 5 分为止					
		内轮廓必须清角		没清角每处扣 1 分,扣完 5 分为止					
8	安全文明生产	(1) 遵守机床安全操作规程		酌情扣 1～5 分					
		(2) 刀具、工具、量具放置规范							
		(3) 设备保养,场地整洁							
9	工艺合理	(1) 工件定位、夹紧及刀具选择合理		酌情扣 1～5 分					
		(2) 加工顺序及刀具轨迹路线合理							
10	程序编制	(1) 指令正确,程序完整		酌情扣 1～5 分					
		(2) 数值计算正确,程序编写精简							
		(3) 刀具补偿功能运用正确、合理							
		(4) 切削参数、坐标系选择正确、合理							
11	其他项目	(1) 毛坯未做扣 2～5 分		酌情扣 2～5 分					
		(2) 违反操作规程扣 2～5 分							
		(3) 未注尺寸公差按照 IT12 标准加工							

📖 课题小结

如何评价加工程序的编写质量?如果能完成同一个加工项目,一个理想的加工程序应当是编制工作中的辅助工作量小,编制程序时间短,程序指令规范、正确,程序段数少,刀具路径合理并且路线最短。应当强调,所编写的加工程序的可读性、理解性强,也是一个不可或缺的评价内容。在实际工作中,评价所编写的程序则要具体情况具体分析。在正常生产中,编写程序的方法和要求,不仅要从指令上、使用条件上看,也要根据企业在多年加工中积累起来的经验来看。不应该片面追求指令使用的技巧,例如,批量生产和单个产品的加工编程的要求显然是不一样的,在比赛中编写程序要求也会有所不同。

7.2 数控铣床高级工考核实例 2

课题描述与课题图

加工如图 7-2 所示的工件，试分析该图的加工步骤并编写其数控铣床的加工程序。已知毛坯尺寸为 120mm×120mm×21mm。

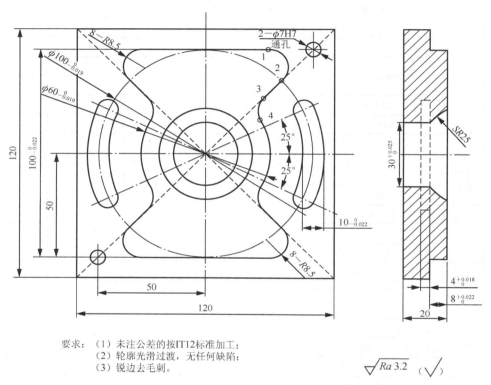

要求： （1）未注公差的按IT12标准加工；
（2）轮廓光滑过渡，无任何缺陷；
（3）锐边去毛刺。

$\sqrt{Ra\ 3.2}$ $\left(\sqrt{\quad}\right)$

图 7-2 数控铣床高级工考核实例 2

课题分析

1. 工艺分析

（1）此工件难度相对较大，从图样中可以看到轮廓的周边曲线圆弧和表面粗糙度要求较高，其他要求一般，零件采用平口钳装夹。将工件坐标系 G54 建立在工件上表面的对称中心处。

（2）$\phi 30^{+0.025}_{0}$ mm 的孔先铣孔后进行精镗孔。

（3）SR25mm 的圆球面采用 B 类宏程序加工。

（4）通过 CAXA 找点，得到图上 4 个点的坐标。第 1 个点坐标：X=29.479，Y=50.000；第 2 个点坐标：X=35.490，Y=35.490；第 3 个点坐标：X=26.552，Y=26.552；第 4 个点坐标：X=25.373，Y=16.006。

2. 数控工序卡的编制

本课题也采用工序集中的原则，划分的加工工序为：工序一为粗、精加工轮廓表面及孔；工序二为钳工加工去毛刺并倒棱。具体加工工序卡见表7-4。

表 7-4 数控铣床高级工考核实例 2 加工工序卡

数控实训中心		数控加工工序卡片		零件名称		零件图号
				高级工考核实例 2		7-2
工艺序号	程序编号		夹具名称	夹具编号	使用设备	车间
7-2	O7021 O7022 O7023 O7024 O7025		平口钳		XH713A XD－40A VDL－600A	数控铣床车间 加工中心车间

工步号	工步内容（加工面）	刀具号	刀具规格	主轴转速 （r/min）	进给速度 （mm/min）	备注
1	通过垫铁组合，保证工件上表面伸出平口钳的距离至少为8mm，并找正					
2	铣工件上表面，保证高度尺寸为20mm		ϕ80mm 可转位面铣刀	600	200	
3	粗外形轮廓		ϕ25mm 立铣刀	400	150	
4	精铣外形轮廓		ϕ16mm 立铣刀	1500	100	
5	粗铣精铣两个腰形槽		ϕ8mm 立铣刀	400	150	
6	中心钻定位		B2.5 中心钻	2000	50	
7	钻孔		ϕ9.8mm 钻头	800	120	
8	粗铣ϕ30mm 的孔		ϕ20mm 立铣刀	400	150	
9	精镗ϕ30mm 的孔		ϕ30mm 精镗刀	1000	50	
10	铣凹圆球面		ϕ16mm 立铣刀	1500	100	
11	工件表面去毛刺倒棱					
12	自检后交验					
编制		审核		批准		共 1 页 第 1 页

编写数控工序卡时，首先确定该工序加工的工步内容，再根据每个工步的内容选择刀具，最后根据所选择的刀具、刀具材料及工件材料来确定其切削用量。

📖 课题实施

1. 参考程序

此课题外轮廓、孔、两个腰形槽的加工相对来说比较容易，尤其是这里的两个腰形槽，表面粗糙度要求不是太高并且宽度很小，如果没有直径小的刀具可以采用ϕ10mm 的铣刀一次加工。另外凹球程序的编制依然采用宏程序，读者应做重点训练。

表 7-5 数控铣床高级工考核实例 2 参考程序

程 序 号	加 工 程 序	程 序 说 明
	O7021;	外轮廓加工
N010	G90 G94 G80 G21 G17 G54 G40;	程序初始化

续表

程 序 号	加 工 程 序	程 序 说 明
N020	M03 S400 G00 Z30;	主轴正转，抬刀至安全距离
N030	X-60 Y60;	定位
N040	G01 Z-8 F150;	工进下刀
N050	G41 G01 Y50 D01 F150;	建立刀具半径补偿
N060	G01 X29.479 Y50;	程序内容
N070	G02 X35.490 Y35.490 R8.5;	
N080	G01 X26.552 Y26.552;	
N090	G03 X25.373 Y16.006 R8.5;	
N100	G02 X25.373 Y-16.006 R30;	
N110	G03 X26.552 Y-26.552 R8.5;	
N120	G01 X35.490 Y-35.490;	
N130	G02 X29.479 Y-50 R8.5;	
N140	G01 X-29.479 Y-50;	
N150	G02 X-35.490 Y-35.490 R8.5	
N160	G01 X-26.552 Y-26.552;	
N170	G03 X-25.373 Y-16.006 R8.5;	
N180	G02 X-25.373 Y16.006 R30;	
N190	G03 X-26.552 Y26.552 R8.5	
N200	G01 X-35.490 Y-35.490;	
N210	G02 X-29.479 Y50 R8.5;	
N220	G40 G01 X-10 Y60;	取消刀具半径补偿
N230	G00 Z30;	抬刀至安全距离
N240	M30;	程序结束
	O7022;	两边腰形槽加工
N010	G90 G94 G80 G21 G17 G54 G40;	程序初始化
N020	M03 S400 G00 Z30;	主轴正转，抬刀至安全距离
N030	G16;	采用极坐标编程
N040	G00 X50 Y25;	目标点定位
N050	G01 Z-12 F150;	工进下刀
N060	G02 X50 Y-25 R50 F150;	右边腰形槽加工
N070	G00 Z30;	抬刀
N080	G00 X50 Y205;	定位下一个目标点
N090	G01 Z-12 F100;	工进下刀
N100	G02 X50 Y155 R50 F150;	左边腰形槽加工
N110	G15;	极坐标编程取消
N120	G00 Z30;	抬刀至安全距离
N130	M30;	程序结束
	O7023;	粗铣ϕ30mm 的孔
N010	G90 G94 G80 G21 G17 G54 G40;	程序初始化
N020	M03 S400 G00 Z30;	主轴正转，抬刀至安全距离
N030	X0 Y0;	定位至坐标原点

续表

程 序 号	加 工 程 序	程 序 说 明
N040	#101=-5;	Z向自变量
N050	G01 Z#101 F150;	Z向工进
N060	G41 G01 X15.0 D01 F150;	建立刀具半径补偿
N070	G03 I-15.0 J0;	逆时针铣削圆孔
N080	G40 G01 X0;	取消刀具半径补偿
N090	#101=#101-5;	Z向自变量每次减5
N100	IF [#101 GE -20] GOTO50;	条件判断
N110	G00 Z30;	抬刀至安全距离
N120	M30;	程序结束
	O7024;	精镗φ30mm的孔
N010	G90 G94 G80 G21 G17 G54 F50;	程序开始
N020	M03 S1000 G00 Z30;	主轴正转,抬刀至安全距离
N030	G76 X0 Y0 Z-20 R5 Q1000 P1000;	G76 精镗孔循环
N040	G80;	循环结束
N050	G00 Z30;	抬刀至安全距离
N060	M30;	程序结束
	O7025;	铣削凹球
N010	G90 G94 G80 G21 G17 G54 G40;	程序开始
N020	M03 S1500;	主轴正转
N030	G00 Z30;	抬刀至安全距离
N040	Z5;	快速下刀
N050	#101=-8;	深度参数赋值
N060	#102=20;	参数赋值
N070	G01 Z#101 F80;	进刀至所需深度
N080	#103=SQRT[25*25-#102*#102];	计算圆的半径
N090	G41 G01 X#103 Y0 D01 F100;	建立刀补
N100	G03 I-#103;	轮廓加工
N110	G40 G01 X0 Y0;	取消刀补
N120	#101=#101+0.1;	深度递增赋值
N130	#102=#102-0.1;	参数递减赋值
N140	IF [#101 LE 0] GOTO70;	条件判断
N150	G00 Z30;	Z向抬刀
N160	M30;	程序结束

钻中心孔的程序这里不再编写,请参考以前的程序。

2. 检测与评价（表 7-6）

表 7-6 数控铣床高级工考核实例 2 检测与评价表

序号	考核项目	考核内容及要求	评分标准	配分	检测结果	扣分	得分	备注
1	零件厚度	20mm	超差 0.01mm 扣 1 分	3				
2	弧形凹槽（两处）	宽度 $10_{-0.022}^{0}$ mm	超差 0.01mm 扣 1 分	5				
		高度 $4_{0}^{+0.018}$ mm	超差 0.01mm 扣 1 分	5				
		周边 $Ra3.2\mu m$	降一处扣 1 分	5				
		定位尺寸（ϕ100mm，25°）	超差不得分	5				
3	球面槽	$SR25mm$	超差不得分	5				
		深度 $8_{0}^{+0.022}$ mm	超差 0.01mm 扣 1 分	5				
		$Ra3.2\mu m$	降一处扣 1 分	5				
4	孔	$\phi30_{0}^{+0.025}$ mm	超差 0.01mm 扣 2 分	5				
		$Ra3.2\mu m$	降一处扣 1 分	5				
5	通　孔 2-ϕ10H7	直径、深度 12mm	超差不得分	8				
		孔 1 定位尺寸（50mm,50mm）	超差不得分	5				
		孔 2 定位尺寸（50mm,50mm）	超差不得分	5				
7	曲线轮廓凸台	圆弧过渡	有明显接痕每处扣 1 分	6				
		周边 $Ra1.6\mu m$	降一处扣 1 分	6				
		高度 $8_{0}^{+0.022}$ mm	超差 0.01mm 扣 1 分	6				
		$R8.5mm$（8 处）	超差不得分	8				
		$\phi60_{-0.019}^{0}$ mm	超差 0.01mm 扣 1 分	4				
		$100_{-0.022}^{0}$ mm	超差 0.01mm 扣 1 分	4				
8	残料清角	外轮廓加工后的残料必须切除；内轮廓必须清角	每留一个残料岛屿扣 1 分，扣完 5 分为止；没有清角每处扣 1 分，扣完 5 分为止					
9	安全文明生产	（1）遵守机床安全操作规程	酌情扣 1～5 分					
		（2）刀具、工具、量具放置规范						
		（3）设备保养、场地整洁						
10	工艺合理	（1）工件定位、夹紧及刀具选择合理	酌情扣 1～5 分					
		（2）加工顺序及刀具轨迹路线合理						
11	程序编制	（1）指令正确，程序完整	酌情扣 1～5 分					
		（2）数值计算正确、程序编写精简						
		（3）刀具补偿功能运用正确、合理						
		（4）切削参数、坐标系选择正确、合理						
12	其他项目	（1）毛坯未做扣 2～5 分	酌情扣 2～5 分					
		（2）违反操作规程扣 2～5 分						
		（3）未注尺寸公差按照 IT12 标准加工						

📖 课题小结

数控机床的操作是一项基本的操作训练，养成良好的机床操作手法、步骤和过程是使用好机床的基本保证。

在操作机床中万万不可采取"偷工减料"，否则会造成事故。在安全操作的前提下，熟悉和探索数控机床的功能，需要操作者不断积累经验，举一反三，反复实践，才能发挥出机床的最大效能。

7.3 数控铣床高级工考核实例3

📖 课题描述与课题图

加工如图7-3所示的工件，试分析该图的加工步骤并编写其数控铣床的加工程序，已知毛坯尺寸为120mm×100mm×21mm。

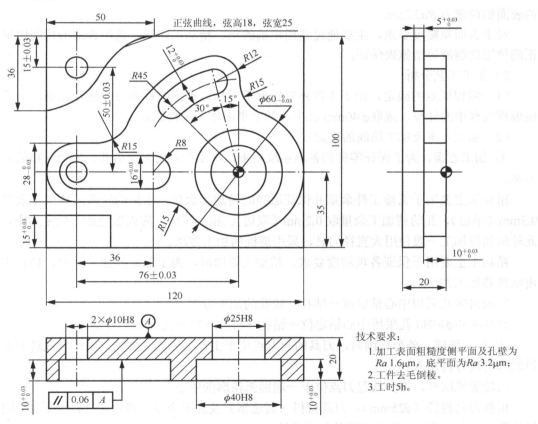

图 7-3 数控铣床高级工考核实例 3

技术要求：
1. 加工表面粗糙度侧平面及孔壁为 Ra 1.6μm，底平面为 Ra 3.2μm；
2. 工件去毛倒棱。
3. 工时5h。

课题分析

1. 工艺分析

1）精度分析

（1）尺寸精度。本课题中精度要求较高的尺寸主要有：轮廓尺寸 $28_{-0.03}^{0}$、$\phi 60_{-0.03}^{0}$，槽宽尺寸 $12_{0}^{+0.03}$、$16_{0}^{+0.03}$、$15_{0}^{+0.03}$，深度尺寸 $10_{0}^{+0.03}$、$15_{0}^{+0.03}$，孔尺寸 $\phi 10H8$mm、$\phi 25H8$mm、$\phi 40H8$mm 等。对于尺寸精度，主要通过在加工过程中的精确对刀，正确选用刀具和刀具参数，以及选用合适的加工工艺等措施来保证。

（2）形位精度。本课题中主要的形位精度有：孔的位置精度为 15±0.03mm、50±0.03mm、76±0.03mm，槽的角度位置精度为 15°、30°，以及加工部位底平面与工件底平面的平行度等。

对于形位精度要求，主要通过精确的对刀，工件在夹具中的正确安装与校正，以及对基点坐标的正确计算等措施来保证。

（3）表面粗糙度。本课题中外形轮廓及孔的表面粗糙度为 $Ra1.6\mu m$，加工部位底平面的表面粗糙度为 $Ra3.2\mu m$。

对于表面粗糙度要求，主要通过选用正确的粗、精加工路线，选用合适的切削用量和正确使用切削液等措施来保证。

2）加工工艺分析

（1）编程原点的确定。由于工件外形轮廓不对称，根据编程原点的确定原则，为了方便编程过程中的计算，选取 $\phi 40$mm 孔中心的上平面作为编程原点。

（2）加工方案及加工路线的确定

① 加工方案。为了保证零件的各项精度要求，本工件采用先面后孔、先粗后精的加工方案。

粗加工主要用于去除工件余量并保证适当的精加工余量，本例的轮廓的精加工余量取 0.3mm（单边），孔的精加工余量取 0.2mm（双边）。粗加工时，应以保证加工效率为主，因此轮廓的粗加工一般使用大直径刀具，采用逆铣的加工方法。

精加工主要用于保证各项精度要求。精加工轮廓时，为了保证其加工精度，精加工采用顺铣的加工方法。

2×$\phi 10H8$ 孔采用中心钻定位—钻孔—铰孔的加工方案。

$\phi 25H8$ 和 $\phi 40H8$ 孔采用中心钻定位—钻孔—铣孔—精镗孔的加工方案。

② 加工路线。外形铣削时，刀具的起刀点位于工件毛坯的左外侧，采用直线进刀方式沿轮廓切线方向切入。

内轮廓铣削时，刀具的起刀点位于一端圆弧轮廓的中心。

根据刀具直径（$\phi 25$mm）、刀具材料（高速钢）及加工余量，确定在 XY 平面内采用分层切削、Z 方向采取一次性切削的加工方法。

3）工件的定位夹紧

本课题工件为单件加工。因此，在加工过程中选用通用夹具平口钳进行定位与装夹。在装夹过程中要注意平口钳的校正和工件装夹后的校正。

2. 数控工序卡的编制

本课题也采用工序集中的原则，划分的加工工序为：工序一为粗、精加工轮廓表面及孔；工序二为钳工加工去毛刺并倒棱。具体加工工序卡见表 7-7。

表 7-7　数控铣床高级工考核实例 3 加工工序卡

数控实训中心		数控加工工序卡片	零件名称			零件图号
			高级工考核实例 3			7-3
工艺序号	程序编号	夹具名称	夹具编号		使用设备	车间
7-3	O7031 O7032 O7033 O7034 O7035 O7036 O7037 O7038	平口钳			XH713A XD－40A VDL－600A	数控铣床车间 加工中心车间
工步号	工步内容（加工面）		刀具号	刀具规格	主轴转速 (r/min)	进给速度 (mm/min)	备注
1	通过垫铁组合，保证工件上表面伸出平口钳的距离至少为 16mm，并找正						
2	铣工件上表面，保证高度尺寸 20mm			ϕ80mm 可转位面铣刀	600	200	
3	粗加工外形轮廓（包括正弦曲线轮廓，不包括开口槽），单边留 0.3mm 精加工余量			ϕ25mm 立铣刀	400	150	
4	粗铣键槽			ϕ10mm 键铣刀	600	120	
5	定位			B2.5mm 中心钻	200	100	
6	扩孔			ϕ9.8mm 钻头	600	60	
7	精加工外形轮廓，粗铣内孔，双边留 0.2mm 精加工余量			ϕ16mm 立铣刀	1500	100	
8	精铣键槽			ϕ12mm 键铣刀	150	150	
9	精铣键槽			ϕ16mm 键铣刀	100	100	
10	铰孔			ϕ10mm 铰刀	300	50	
11	铣孔 ϕ25mm、ϕ40mm			ϕ16mm 立铣刀	600	120	
12	精镗孔			ϕ25mm 精镗刀	60	60	
13	精镗孔			ϕ40mm 精镗刀	1000	50	
14	工件表面去毛刺倒棱						
15	自检后交验						
编制		审核	批准			共 1 页　第 1 页

课题实施

1. 参考程序

1）工件基点计算

本课题主要通过三角函数法或 CAD 作图找正法来进行基点计算，其计算相对较简单，请参照图纸自行计算。

2）工件节点计算

本课题中的正弦曲线采用等间距（X 轴方向）直线段拟合的方法进行拟合。将该曲线在 X 轴方向均分成 180 段，则每段直线在 X 轴方向的间距为 5/18mm，相对应正弦曲线的角度量为 1°，根据公式 $Y=29.0+18\sin\alpha$ 计算出每一线段终点的 Y 坐标值，从而计算出曲线上的节点坐标。具体加工程序见表 7-8。

表 7-8 数控铣床高级工考核实例 3 参考程序

程 序 号	加 工 程 序	程 序 说 明
	O7031;	外轮廓加工
N010	G90 G94 G80 G21 G17 G54 G40;	程序初始化
N020	M03 S400 G00 Z30;	主轴正转，抬刀至安全距离
N030	X−110 Y−40;	定位
N040	G01 Z−8 F150;	工进下刀
N050	G41 G01 X−90 D01 F150;	建立刀具半径补偿
N060	Y0;	
N070	G02 X−76 Y14 R14;	
N080	G01 X−65.901;	
N090	G03 X−52.172 Y22.958 R15;	
N100	G02 X−14.820 Y55.040 R57;	
N110	G02 X0.606 Y42.753 R12;	程序内容
N120	G03 X10.397 Y28.141 R15;	
N130	G02 X−22.940 Y−19.333 R30;	
N140	G03 X−34.409 Y−14 R15;	
N150	G01 X−76;	
N160	G02 X−90.0 Y0.0 R14;	
N170	G01 Y20.0;	
N180	G40 G01 X−110.0;	刀具半径补偿取消
N190	G00 Z30.0;	抬刀至安全距离
N200	M30;	程序结束
	O7032;	正弦曲线轮廓加工
N010	G90 G94 G80 G21 G17 G54 G40;	程序初始化
N020	M03 S400 G00 Z30;	主轴正转，抬刀至安全距离
N030	G00 X−110.0 Y45.0;	快速定位
N040	G01 Z−15.0 F150;	工进下刀
N050	#1=−90.0;	正弦曲线角度赋初值
N060	#2=−90.0;	曲线 X 坐标赋初值
N070	#3=18*SIN[#1]+29.0;	曲线上各点的 Y 坐标值
N080	G41 G01 X#2 Y#3 D01 F150;	曲线拟合加工
N090	#1=#1+1.0;	变量运算
N100	#2=#2+5/18;	线段等分
N110	IF[#1 LE 90.0]　GOTOB50;	条件判断

续表

程 序 号	加 工 程 序	程 序 说 明
N120	G40 G01 X−60.0 Y85.0;	刀具半径补偿取消
N130	G00 Z30.0;	抬刀至安全距离
N140	M30;	程序结束
	O7033;	左边凹槽加工
N010	G90 G94 G80 G21 G17 G54 G40;	程序初始化
N020	M03 S600 G00 Z30;	主轴正转，抬刀至安全距离
N030	G00 X−11.647 Y43.197;	快速定位
N040	G01 Z−10 F120;	工进下刀
N050	G41 G01 X−13.2 Y48.992 D01;	建立刀具半径补偿
N060	G03 X−36.023 Y35.832 R51;	
N070	G03 X−27.548 Y27.336 R6;	程序内容
N080	G02 X−10.094 Y37.401 R39;	
N090	G03 X−13.2 Y48.992 R6;	
N100	G40 G01 X−11.647 Y43.197;	刀具半径补偿取消
N110	G00 Z30.0;	抬刀至安全距离
N120	M30;	程序结束
	O7034;	左上角凹槽加工
N010	G90 G94 G80 G21 G17 G54 G40;	程序初始化
N020	M03 S600 G00 Z30;	主轴正转，抬刀至安全距离
N030	G00 X−40.0 Y0;	快速定位
N040	G01 Z−10 F120;	工进下刀
N050	G41 G01 X−40.0 Y8 D01;	建立刀具半径补偿
N060	X−76.0;	
N070	G03 Y−8.0 R8;	程序内容
N080	G01 X−40.0;	
N090	G03 Y8.0 R8;	
N100	G40 X−40.0 Y8;	刀具半径补偿取消
N110	G00 Z30.0;	抬刀至安全距离
N120	M30;	程序结束
	O7035;	粗铣 ϕ40mm 的孔
N010	G90 G94 G80 G21 G17 G54 G40;	程序初始化
N020	M03 S600 G00 Z30;	主轴正转，抬刀至安全距离
N030	X0 Y0;	定位至坐标原点
N050	G01 Z−10 F120;	Z 向工进
N060	G41 G01 X20.0 D01 F150;	建立刀具半径补偿
N070	G03 I−20.0 J0;	逆时针铣削圆孔
N080	G40 G01 X0;	取消刀具半径补偿
N090	G00 Z30;	抬刀至安全距离
N100	M30;	程序结束
	O7036;	精镗 ϕ40mm 孔
N010	G90 G94 G80 G21 G17 G54 F50;	程序开始

程 序 号	加 工 程 序	程 序 说 明
N020	M03 S1000 G00 Z30;	主轴正转，抬刀至安全距离
N030	G76 X0 Y0 Z-10 R5 Q1000 P1000;	G76 精镗孔循环
N040	G80;	循环结束
N050	G00 Z30;	抬刀至安全距离
N060	M30;	程序结束
	O7037;	粗铣 ϕ25mm 的孔
N010	G90 G94 G80 G21 G17 G54 G40;	程序初始化
N020	M03 S600 G00 Z30;	主轴正转，抬刀至安全距离
N030	X0 Y0;	定位至坐标原点
N040	G01 Z-20 F120;	Z 向工进
N050	G41 G01 X12.5 D01 F150;	建立刀具半径补偿
N060	G03 I-12.5 J0;	逆时针铣削圆孔
N070	G40 G01 X0;	取消刀具半径补偿
N080	G00 Z30;	抬刀至安全距离
N090	M30;	程序结束
	O7038;	精镗 ϕ25mm 孔
N010	G90 G94 G80 G21 G17 G54 F50;	程序开始
N020	M03 S1000 G00 Z30;	主轴正转，抬刀至安全距离
N030	G76 X0 Y0 Z-20 R5 Q1000 P1000;	G76 精镗孔循环
N040	G80;	循环结束
N050	G00 Z30;	抬刀至安全距离
N060	M30;	程序结束

2. 检测与评价（表 7-9）

表 7-9　数控铣床高级工考核实例 3 检测与评价表

序号	考核项目	考核内容及要求		评 分 标 准	配分	检测结果	扣分	得分	备注
1	外形轮廓	$\phi 60_{-0.03}^{0}$mm	IT	超差 0.01mm 扣 1 分	3				
		$28_{-0.03}^{0}$mm	IT	超差 0.01mm 扣 1 分	3				
		$10_{0}^{+0.03}$mm	IT	超差 0.01mm 扣 1 分	3				
		对基准 *A* 平行度公差 0.05mm	IT	超差 0.01mm 扣 0.5 分	2				
		圆弧过渡光滑无接痕		超差不得分	4				
		Ra		降一处扣 0.5 分	4				
		形状轮廓加工		完成形状轮廓得分	4				
2	两封闭槽	$16_{0}^{+0.03}$mm	IT	超差 0.01mm 扣 1 分	3				
		$12_{0}^{+0.03}$mm	IT	超差 0.01mm 扣 1 分	3				
		$10_{0}^{+0.03}$mm（两处）	IT	超差 0.01mm 扣 1 分	6				
		Ra		降一处扣 1 分	4				
		形状轮廓加工		完成形状轮廓得分	4				

续表

序号	考核项目	考核内容及要求		评分标准	配分	检测结果	扣分	得分	备注
3	内孔	$\phi 10H8$（两处）	IT	超差 0.01mm 扣 1 分	3				
		$\phi 25H8$	IT	超差 0.01mm 扣 1 分	3				
		$\phi 40H8$	IT	超差 0.01mm 扣 1 分	3				
		$15^{+0.03}_{0}$	IT	超差 0.01mm 扣 1 分	3				
		孔距（三处）	IT	超 0.01 扣 1 分	3				
		Ra		降一处扣 0.5 分	4				
		形状轮廓加工		完成形状轮廓得分	4				
4	宏程序	$10^{+0.03}_{0}$ mm	IT	超差 0.01mm 扣 1 分	3				
		正弦曲线轮廓	IT	超差 0.01mm 扣 1 分	3				
		Ra		降一处扣 0.5 分	4				
		形状轮廓加工		完成形状轮廓得分	4				
5	外形	120mm	IT	超差 0.01mm 扣 0.5 分	2				
		100mm	IT	超差 0.01mm 扣 0.5 分	2				
6	残料清角	外轮廓加工后的残料必须切除		每留一个残料岛屿扣 1 分，扣完 5 分为止					
		内轮廓必须清角		没清角每处扣 1 分，扣完 5 分为止					
7	安全文明生产	（1）遵守机床安全操作规程		酌情扣 1～5 分					
		（2）刀具、工具、量具放置规范							
		（3）设备保养，场地整洁							
8	工艺合理	（1）工件定位、夹紧及刀具选择合理		酌情扣 1～5 分					
		（2）加工顺序及刀具轨迹路线合理							
9	程序编制	（1）指令正确，程序完整		酌情扣 1～5 分					
		（2）数值计算正确，程序编写精简							
		（3）刀具补偿功能运用正确、合理							
		（4）切削参数、坐标系选择正确、合理							
10	其他项目	（1）毛坯未做扣 2～5 分		酌情扣 2～5 分					
		（2）违反操作规程扣 2～5 分							
		（3）未注尺寸公差按照 IT12 标准加工							

📖 **课题小结**

该课题是数控铣床高级工职业技能鉴定课题。通过对该课题的编程与加工练习，进一步提高学生分析问题和解决问题的能力，以便顺利通过数控铣床高级工职业技能鉴定。为此，学生应了解数控铣床操作工的国家职业标准，并掌握数控机床的维护和保养等安全文明生产知识。

7.4 数控铣床高级工考核实例 4

📖 **课题描述与课题图**

加工如图 7-4 所示的工件，试分析该图的加工步骤并编写其数控铣床的加工程序。已知毛坯尺寸为 160mm×120mm×40mm。

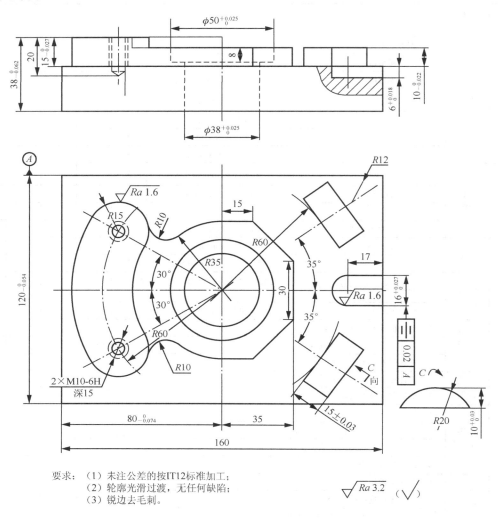

图 7-4　数控铣床高级工考核实例 4

📖 课题分析

1. 工艺分析

（1）此工件难度相对较大，从图样中可以看到内外轮廓的周边曲线圆弧和表面粗糙度值要求较高，两个月牙形凸台的要求一般。另外此图还有两个内螺纹，这里采用 G84 攻丝。零件采用平口钳装夹。将工件坐标系 G54 建立在工件上表面的对称中心处。

（2）2×M10-6H 的孔采用钻孔、后攻丝的方法来加工。

（3）两个月牙形凸台的加工采用 B 类宏程序进行加工。

2. 数控工序卡编制

本课题采用工序集中的原则，划分的加工工序为：工序一为粗、精加工轮廓表面及孔；工序二为钳工加工去毛刺并倒棱。具体工序见表 7-10。

表 7-10 数控铣床高级工考核实例 4 加工工序卡

数控实训中心		数控加工工序卡片	零件名称			零件图号
			高级工考核实例 4			7-4
工艺序号	程序编号	夹具名称	夹具编号		使用设备	车间
7-4	O7041 O7042 O7043 O7044 O7045 O7046 O7047 O7048 O7049	平口钳			XH713A XD—40A VDL—600A	数控铣床车间 加工中心车间

工步号	工步内容（加工面）	刀具号	刀具规格	主轴转速 (r/min)	进给速度 (mm/min)	备注
1	通过垫铁组合，保证工件上表面伸出平口钳的距离至少为 18mm，并找正					
2	铣工件上表面，保证高度尺寸 38mm		ϕ80mm 可转位面铣刀	600	200	
3	粗加工外形轮廓，单边留 0.3mm 精加工余量		ϕ25mm 立铣刀	400	100	
4	定位		B2.5mm 中心钻	200	100	
5	钻孔		ϕ8mm 钻头	600	60	
6	粗铣键槽		ϕ10mm 键铣刀	600	120	
7	粗铣内孔		ϕ20mm 键铣刀	600	120	
8	精加工外形轮廓		ϕ16mm 立铣刀	1000	50	
9	精铣键槽		ϕ16mm 键铣刀	1000	100	
10	铰孔		ϕ8.5mm 铰刀	50	50	
11	攻丝		M10 丝锥	100	150	
12	进行精镗孔		ϕ38mm 精镗刀	60	60	
13	进行精镗孔		ϕ50mm 精镗刀	60	60	
14	工件表面去毛刺倒棱					
15	自检后交验					
编制	许云飞	审核	批准		共 1 页 第 1 页	

📖 课题实施

1. 参考程序

本课题的编程难点在于两个月牙形凸台的加工。为了实现简化编程的目的，编程时，综合运用坐标平移（G52）、坐标旋转（G68）指令进行编程，宏程序计算如图 7-5 所示，其程序见表 7-11。

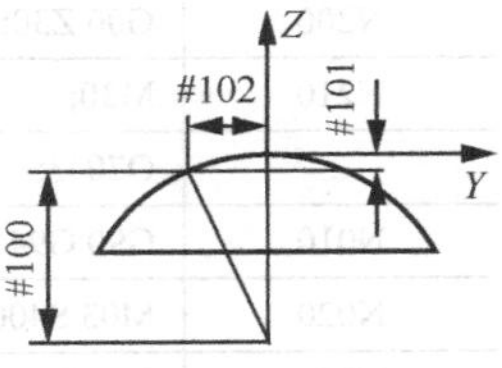

#100：计算 Y 坐标值的变量；

#101：Z 坐标值变量；

#102：Y 坐标值变量；

#103：刀位点坐标值变量#103=#102+8.0（刀具半径）；

#104：X 坐标值变量。

图 7-5 变量计算

表 7-11 数控铣床高级工考核实例 4 参考程序

程 序 号	加 工 程 序	程 序 说 明
	O7041;	外轮廓加工（高度为 15mm 凸起部分）
N010	G90 G94 G80 G21 G17 G54 G40;	程序初始化
N020	M03 S400 G00 Z30;	主轴正转，抬刀至安全距离
N030	X−80 Y−20;	定位
N040	G01 Z−5 F100;	工进下刀
N050	G41 G01 X−75 Y0 D01 F150;	建立刀具半径补偿
N060	G02 X−64.952 Y37.5 R75;	
N070	G02 X−38.971 Y22.5 R15;	
N080	G03 X−38.971 Y−22.5 R45;	程序内容
N090	G02 X−64.952 Y37.5 R15;	
N100	G02 X−75 Y0 R75;	
N110	G40 G01 X−80 Y−20;	刀具半径补偿取消
N120	G00 Z30;	抬刀至安全距离
N130	M30;	程序结束
	O7042;	外轮廓加工（高度为 10mm 的凸起部分）
N010	G90 G94 G80 G21 G17 G54 G40;	程序初始化
N020	M03 S400 G00 Z30;	主轴正转，抬刀至安全距离
N030	X−80 Y−20;	定位
N040	G01 Z−15 F100;	工进下刀
N050	G41 G01 X−75 Y0 D01 F150;	建立刀具半径补偿
N060	G02 X−64.952 Y37.5 R75;	程序内容
N070	G02 X−37.336 Y33.332 R15;	
N080	G03 X−21.456 Y27.652 R10;	
N090	G02 X0 Y35 R35;	
N100	G01 X15;	
N110	X35 Y15;	
N120	Y−15;	
N130	X15 Y−35;	程序内容
N140	X0;	
N150	G02 X−21.456 Y−27.652 R35;	
N160	G03 X−37.336 Y−33.332 R10;	
N170	G02 X−64.952 Y−37.5 R15;	
N180	G02 X−75 Y0 R75;	
N190	G40 G01 X−80 Y−20;	刀具半径补偿取消
N200	G00 Z30;	抬刀至安全距离
N210	M30;	程序结束
	O7043;	粗铣 ϕ38mm 的孔
N010	G90 G94 G80 G21 G17 G54 G40;	程序初始化
N020	M03 S400 G00 Z30;	主轴正转，抬刀至安全距离
N030	X0 Y0;	定位至坐标原点
N040	#101=−5;	Z 向自变量

续表

程 序 号	加 工 程 序	程 序 说 明
N050	G01 Z#101 F100;	Z 向工进
N060	G41 G01 X19.0 D01 F150;	建立刀具半径补偿
N070	G03 I−19.0 J0;	逆时针铣削圆孔
N080	G40 G01 X0;	取消刀具半径补偿
N090	#101=#101−5;	Z 向自变量每次减 5
N100	IF [#101 LE −40] GOTO50;	条件判断
N110	G00 Z30;	抬刀至安全距离
N120	M30;	程序结束
	O7044;	精镗φ38mm 孔
N010	G90 G94 G80 G21 G17 G54 F100;	程序开始
N020	M03 S600 G00 Z30;	主轴正转，抬刀至安全距离
N030	G76 X0 Y0 Z−40 R5 Q1000 P1000;	G76 精镗孔循环
N040	G80;	循环结束
N050	G00 Z30;	抬刀至安全距离
N060	M30;	程序结束
	O7045;	粗铣φ50mm 的孔
N010	G90 G94 G80 G21 G17 G54 G40;	程序初始化
N020	M03 S400 G00 Z30;	主轴正转，抬刀至安全距离
N030	X0 Y0;	定位至坐标原点
N050	G01 Z−13 F100;	Z 向工进
N060	G41 G01 X25.0 D01 F150;	建立刀具半径补偿
N070	G03 I−25.0 J0;	逆时针铣削圆孔
N080	G40 G01 X0;	取消刀具半径补偿
N110	G00 Z30;	抬刀至安全距离
N120	M30;	程序结束
	O7046;	精镗φ50mm 孔
N010	G90 G94 G80 G21 G17 G54 F100;	程序开始
N020	M03 S600 G00 Z30;	主轴正转，抬刀至安全距离
N030	G76 X0 Y0 Z−13 R5 Q1000 P1000;	G76 精镗孔循环
N040	G80;	循环结束
N050	G00 Z30;	抬刀至安全距离
N060	M30;	程序结束
	O7047;	牙形凸台加工
N010	G90 G94 G80 G21 G17 G54 G40;	程序初始化
N020	M03 S400 G00 Z30;	主轴正转，抬刀至安全距离
N030	#130=67.5*COS[35.0];	平移点位置计算，此处也可不用变量
N040	#131=67.5*SIN[35.0];	平移点位置计算，此处也可不用变量
N050	#132=−35.0	旋转角度赋值
N060	G52 X#130 Y−#131;	坐标平移
N070	M98 P7048;	加工右下角月牙形凸台的一侧

程 序 号	加 工 程 序	程 序 说 明
N080	#132=-215.0;	旋转加工月牙形凸台的另一侧
N090	M98 P7048;	
N100	G52 X#130 Y#131;	再次坐标平移
N110	#132=35.0;	加工右上角置月牙形凸台
N120	M98 P7048;	
N130	#132=215.0;	
N140	M98 P7048;	
N150	G52 X0 Y0;	坐标平移取消
N160	G00 Z30;	抬刀至安全距离
N170	M30;	程序结束
	O7048;	加工半个月牙形凸台子程序
N010	G68 X0 Y0 R#132;	刀具定位
N020	G00 X-10.0 Y-30.0;	
N030	G01 Z-15.0 F100;	
N040	#100=10.0;	变量赋初值
N050	#101=-15.0;	
N060	#102=SQRT[20.0*20.0-#100*#100];	
N070	#103=#102+8.0;	
N080	#104=10.0;	
N090	G01 Z#101;	轮廓加工
N100	Y-#103;	
N110	X#104;	
N120	#100=#100+0.1;	变量运算
N130	#101=#101+0.1;	
N140	#104=-#104;	
N150	IF [#100 LE 20.0] GOTO60;	条件判断
N160	G69;	取消坐标旋转
N170	M99;	子程序结束
	O7049;	外轮廓加工
N010	G90 G94 G80 G21 G17 G54;	程序初始化
N020	M03 S400 G00 Z30;	主轴正转，抬刀至安全距离
N030	X100 Y0;	定位
N040	G01 Z-21 F100;	工进下刀
N050	G41 G01 X80 Y8 D01 F150;	建立刀具半径补偿
N060	G01 X63;	程序内容
N070	G03 X63 Y-8 R8;	
N080	G01 X80;	
N090	G40 G01 X100 Y0;	取消刀具半径补偿
N100	G00 Z30;	抬刀至安全距离
N110	M30;	程序结束

执行沿某一轴的镜像指令后，再执行坐标旋转指令时，则旋转方向相反。

2. 检测与评价（表 7-12）

表 7-12 数控铣床高级工考核实例 4 检测与评价表

序号	考核项目	考核内容及要求		评分标准	配分	检测结果	扣分	得分	备注
1	零件表面	$38_{-0.062}^{0}$ mm	IT	超差 0.01mm 扣 1 分	4				
		Ra		降一处扣 0.5 分	4				
2	月牙形凸台	35°	IT	每超差 0.05°扣 2 分	2				
		圆弧 $R20$mm	IT	超差不得分	2				
		15±0.03mm	IT	超差 0.01mm 扣 1 分	2				
		$10_{0}^{+0.03}$ mm	IT	超差 0.01mm 扣 1 分	2				
		定位尺寸	IT	超差 0.01mm 扣 1 分	2				
		Ra		降一处扣 2 分	4				
		形状轮廓加工		完成形状轮廓得分	2				
3	螺纹	$R60$mm	IT	超差不得分	4				
		定位尺寸	IT	超差 0.01mm 扣 1 分	4				
		形状轮廓加工		完成形状轮廓得分	4				
4	孔	$\phi38_{0}^{+0.025}$ mm		每超差 0.01mm 扣 2 分	8				
		Ra1.6μm		降一处扣 2 分	4				
5	孔	$\phi50_{0}^{+0.025}$ mm		超差 0.01mm 扣 1 分	4				
		Ra1.6μm		降一处扣 2 分	4				
6	曲线轮廓凸台	圆弧过渡	IT	有明显接痕每处扣 1 分，超差不得分	8				
		高度 $10_{-0.022}^{0}$ mm	IT	超差 0.01mm 扣 1 分	4				
		高度 $15_{-0.027}^{0}$ mm	IT	超差 0.01mm 扣 1 分	4				
		Ra		降一处扣 0.5 分	4				
		形状轮廓加工		完成形状轮廓得分	4				
7	开口槽	槽宽 $16_{0}^{+0.027}$ mm		超差 0.01mm 扣 1 分	4				
		槽深 $6_{0}^{+0.018}$ mm		超差 0.01mm 扣 1 分	4				
		长度 17mm		超差全扣	2				
		半圆弧		超差全扣	2				
		周边 Ra1.6mm		降一处扣 2 分	4				
8	外形	120mm	IT	超差 0.01mm 扣 0.5 分	2				
		160mm	IT	超差 0.01mm 扣 0.5 分	2				
9	残料清角	外轮廓加工后的残料必须切除		每留一个残料岛屿扣 1 分，扣完 5 分为止					
		内轮廓必须清角		没清角每处扣 1 分，扣完 5 分为止					
10	安全文明生产	(1) 遵守机床安全操作规程							
		(2) 刀具、工具、量具放置规范		酌情扣 1～5 分					
		(3) 设备保养，场地整洁							
11	工艺合理	(1) 工件定位、夹紧及刀具选择合理		酌情扣 1～5 分					
		(2) 加工顺序及刀具轨迹路线合理							
12	程序编制	(1) 指令正确，程序完整							
		(2) 数值计算正确、程序编写精简		酌情扣 1～5 分					
		(3) 刀具补偿功能运用正确、合理							
		(4) 切削参数、坐标系选择正确、合理							
13	其他项目	(1) 毛坯未做扣 2～5 分							
		(2) 违反操作规程扣 2～5 分		酌情扣 2～5 分					
		(3) 未注尺寸公差按照 IT12 标准加工							

📖 **课题小结**

通过本课题的练习，提高操作者分析问题和解决问题的能力，以及独立编程与操作的能力。在编写本课题加工程序前，先独立完成本课题的课题分析，并填写本课题数控加工刀具卡和数控加工工序卡。最难编程与加工的地方就在于两个月牙形凸台，为了实现简化编程的目的，编程时应综合运用坐标平移（G52）、坐标旋转（G68）指令进行编程，并用宏程序最终完成本课题的加工。

7.5 数控铣床高级工考核实例 5

📖 **课题描述与课题图**

加工如图 7-6 所示的工件，试分析该图的加工步骤并编写其数控铣床的加工程序。已知毛坯尺寸为 160mm×120mm×40mm。

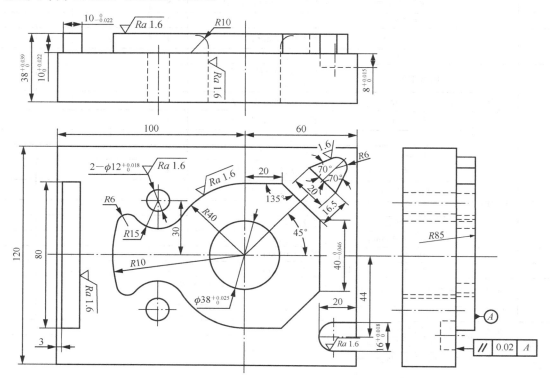

要求：（1）未注公差的按IT12标准加工；
（2）轮廓光滑过渡，无任何缺陷；
（3）锐边去毛刺。

$\sqrt{Ra\,3.2}$ （$\sqrt{}$）

图 7-6 数控铣床高级工考核实例 5

📖 课题分析

1. 工艺分析

（1）此工件难度相对较大，从图样中可以看到内外轮廓的周边曲线圆弧及右上角、左上角的凸台表面粗糙度值要求较高。零件采用平口钳装夹。将工件坐标系 G54 建立在工件上表面的对称中心处，并采用坐标偏移指令加工。

（2）2×φ12mm 的孔采用钻孔、后铰孔的方法来加工。

（3）孔口圆角的可参考第 6 章轮廓圆加工宏程序部分。

2. 数控工序卡编制

本课题采用工序集中的原则，划分的加工工序为：工序一为粗、精加工轮廓表面及孔；工序二为钳工加工去毛刺并倒棱。具体工序见表 7-13。

表 7-13 数控铣床高级工考核实例 5 加工工序卡

数控实训中心		数控加工工序卡片	零件名称		零件图号
			高级工考核实例 5		7-5
工艺序号	程序编号	夹具名称	夹具编号	使用设备	车间
7-5	O7051 O7052 O7053 O7054 O7055 O7056 O7057 O7058 O7059	平口钳		XH713A XD－40A VDL－600A	数控铣床车间 加工中心车间

工步号	工步内容（加工面）	刀具号	刀具规格	主轴转速 (r/min)	进给速度 (mm/min)	备注
1	通过垫铁组合，保证工件上表面伸出平口钳的距离至少为 12mm，并找正					
2	铣工件上表面，保证高度尺寸 38mm		φ80mm 可转位面铣刀	600	200	
3	粗加工外形轮廓，单边留 0.3mm 精加工余量		φ12mm 立铣刀	600	100	
4	定位		B2.5mm 中心钻	200	100	
5	钻孔		φ11.8mm 钻头	600	60	
6	粗铣右下角键槽		φ10mm 键铣刀	600	150	
7	粗铣内孔		φ20mm 键铣刀	600	150	
8	精加工外形轮廓		φ16mm 立铣刀	400	50	
9	精铣键槽		φ16mm 键铣刀	100	100	
10	铰孔		φ12mm 铰刀	600	50	
11	进行精镗孔		φ30mm 精镗刀	1000	50	
12	宏程序加工孔口圆角		φ12mm 球刀	600	100	
13	工件表面去毛刺倒棱					
14	自检后交验					
编制		审核		批准		共 1 页 第 1 页

📖 课题实施

1. 参考程序

本课题的编程难点在于孔口圆角的加工与右上角凸台的加工。另外此课题的编程原点并不在工件的对称中心线上，因此为了实现简化编程的目的，在编程时综合运用坐标平移（G52）、坐标旋转（G68）等指令进行编程。另外，也可以用直接找点法进行加工，具体程序参考表 7-14。

表 7-14　数控铣床高级工考核实例 5 参考程序

程序号	加 工 程 序	程 序 说 明
	O7051;	外轮廓加工
N010	G90 G94 G80 G21 G17 G54;	程序初始化
N020	M03 S600 G00 Z30;	主轴正转，抬刀至安全距离
N030	X-20 Y50;	定位
N040	G01 Z-10 F100;	工进下刀
N050	G41 G01 X0 Y40 D01 F150;	建立刀具半径补偿
N060	G01 X20;	程序内容
N070	X40 Y20;	
N080	Y-20;	
N090	X20 Y-40;	
N100	X0;	
N110	G02 X-33.526 Y-21.818 R40;	
N120	G03 X-46.098 Y-15.0 R15;	
N130	G03 X-55.912 Y-18.363 R16;	
N140	G02　X-68.666 Y-13.599 R8;	
N150	G02　X-68.666 Y13.599 R70;	
N160	G02 X-55.912 Y-18.363 R8;	
N170	G03 X-46.098 Y15.0 R16;	
N180	G02 X-33.526 Y21.818 R15;	
N190	G02 X0 Y40 R40;	
N200	G40 G01 X-20 Y50;	刀具半径补偿取消
N210	G00 Z30;	抬刀至安全距离
N220	M30;	程序结束
	O7052;	外轮廓加工
N010	G90 G94 G80 G21 G17 G54;	程序初始化
N020	M03 S600 G00 Z30;	主轴正转，抬刀至安全距离
N030	X20 Y60;	定位
N040	G01 Z-10 F100;	工进下刀
N050	G41 G01 X34.596 Y48.738 D01;	建立刀具半径补偿
N060	G01 X46.154 Y54.128;	程序内容
N070	G02 X54.128 Y46.154 R6;	
N080	G01 X48.738 Y34.596;	

续表

程序号	加 工 程 序	程 序 说 明
N090	G01 X34.596 Y48.738;	程序内容
N100	G40 G01 X20 Y60;	刀具半径补偿取消
N110	G00 Z30;	抬刀至安全距离
N120	M30;	程序结束
	O7053;	右下角凹槽加工
N010	G90 G94 G80 G21 G17 G54;	程序初始化
N020	M03 S600 G00 Z30;	主轴正转，抬刀至安全距离
N030	X100 Y-44;	定位
N040	G01 Z-21 F100;	工进下刀
N050	G41 G01 X80 Y-36 D01 F150;	建立刀具半径补偿
N060	G01 X63;	
N070	G03 X63 Y-52 R8;	程序内容
N080	G01 X80;	
N090	G40 G01 X100 Y-44;	刀具半径补偿取消
N100	G00 Z30;	抬刀至安全距离
N110	M30;	程序结束
	O7054;	钻孔加工
N010	G90 G94 G80 G21 G17 G54 G40;	程序初始化
N020	M03 S600 G00 Z30;	主轴正转，抬刀至安全距离
N030	X-46.098 Y30;	孔定位
N040	G81 Z-45 R5 F60;	G81 钻孔循环
N050	X-46.098;	孔定位
N060	X0 Y0;	
N070	G80;	钻孔循环取消
N080	G00 Z30;	抬刀至安全距离
N090	M30;	程序结束
	O7055;	铰孔加工
N010	G90 G94 G80 G21 G17 G54 G40;	程序初始化
N020	M03 S600 G00 Z30;	主轴正转，抬刀至安全距离
N030	X-46.098 Y30;	孔定位
N040	G85 Z-25 R5 F50;	G85 钻孔循环
N050	Y-30;	孔定位
N060	X0 Y0;	孔定位
N070	G80;	铰孔循环取消
N080	G00 Z30;	抬刀至安全距离
N090	M30;	程序结束
	O7056;	粗铣 φ38mm 的孔
N010	G90 G94 G80 G21 G17 G54 G40;	程序初始化
N020	M03 S600 G00 Z30;	主轴正转，抬刀至安全距离
N030	X0 Y0;	定位至坐标原点

续表

程 序 号	加 工 程 序	程 序 说 明
N040	#101=−5;	Z 向自变量
N050	G01 Z#101 F100;	Z 向工进
N060	G41 G01 X19.0 D01 F150;	建立刀具半径补偿
N070	G03 I−19.0 J0;	逆时针铣削圆孔
N080	G40 G01 X0;	取消刀具半径补偿
N090	#101=#101−5;	Z 向自变量每次减 5
N100	IF [#101 LE −40] GOTO50;	条件判断
N110	G00 Z30;	抬刀至安全距离
N120	M30;	程序结束
	O7057;	精镗φ38mm 孔
N010	G90 G94 G80 G21 G17 G54 F50;	程序开始
N020	M03 S1000 G00 Z30;	主轴正转，抬刀至安全距离
N030	G76 X0 Y0 Z−40 R5 Q1000 P1000;	G76 精镗孔循环
N040	G80;	循环结束
N050	G00 Z30;	抬刀至安全距离
N060	M30;	程序结束
	O7058;	球头刀铣削凹球
N010	G90 G94 G40 G21 G17 G54;	程序开始部分
N020	G00 Z30;	抬刀至安全距离
N030	X0.0 Y0.0;	定位
N040	M03 S600.0 M08;	主轴正转，冷却液打开
N050	G00 Z10.0;	
N060	#101=−0.0;	角度赋初值
N070	#102=16.0*SIN[#101]−16.0;	计算刀位点的 Z 坐标
N080	#103=16.0*COS[#101]−10.0;	计算刀具半径补偿参数
N090	G10 L12 P1 R#103;	导入刀具半径补偿参数
N100	G01 Z#102 F100;	
N110	G41 G01 X19.0 D01;	
N120	G03 I−19.0;	加工一周圆轮廓
N130	G40 G01 X0;	
N140	#101=#101+5.0;	角度增量为 5°
N150	IF[#101 LE 90.0] GOTO70;	条件判断
N160	G00 Z30 M09;	快速抬刀至安全距离
N170	M30;	程序结束部分

本课题中左侧的矩形凸台与钻中心孔相对比较简单，因此没有编写。

2. 检测与评价

表 7-15 数控铣床高级工考核实例 5 检测与评价表

序号	考核项目	考核内容及要求		评 分 标 准	配分	检测结果	扣分	得分	备注
1	零件表面	$38^{+0.039}_{0}$ mm	IT	超差 0.01mm 扣 1 分	4				
		对基准 A 平行度公差 0.02mm	IT	超差 0.01mm 扣 0.5 分	2				
		Ra		降一处扣 0.5 分	4				
2	岛屿	70°	IT	每超差 0.05° 扣 2 分	2				
		圆弧 R6mm	IT	超差不得分	2				
		定位尺寸（45°，16.5mm）	IT	超差 0.01mm 扣 1 分	2				
		Ra		降一级扣 2 分	4				
		形状轮廓加工		完成形状轮廓得分	2				
3	孔口圆角	R10mm	IT	超差不得分	4				
		Ra3.2μm		降一处扣 2 分	4				
		形状轮廓加工		完成形状轮廓得分	4				
4	孔	$\phi 38^{+0.025}_{0}$ mm		超差 0.01mm 扣 2 分	8				
		Ra1.6μm		降一处扣 2 分	4				
5	孔	$\phi 12^{+0.018}_{0}$ mm		超差 0.01mm 扣 1 分	5				
		Ra1.6μm		降一处扣 2 分	4				
6	圆弧凸台	高度 $10^{+0.022}_{0}$ mm	IT	超差 0.01mm 扣 1 分	2				
		宽度 $10^{0}_{-0.022}$ mm	IT	超差 0.01mm 扣 1 分	2				
		长度 80mm	IT	超差不得分	2				
		Ra		降一处扣 0.5 分	4				
		形状轮廓加工		完成形状轮廓得分	4				
7	曲线轮廓凸台	圆弧过渡，R6mm、R15mm（2处）	IT	接痕每处扣 1 分超差不得分	8				
		高度 $10^{+0.022}_{0}$ mm	IT	超差 0.01mm 扣 1 分	3				
		Ra		降一处扣 0.5 分	2				
		形状轮廓加工		完成形状轮廓得分	4				
8	开口槽	槽宽 $16^{+0.018}_{0}$ mm		超差 0.01mm 扣 1 分	3				
		槽深 $8^{+0.015}_{0}$ mm		超差 0.01mm 扣 1 分	3				
		周边 Ra1.6μm		降一处扣 2 分	4				
9	外形	120mm	IT	超差 0.01mm 扣 0.5 分	2				
		160mm	IT	超差 0.01mm 扣 0.5 分	2				
10	残料清角	外轮廓加工后的残料必须切除		每留一个残料岛屿扣 1 分，扣完 5 分为止					
		内轮廓必须清角		没清角每处扣 1 分，扣完 5 分为止					
11	安全文明生产	（1）遵守机床安全操作规程		酌情扣 1～5 分					
		（2）刀具、工具、量具放置规范							
		（3）设备保养，场地整洁							
12	工艺合理	（1）工件定位、夹紧及刀具选择合理		酌情扣 1～5 分					
		（2）加工顺序及刀具轨迹路线合理							

续表

序号	考核项目	考核内容及要求	评 分 标 准	配分	检测结果	扣分	得分	备注
13	程序编制	（1）指令正确，程序完整 （2）数值计算正确、程序编写精简 （3）刀具补偿功能运用正确、合理 （4）切削参数、坐标系选择正确、合理	酌情扣 1～5 分					
14	其他项目	（1）毛坯未做扣 2～5 分 （2）违反操作规程扣 2～5 分 （3）未注尺寸公差按照 IT12 标准加工	酌情扣 2～5 分					

📖 课题小结

在编写本课题时，要综合运用刀具半径补偿、子程序等方面的知识并注意编程过程中的加工工艺知识。另外，切入与切出点的选择将对工件加工的表面粗糙度产生直接的影响。

7.6 数控铣床高级工考核实例 6

📖 课题描述与课题图

加工如图 7-7 所示的工件，试分析该图的加工步骤并编写其数控铣床的加工程序。已知毛坯尺寸为 120mm×120mm×26mm。

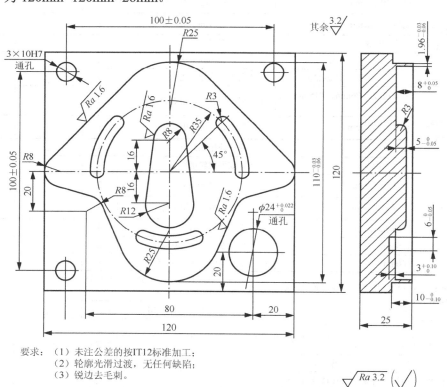

要求：（1）未注公差的按 IT12 标准加工；
（2）轮廓光滑过渡，无任何缺陷；
（3）锐边去毛刺。

图 7-7 数控铣床高级工考核实例 6

课题分析

1. 工艺分析

如图 7-7 所示工件的薄壁轮廓加工难度适中，其加工难点在于凸台的倒圆和 ϕ24mm 的锥形沉孔的孔口倒角，材料选用 120mm×120mm×26mm 的 45 钢。

1）刀具的选择

采用球头铣刀进行切削时，使用刀具球头的不同点来切削加工曲面轮廓的不同位置，编程时通常用球头中心作为刀具刀位点。而采用立铣刀进行切削时，始终用刀具的刀尖进行切削，刀具磨损较大且所加工表面的表面质量较差，编程时的刀位点是刀具端面中心。

倒圆与倒角加工的走刀路线有两种，即从上向下进刀和从下向上进刀。实际加工过程中一般应选用自下而上进刀来完成加工，这种进刀方式主要利用铣刀侧刃切削，表面质量较好，端刃磨损较小，同时切削力将刀具向欠切方向推，有利于控制加工尺寸。

2）进刀轨迹的处理

进行工件倒角时，若采用立铣刀进行加工，其刀具中心运动轨迹如图 7-8（a）所示，是平行于轮廓的一条直线。而采用球形铣刀进行加工时，由球刀来加工斜面，其刀具中心轨迹如图 7-8（b）所示，是一条法向等距线。

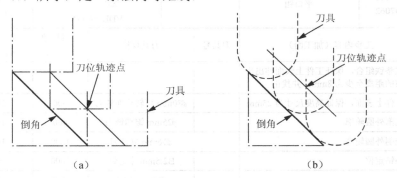

图 7-8　倒角时刀具中心的切削轨迹

进行工件倒圆时，若采用立铣刀进行加工，始终采用刀具的刀尖来加工曲面，当刀尖沿圆弧运动，其刀具中心运动轨迹如图 7-9（a）所示，切削点位置与刀位点始终相差一个刀具半径。而采用球形铣刀进行加工时，由球刀刃来加工曲面，其刀具中心是球面的同心球面，半径相差一个刀具半径，如图 7-9（b）所示。

3）程序导入补偿值指令 G10

工件倒圆或倒角时，从俯视图中观察，其实际的切削轨迹如图 7-9（c）所示，就好像将轮廓不断地做等距偏移，为了实现这种等距偏移，可通过修改刀具半径补偿值来实现。为了在加工过程中实时修改刀具补偿值，可通过编程指令 G10 来导入相应的补偿值参数，刀具每切削一层，便导入一个新的刀具半径补偿值，从而实现切削轨迹的等距偏移。

2. 数控工序卡编制

本课题采用工序集中的原则，划分的加工工序为：工序一为粗、精加工轮廓表面及孔；工序二为钳工加工去除毛刺并倒棱，具体工序见表 7-16。

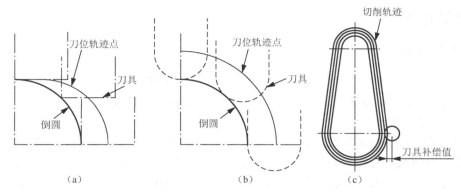

图 7-9　倒圆时刀具中心的切削轨迹

表 7-16　数控铣床高级工考核实例 6 加工工序卡

数控实训中心		数控加工工序卡片		零件名称		零件图号
				高级工考核实例 6		7-6
工艺序号	程序编号	夹具名称	夹具编号	使用设备		车间
7-6	O7061 O7062	平口钳		XH713A XD－40A VDL－600A		数控铣床车间 加工中心车间
工步号	工步内容（加工面）		刀具号	刀具规格	主轴转速 (r/min)	进给速度 (mm/min)	备注
1	通过垫铁组合，保证工件上表面伸出平口钳的距离至少为 8mm，并找正						
2	铣工件上表面，保证高度尺寸为 25mm			ϕ80mm 可转位面铣刀	600	200	
3	粗铣削外圆轮廓			ϕ25mm 键槽铣刀	400	150	
4	精铣削外圆轮廓			ϕ16mm 立铣刀	1500	100	
5	中心钻定位			B2.5mm 中心钻	2000	50	
6	钻孔			ϕ9.8mm 钻头	800	100	
7	铰孔			ϕ10mm 铰刀	300	50	
8	铣 ϕ24mm 孔			ϕ16mm 立铣刀	1500	100	
9	粗铣内轮廓及岛屿			ϕ8mm 立铣刀	400	150	
10	精铣内轮廓岛屿			ϕ8mm 立铣刀	1500	100	
11	工件表面去毛刺倒棱						
12	自检后交验						
编制		审核		批准		共 1 页　第 1 页	

📖 课题实施

1. 参考程序

加工本例工件的倒圆与倒角曲面时，刀具首先 Z 向移动至切削高度，计算出相应的刀具半径补偿参数，并通过指令 G10 导入数控系统，加工出沿轮廓等距的加工轨迹，然后再次 Z 向移动，加工另一层等距轨迹，如此循环直至加工出整个倒圆和倒角。具体程序参考 7-17 和表 7-18。

1）凸台倒圆角的加工程序

本例倒圆加工时，采用φ16mm 立铣刀，刀具半径为 8mm，倒圆半径为 3mm，以圆弧的包角"#101"作为自变量，其变化范围为 0°～90°。以刀位点（球心）Z 坐标"#102"和导入的刀具半径补偿参数"#103"为应变量，其变量运算过程如下：

#102=3.0*SIN[#101]-3.0；

#103=8.0-[3.0-3.0*COS[#101]]。

表 7-17　数控铣床高级工考核实例 6 参考程序（一）

程序号	加 工 程 序	程 序 说 明
	O7061;	凸台倒圆角加工
N010	M03 S600;	程序初始化，换φ16mm 立铣刀
N020	G90 G00 X-20.0 Y0;	
N030	#101=0.0;	角度赋初值
N040	N100 #102=3.0*SIN[#101]-3.0;	刀位点 Z 坐标，初始值为-3.0
N050	#103=8.0-[3.0-3.0*COS[#101]];	刀具半径补偿值参数
N060	G10 L12 P1 R#103;	导入刀具半径补偿值参数
N070	G01 Z#102 F100;	Z 向加工高度
N080	G41 G01 X-11.86 Y-8.15 D01;	
N090	G01 X-7.9 Y17.23;	
N100	G02 X7.9 R8.0;	
N110	G01 X22.5;	
N120	G03 X32.5 Y-29.64 R8.0;	中间凸台倒圆角加工程序
N130	G01 X11.86 Y-8.15;	
N140	G02 X-11.86 R-12;	
N150	G40 G01 X-20.0 Y0;	
N160	#101=#101+10.0;	角度增量为 10°
N170	IF[#101 LE 90.0] GOTO 100;	条件判断
N180	G00 Z30.0;	抬刀
N190	M30;	程序结束

2）外轮廓加工程序

本例工件采用计算机 CAD 绘图分析法来求解基点坐标，得出局部点坐标。加工内轮廓时，其基点坐标不必重新计算，可以外轮廓程序的基础上通过修改刀具补偿方向和刀具半径补偿值后用同一程序进行加工。

表 7-18　数控铣床高级工考核实例 6 参考程序（二）

程序号	加 工 程 序	程 序 说 明
	O7062;	外轮廓加工
N010	M03 S600;	主轴正转
N020	G90 G00 X-70.0 Y-70;	
N030	Z20;	
N040	G01 Z-10.0 F100;	Z 向进刀至加工高度

程序号	加 工 程 序	程 序 说 明
N050	G41 G01 X−23.05 Y−39.69 D01;	
N060	X−32.63 Y−16.90;	
N070	G03 X−37.16 Y−12.52 R8.0;	
N080	G01 X−50.42 Y−7.48;	
N090	G02 X−53.69 Y5.16 R8.0;	
N100	G01 X−19.10 Y46.13;	
N110	G02 X19.10 R25.0;	外轮廓加工程序
N120	G01 X53.69 Y5.16;	
N130	G02 X50.42 Y−7.48 R8.0;	
N140	G01 X37.16 Y−12.52	
N150	G03 X32.63 Y−16.69 R8.0	
N160	G01 X23.05 Y−39.69	
N170	G02 X−23.05 R25.0	
N180	G40 G01 X−70.0 Y−70.0	
N190	G91 G28 Z0;	回参考点
N200	M30;	程序结束

2. 检测与评价（表 7-19）

表 7-19 数控铣床高级工考核实例 6 检测与评价表

序号	考核项目	考核内容及要求		评 分 标 准	配分	检测结果	扣分	得分	备注
1	外形薄壁	120mm	IT	超差 0.01mm 扣 0.5 分	4				
		$110_{-0.06}^{-0.03}$ mm	IT	超差 0.01mm 扣 0.5 分	4				
		$10_{-0.10}^{0}$ mm	IT	超差 0.01mm 扣 0.5 分	2				
		$8_{0}^{+0.05}$ mm	IT	超差 0.01mm 扣 0.5 分	2				
		$1.96_{-0.06}^{-0.03}$ mm	IT	超差 0.01mm 扣 0.5 分	4				
		R8mm, R25mm		超差不得分	2				
		Ra		降一处扣 0.5 分	4				
		圆弧光滑过渡		过渡不均每处扣 1 分	4				
2	环形凹槽	$6_{-0.05}^{0}$ mm	IT	超差 0.01mm 扣 0.5 分	2				
		$3_{0}^{+0.10}$ mm	IT	超差 0.01mm 扣 0.5 分	2				
		R3mm		超差不得分	4				
		Ra		降一处扣 0.5 分	2				
		形状轮廓加工		完成形状轮廓得分	5				
3	圆弧凸台	$5_{-0.05}^{0}$ mm	IT	超差 0.01mm 扣 0.5 分	4				
		R3 倒角	IT	超差 0.01mm 扣 0.5 分	2				
		R8mm, R12mm		超差不得分	3				
		Ra		降一处扣 0.5 分	2				
		形状轮廓加工		完成形状轮廓得分	5				

续表

序号	考核项目	考核内容及要求		评分标准	配分	检测结果	扣分	得分	备注
4	孔	$\phi 24^{+0.022}_{0}$ mm	IT	超差 0.01mm 扣 0.5 分	4				
		20mm，20mm	IT	超差 0.01mm 扣 0.5 分	8				
		Ra		降一处扣 0.5 分	2				
		形状轮廓加工		完成形状轮廓得分	2				
5	销孔	3×ϕ10H7mm	IT	超差 0.01mm 扣 0.5 分	4				
			Ra	降一处扣 0.5 分	4				
		100±0.05mm	IT	超差 0.01mm 扣 0.5 分	4				
			IT	超差 0.01mm 扣 0.5 分	4				
		形状轮廓加工		完成形状轮廓得分	5				
6	外形	120mm	IT	超差 0.01mm 扣 1 分	2				
		120mm	IT	超差 0.01mm 扣 1 分	2				
7	残料清角	外轮廓加工后的残料必须切除		每留一个残料岛屿扣 1 分，扣完 5 分为止					
		内轮廓必须清角		没清角每处扣 1 分，扣完 5 分为止					
8	安全文明生产	（1）遵守机床安全操作规程		酌情扣 1～5 分					
		（2）刀具、工具、量具放置规范							
		（3）设备保养，场地整洁							
9	工艺合理	（1）工件定位、夹紧及刀具选择合理		酌情扣 1～5 分					
		（2）加工顺序及刀具轨迹路线合理							
10	程序编制	（1）指令正确，程序完整		酌情扣 1～5 分					
		（2）数值计算正确，程序编写精简							
		（3）刀具补偿功能运用正确、合理							
		（4）切削参数、坐标系选择正确、合理							
11	其他项目	（1）毛坯未做扣 2～5 分		酌情扣 2～5 分					
		（2）违反操作规程扣 2～5 分							
		（3）未注尺寸公差按照 IT12 标准加工							

课题小结

通过 G10 指令将半径补偿变化值输入到储存器中，再通过程序中的指令 G41 将变化后的补偿值调用来实现半径补偿值的变化，如此循环直至加工出整个轮廓曲线。宏程序有利于编制各种复杂的零件加工程序，减少乃至免除了手工编程时烦琐的数值计算，还可以简化程序。

思考与练习

1. 试编写如图 7-10 所示工件的加工程序（毛坯尺寸为 150mm×120mm×25mm，材料为硬铝），并在数控铣床上进行加工。

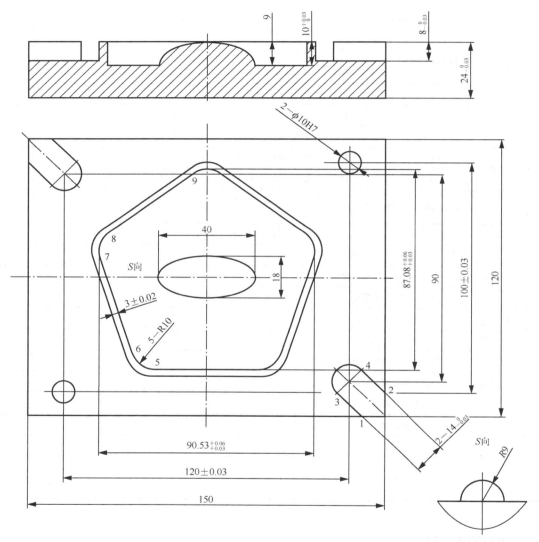

图 7-10　第 1 题图

2. 试编写如图 7-11 所示工件的加工程序（毛坯尺寸为 150mm×120mm×25mm，材料为硬铝），并在数控铣床上进行加工。

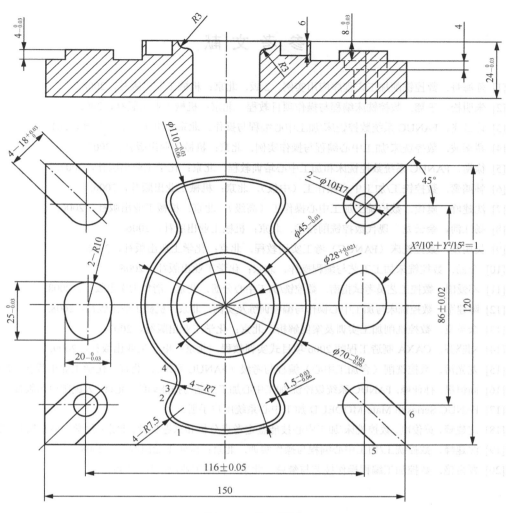

图 7-11　第 2 题图

参 考 文 献

[1] 陈海舟. 数控铣削加工宏程序应用实例. 2 版. 北京：机械工业出版社，2008.

[2] 朱明松，王翔. 数控铣床编程与操作项目教程. 北京：机械工业出版社，2007.

[3] 许云飞. FANUC 系统数控铣床/加工中心编程与操作. 北京：电子工业出版社，2010.

[4] 翟瑞波. 数控铣床/加工中心编程与操作实例. 北京：机械工业出版社，2007.

[5] 徐衡. FANUC 系统数控铣床和加工中心培训教程. 北京：化学工业出版社，2007.

[6] 韩鸿鸾. 数控铣工/加工中心操作工（中级）. 北京：机械工业出版社，2006.

[7] 沈建峰，虞俊. 数控铣工加工中心操作工（高级）. 北京：机械工业出版社，2006.

[8] 杨江河，余云龙. 现代数控铣削技术. 北京：机械工业出版社，2006.

[9] 吴明友. 数控铣床（FANUC）考工实训教程. 北京：化学工业出版社，2006.

[10] 金晶. 数控铣床加工工艺与编程操作. 北京：化学工业出版社，2006.

[11] 邓爱国. 数控工艺员考试指南. 数控铣/加工中心分册. 北京：清华大学出版社，2008.

[12] 陈建军. 数控铣床与加工中心操作与编程训练及实例. 北京：机械工业出版社，2008.

[13] 余英良. 数控铣削加工实训及案例解析. 北京：化学工业出版社，2007.

[14] 刘晓芬. CAXA 制造工程师 2006 项目式实训教程. 北京：电子工业出版社，2009.

[15] 龙光涛. 数控铣削（含加工中心）编程与考级（FANUC 系统）. 北京：化学工业出版社，2006.

[16] 高恒星，孙仲峰. FANUC 系统数控铣/加工中心加工工艺与技能训练. 北京：人民邮电出版社，2009.

[17] FANUC Series 0i Mate-MODEL D 加工中心系统用户手册.

[18] 沈建峰，黄俊刚. 数控铣床/加工中心技能鉴定考点分析和试题集萃. 北京：化学工业出版社，2007.

[19] 沈建峰. 数控铣工/加工中心编程与操作实训. 北京：国防工业出版社，2008.

[20] 顾雪艳. 数控加工编程操作技艺与禁忌. 北京：机械工业出版社，2007.